U0424562

“思想摆渡”系列

转向中的现象学运动

方向红 编译

中山大學出版社
SUN YAT-SEN UNIVERSITY PRESS
·广州·

图书在版编目（CIP）数据

转向中的现象学运动/方向红编译．—广州：中山大学出版社，2021.7
（“思想摆渡”系列）
ISBN 978-7-306-07199-6

Ⅰ.①转…　Ⅱ.①方…　Ⅲ.①现象学—文集　Ⅳ.①B81.06

中国版本图书馆CIP数据核字（2021）第077749号

出 版 人：王天琪
策划编辑：嵇春霞
责任编辑：罗梓鸿
封面设计：曾　斌
责任校对：林　峥
责任技编：何雅涛
出版发行：中山大学出版社
电　　话：编辑部 020-84110283，84113349，84111997，84110779，84110776
　　　　　发行部 020-84111998，84111981，84111160
地　　址：广州市新港西路135号
邮　　编：510275　　传　　真：020-84036565
网　　址：http：//www.zsup.com.cn　E-mail：zdcbs@mail.sysu.edu.cn
印 刷 者：佛山家联印刷有限公司
规　　格：787mm×1092mm　1/16　印张：14.75　字数：253千字
版次印次：2021年7月第1版　2021年7月第1次印刷
总 定 价：62.00元

“思想摆渡”系列

总　序

一条大河，两岸思想，两岸说着不同语言的思想。

一岸之思想如何摆渡至另一岸？这个问题可以细分为两个问题：第一，是谁推动了思想的摆渡？第二，思想可以不走样地摆渡过河吗？

关于第一个问题，普遍的观点是，正是译者或者社会历史的某种需要推动了思想的传播。从某种意义上说，这样的看法是有道理的。例如，某个译者的眼光和行动推动了一部译作的问世，某个历史事件、某种社会风尚促成了一批译作的问世。可是，如果我们随倪梁康先生把翻译大致做“技术类”“文学类”和“思想类”的区分，那么，也许我们会同意德里达的说法，思想类翻译的动力来自思想自身的吁请“请翻我吧”，或者说“渡我吧”，因为我不该被遗忘，因为我必须继续生存，我必须重生，在另一个空间与他者邂逅。被思想召唤着甚或“胁迫”着去翻译，这是我们常常见到的译者们的表述。

至于第二个问题，现在几乎不会有人天真地做出肯定回答了，但大家对于走样在多大程度上可以容忍的观点却大相径庭。例如，有人坚持字面直译，有人提倡诠释式翻译，有人声称翻译即背叛。与这些回答相对，德里达一方面认为，翻译是必要的，也是可能的；另一方面又指出，不走样是不可能的，走样的程度会超出我们的想象，达到无法容忍的程度，以至于思想自身在吁请翻译的同时发出恳求：“请不要翻我吧。”在德里达看来，每一个思想、每一个文本都是独一无二的，每一次的翻译不仅会面临另一种语言中的符号带来的新的意义链的生产和流动，更严重的是还会面临这种语言系统在总体上的规制，在意义的无法追踪的、无限的延异中思想随时都有失去自身的风险。在这个意义上，翻译成了一件既无必要也不可能的事情。

如此一来，翻译成了不可能的可能、没有必要的必要。思想的摆渡究竟要如何进行？若想回应这个难题，我们需要回到一个更基本的问题：思想是如何发生和传播的？它和语言的关系如何？让我们从现象学的视角出发对这两个问题做点思考。我们从第二个问题开始。众所周知，自古希腊哲学开始，思想和语言（当然还有存在）的同一性就已确立并得到了绝大部分思想家的坚持和贯彻。在现象学这里，初看起来，各个哲学家的观点似乎略有不同。胡塞尔把思想和语言的同一性关系转换为意义和表达的交织性关系。他在《观念Ⅰ》中就曾明确指出，表达不是某种类似于涂在物品上的油漆或像穿在它上面的一件衣服。从这里我们可以得出结论，言语的声音与意义是源初地交织在一起的。胡塞尔的这个观点一直到其晚年的《几何学的起源》中仍未改变。海德格尔则直接把思想与语言的同一性跟思与诗的同一性画上了等号。在德里达的眼里，任何把思想与语言区分开并将其中的一个置于另一个之先的做法都属于某种形式的中心主义，都必须遭到解构。在梅洛-庞蒂看来，言语不能被看作单纯思维的外壳，思维与语言的同一性定位在表达着的身体上。为什么同为现象学家，有的承认思想与语言的同一性，有的仅仅认可思想与语言的交织性呢？

这种表面上的差异其实源于思考语言的视角。当胡塞尔从日常语言的角度考察意义和表达的关系时，他看到的是思想与语言的交织性；可当他探讨纯粹逻辑句法的可能性时，他倚重的反而是作为意向性的我思维度。在海德格尔那里，思的发生来自存在的呼声或抛掷，而语言又是存在的家园。因此，思想和语言在存在论上必然具有同一性，但在非本真的生存中领会与解释却并不具有同一性，不过，它们的交织性是显而易见的，没有领会则解释无处“植根”，没有解释则领会无以“成形”。解构主义视思想和语言的交织为理所当然，但当德里达晚期把解构主义推进到“过先验论”的层面时，他自认为他的先验论比胡塞尔走得更远更彻底，在那里，思想和句法、理念和准则尚未分裂为二。在梅洛-

庞蒂的文本中，我们既可以看到失语症患者由于失去思想与言语的交织性而带来的各种症状，也可以看到在身体知觉中思想与语言的同一性发生，因为语言和对语言的意识须臾不可分离。

也许，我们可以把与思想交织在一起的语言称为普通语言，把与思想同一的语言称为“纯语言”（本雅明语）。各民族的日常语言、科学语言、非本真的生存论语言等都属于普通语言，而纯粹逻辑句法、本真的生存论语言、“过先验论”语言以及身体的表达性都属于“纯语言”。在对语言做了这样的划分之后，上述现象学家的种种分歧也就不复存在了。

现在我们可以回到第一个问题了。很明显，作为“纯语言”的语言涉及思想的发生，而作为普通语言的语言则与思想的传播密切相关。我们这里尝试从梅洛-庞蒂的身体现象学出发对思想的发生做个描述。首先需要辩护的一点是，以身体为支点探讨“纯语言”和思想的关系是合适的，因为这里的身体不是经验主义者或理性主义者眼里的身体，也不是自然科学意义上的身体，而是“现象的身体”，即经过现象学还原的且“在世界之中”的生存论身体。这样的身体在梅洛-庞蒂这里正是思想和纯粹语言生发的场所：思想在成形之前首先是某种无以名状的体验，而作为现象的身体以某种生存论的变化体验着这种体验；词语在对事件命名之前首先需要作用于我的现象身体。例如，一方面是颈背部的某种僵硬感，另一方面是“硬”的语音动作，这个动作实现了对“僵硬”的体验结构并引起了身体上的某种生存论的变化；又如，我的身体突然产生出一种难以形容的感觉，似乎有一条道路在身体中被开辟出来，一种震耳欲聋的感觉沿着这条道路侵入身体之中并在一种深红色的光环中扑面而来，这时，我的口腔不由自主地变成球形，做出“rot”（德文，“红的”的意思）的发音动作。显然，在思想的发生阶段，体验的原始形态和思想的最初命名在现象的身体中是同一个过程，就是说，思想与语言是同一的。

在思想的传播阶段，一个民族的思想与该民族特有的语音和文字系统始终是交织在一起的。思想立于体验之上，每个体验总是连着其他体验。至于同样的一些体验，为什么对于某些民族来说它们总是聚合在一起，而对于另一些民族来说彼此却又互不相干，其答案可能隐藏在一个民族的生存论境况中。我们知道，每个民族都有自己的生活世界。一个民族带有共性的体验必定受制于特定的地理环境系统和社会历史状况并因此而形成特定的体验簇，这些体验簇在口腔的不由自主的发音动作中发出该民族的语音之后表现在普通语言上就是某些声音或文字总是以联想的方式成群结队地出现。换言之，与体验簇相对的是语音簇和词语簇。这就为思想的翻译或摆渡带来了挑战：如何在一个民族的词语簇中为处于另外一个民族的词语簇中的某个词语找到合适的对应者？

这看起来是不可能完成的任务，每个民族都有自己独特的风土人情和社会历史传统，一个词语在一个民族中所引发的体验和联想在另一个民族中如何可能完全对应？就连本雅明也说，即使同样是面包，德文的“Brot”（面包）与法文的“pain”（面包）在形状、大小、口味方面给人带来的体验和引发的联想也是不同的。日常词汇的翻译尚且如此，更不用说那些描述细腻、表述严谨的思考了。可是，在现实中，翻译的任务似乎已经完成，不同民族长期以来成功的交流和沟通反复地证明了这一点。其中的理由也许可以从胡塞尔的生活世界理论中得到说明。每个民族都有自己的生活世界，这个世界是主观的、独特的。可是，尽管如此，不同的生活世界还是具有相同的结构的。也许我们可以这样回答本雅明的担忧，虽然“Brot”和“pain”不是一回事，但是，由面粉发酵并经烘焙的可充饥之物是它们的共同特征。在结构性的意义上，我们可以允许用这两个词彼此作为对方的对等词。

可这就是我们所谓的翻译吗？思想的摆渡可以无视体验簇和词语簇的差异而进行吗？仅仅从共同的特征、功能和结构出发充其量只是一种“技术的翻译”；“思想的翻译”，当然也包括“文学的翻译”，必须最大限度地把一门语言中的体验簇和词语簇带进另一门语言。如何做到这一点呢？把思想的发生和向另一门语言的摆渡这两个过程联系起来看，也许可以给我们提供新的思路。

在思想的发生过程中，思想与语言是同一的。在这里，体验和体验簇汇聚为梅洛－庞蒂意义上的节点，节点表现为德里达意义上的“先验的声音”或海德格尔所谓的“缄默的呼声”。这样的声音或呼声通过某一群人的身体表达出来，便形成这一民族的语言。这个语言包含着这一民族的诗－史－思，这个民族的某位天才的诗人－史学家－思想家用自己独特的言语文字创造性地将其再现出来，一部伟大的作品便成型了。接下来的翻译过程其实是上面思想发生进程的逆过程。译者首先面对的是作品的语言，他需要将作者独具特色的语言含义和作品风格摆渡至自己的话语系统中。译者的言语文字依托的是另一个民族的语言系统，而这个语言系统可以回溯至该民族的生存论境况，即该民族的体验和体验簇以及词语和词语簇。译者的任务不仅是要保留原作的风格、给出功能或结构上的对应词，更重要的是要找出具有相同或类似体验或体验簇的词语或词语簇。

译者的最后的任务是困难的，看似无法完成的，因为每个民族的社会历史处境和生存论境况都不尽相同，他们的体验簇和词语簇有可能交叉，但绝不可能完全一致，如何能找到准确的翻译同时涵盖两个语言相异的民族的相关的体验簇？可是，这个任务，用德里达的词来说，又是绝对“必要的”，因为翻译正是要通过对那个最合适的词语的寻找再造原作的体验，以便生成我们自己的体验，并以此为基础，扩展、扭转我们的体验或体验簇且最终固定在某个词语或词语簇上。

寻找最合适的表达，或者说寻找“最确当的翻译”（德里达语），是译者孜孜以求的理想。这个理想注定是无法完全实现的。德里达曾借用《威尼斯商人》中的情节，把“最确当的翻译”比喻为安东尼奥和夏洛克之间的契约遵守难题：如何可以割下一磅肉而不流下一滴血？与此类似，如何可以找到“最确当的”词语或词语簇而不扰动相应的体验或体验簇？也许，最终我们需要求助于鲍西亚式的慈悲和宽容。

“‘思想摆渡’系列”正是基于上述思考的尝试，译者们也是带着“确当性”的理想来对待哲学的翻译的。我想强调的是：一方面，思想召唤着我们去翻译，译者的使命教导我们寻找最确当的词语或词语簇，最大限度地再造原作的体验或体验簇，但这是一个无止境的过程，我们的缺点和错误在所难免，因此，我们在这里诚恳地欢迎任何形式的批评；另一方面，思想的摆渡是一项极为艰难的事业，也请读者诸君对我们的努力给予慈悲和宽容。

方向红

2020 年 8 月 14 日于中山大学锡昌堂

目　　录

第一部分　胡塞尔现象学自身的转向

第二部分　从胡塞尔到海德格尔

第三部分　从德国到法国和美国

第一部分

胡塞尔现象学自身的转向

在“构造”与“分析”之间：《逻辑研究》在胡塞尔现象学中的地位

曹街京[①]

如果一部哲学作品的成功标准在于是否被译成世界上的主流语言，那么胡塞尔的《逻辑研究》倒像寓言中的乌龟那样，最终胜出了比它快得多的对手，这一点从它克服英语障碍的时间上可以看出来。《逻辑研究》于1900—1901年在德国出版，它的登场并不闪亮，相反，它迈着不慌不忙的稳健步伐，奋力穿越经过两次战争洗礼的世界格局，最后抵达了更为广阔的视界。首先降临的是1909年的俄文译本，跟随其后的是西班牙文译本（1929年）、法文本（1959年）、意大利文本（1968年）和日文本（1968年）。时代在永不停息地向前挺进，在时代的这一差不多是催眠般的节奏中存在着某种挥之不去的情感，这一情感顽强地发挥着作用，对时间的流逝进行抵抗。这样，直到1970年，胡塞尔的这本最重要的核心著作才通过J. N. 芬德莱（J. N. Findlay）而终于走入英语世界。

英文本相对滞后的原因可能与全球文化气候的改变所必需的时间有关。毕竟两次世界大战前后半个世纪的历史在邻邦之间留下了很多隔阂。然而我们也可以提供一种更有说服力的解释：胡塞尔曾考虑过保护其遗产的方案，我们只要回溯一下这一方案实际上的演变过程即可。具有讽刺意味的是，曾对胡塞尔的自由进行过限制的政治压力结果同样促成了他的思想的播撒，因为他的追随者们在美国避难。但在20世纪30年代中期，虽然还无法预见到这样的发展，胡塞尔的思想已经漂泊到美国，因为他毕生

---

① 曹街京（Kah Kyung Cho），该文发表时为美国纽约州立大学布法罗分校教授。该文是作者为参加2001年于北京举办的纪念胡塞尔《逻辑研究》发表一百周年国际会议而作，英文版以“Phenomenology at the Crossroad of Constitution and Analysis：Husserls' Logical Investigations Viewed from American Perspective，Featuring Marvin Farber”为题刊发于日本［Ichiro Yamagucki（ed.），*Baikaisei-no Genshogaku*（*Phenomenology of Mediality*），*Festschrift for Nitta Yoshiro*，Seido-sha Publishing Co.，Tokyo，2002］。——译者

作品的未来希望似乎再也不在欧洲了。在这种情况下有两个关键人物，胡塞尔很信赖他们，把他们看作同事，他们就是他曾经的学生，来自哈佛的M. 法伯（Marvin Farber）（1923—1924 年在弗莱堡）和 D. 凯尔恩斯（Dorion Cairns）（1924—1926 年、1931—1932 年在弗莱堡）。他们将带着胡塞尔的祝福在美国把他的哲学继续进行下去。他们的开拓性工作绝大部分在于提供了翻译。

胡塞尔在 1936 年 8 月 18 日写给法伯的信中首先提到了凯尔恩斯已经译完了《笛卡尔式的沉思》和《形式的和先验的逻辑》的主要部分，接着他谈到另一个更为要紧的翻译课题：“……在世人的眼中，我仍然是《逻辑研究》的作者。这本书对理解现象学的新问题和新思路是必不可少的基础。这对英美读者来说尤其如此。”然后他很客气地请求法伯：“您难道不愿意从事这部作品的翻译吗？当然首先是这本书的前言。9 月份，我以前的助手兰德格雷贝博士（布拉格大学讲师，我已经授权他保护我的档案手稿）将来到弗莱堡，他此行的目的是誊抄手稿并为出版作准备。如果您愿意翻译的话，我将同他讨论一下是否应该准备一份合适的、小一点的手稿译成英文。”在信的末尾，胡塞尔敦促法伯与凯尔恩斯取得联系，他强调说，现象学是“一项合作的事情，它是一条以他者的名义（subspecie aeterni）把我们联系在一起的纽带”[①]。

在这一阶段，法伯似乎把胡塞尔的建议差不多逐字逐句地放在心上。他在几个月内就与凯尔恩斯建立了联系，胡塞尔在 11 月 20 日的信中对他的努力表示了谢意。胡塞尔去世（1938 年）后不久，法伯与其他十八位创始人一起组建了国际现象学学会。[②] 在 1939 年纽约的第一次会议上，法伯和凯尔恩斯分别被推选为主席和副主席。法伯马不停蹄地做出了进一步的推动，他模仿胡塞尔著名的《年鉴》的名称于 1940 年创办了期刊《哲学与现象学研究》。

---

① 这是胡塞尔写给法伯的信，这封信于 1936 年 8 月 18 日写自棱兹克尔奇（我已得到巴伐露档案馆及当地大学的许可）。关于法伯与胡塞尔关系的发展以及导致对《现象学的基础》一书的准备工作，参见《作为合作事业的现象学：胡塞尔与法伯在 1936—1937 年间的通信》，载于《哲学与现象学研究》，卷 50，1990 年秋季号，增刊，第 27 – 43 页。

② 关于法伯对这一学会的贡献以及他与创始成员的关系，参见 H. 瓦格纳（Helmut Wagner）《法伯对现象学运动的贡献：一个国际性的视角》，载于曹街京编《现象学视角中的哲学和科学》，多德雷希特，1984 年，第 209 – 236 页。

我们再来看一下《逻辑研究》的翻译这一核心问题。在20世纪40年代早期，法伯可能是美国唯一一位拥有完成这一任务所需全部资料的哲学家，他个人甚至对胡塞尔有一种义不容辞的责任感。如果他已下定决心，那么在1940年代，胡塞尔的这部巨著将获得时序上的地位，而且极有可能将会免去二十五年以后芬德莱所做的巨大努力。但法伯的想法是，别无选择，只能是择要地意译一些段落，撇开那些多余的或死板的技术内容，这就使得呈现在对现象学有兴趣的人面前的是对这一作品的准确说明而非字面上的翻译。结果是一种妥协，是以对胡塞尔的现象学进行广泛评论为形式出现的妥协。评论的范围从早期的《算术哲学》一直到《观念》时期。

然而法伯对他的这本书标题的选择却是有意而为之的。很明显，这是在回应胡塞尔自己对《逻辑研究》的描述，胡塞尔在1936年8月的信中把这本书描述为“理解……现象学的必不可少的基础”。《现象学的基础》最终于1943年问世。尽管从技术上说这本书不是对《逻辑研究》的翻译，但这并不妨碍法伯在序言①中声称：这本书“包含了……他（胡塞尔）的最著名作品的主要内容，这从根本上实现了对胡塞尔的承诺，即用英语呈现这本书”。法伯强调他实现了对胡塞尔的“承诺”，这一强调具有特殊的辛辣意味，因为早在1962年，即在他披露他对往昔恩师所具有的晚辈般的遵从之情之前五年，他已经无可挽回地与“现象学运动”② 保持了距离。因此，唯一恰当的做法是把《现象学的基础》一书的作用限制在逻辑与认识论的有限范围之内（这一范围与现象学的基本语言是兼容的），我们不应在它与作为整体出现的多种多样的现象学哲学问题之间的关系上来评判其价值。

我们没有必要放眼更大范围内的全球性的现象学运动，只要我们把范围选定在法伯希望把胡塞尔的根本思想落实到逻辑和认识论研究这一点

---

① M. 法伯：《现象学的基础》，第三版，奥尔巴尼，1967年，第5页。

② 到1959年为止，法伯本人在《哲学与现象学研究》的“告读者”这一部分中一直使用“现象学运动”这个表述。他后来拒绝使用这个术语是由于他从“无形大众”中的觉醒，因为按照他的看法，这一运动在其中已经蜕化变质，现象学已不再是“科学的”和“描述性的”了。1960年H. 施皮格伯格《现象学的运动》的出版无疑为这个词的争论火上浇油。参见法伯《现象学的趋势》，载于《哲学杂志》卷59，1962年，第429－439页，也可参见施皮格伯格的回应（同上书，卷60，1963年，第684－588页）。

上，我们就能看到，《现象学的基础》填补了美国在接受胡塞尔的早期阶段所存在的巨大空白。这本书很快便在研究胡塞尔的文献中获得了经典地位，这有点像帕顿为康德《纯粹理性批判》所作的闻名遐迩的评注一样。但在表面的相似性下面，我们必须注意到一个主要的不同之处，因为我们可以说，《现象学的基础》实际上是在没有德文原文的英译本的情况下所提供的英文评注。因此，在某种意义上说，对具有“极其丰富内容”的原文的节译就是一种双重的保障。任何评注都必须伴随原文，可对一个打算越过《现象学的基础》自身所设定的界限进行探讨的英美读者来说，他已丧失了回到原文的可能。所以，只有当完全可以信赖的全文译本出现时，我们才可以肯定地回答，科学严格性和逻辑明证性这两种严谨的信条是否没有（除非偶然）对甚至是最富成果但却是草率形成的思想进行过检疫和隔离。

当芬德莱交出人们期待已久且不可或缺的鸿篇巨制《逻辑研究》译本时，他用了四十页的译者导言盛赞这本书，导言写得激情澎湃且在思想上具有挑衅性。他也非常清楚地说明了推动他这样做的动机：“因为我发现胡塞尔的作品具有无与伦比的价值和极其深刻的启发性……因为我为英语世界对他的不够格的解释而深感遗憾。”不管是胡塞尔成就中的哪一点都配得上这样过分的赞扬，但毫无疑问，从正式的意义上说，芬德莱认为胡塞尔思想中的最伟大的力量是他在绝大多数人看不见区别的地方区分了最细腻的差异。芬德莱把《逻辑研究》所展示的范畴差异的丰富性比之于亚里士多德和梅农。他说，胡塞尔“与误置的经济学毫无关系”，这种经济学可能适合于自然科学，但如果把它放到哲学王国中来，它将使我们“为了满足不让剥下的干酪皮增加实体这一要求而牺牲某些有价值的概念，或者歪曲某些明白易懂原则的表述”。这一观点在施皮格伯格那里找到了清晰的回音，施皮格伯格甚至把现象学的方法描述为“对奥卡姆剃刀这种还原主义的有意识的挑战”①。

这当然是一个恰当的描述，施皮格伯格进一步将之诠释为“对多样性的无所不包的欲望”，不过，这一欲望是由“对现象的尊重”所激发。很明显，胡塞尔在这里所关心的并不单纯是实体的某种偶然的增加，而更多的是对语言的逻辑句法的贡献。在描述性分析的开端便具有丰富的经验性

---

① H. 施皮格伯格：《现象学的运动》，第三次增订版，海牙，1982 年，第 715 页。

内容，这一点可以追溯到胡塞尔在《算术哲学》中所提出的一个更为基本的本体论问题。准确地讲，那时困扰他的是“数字”的地位问题。他一开始是从心理学的观点接近这一问题的，他相信数字的起源在现实的心理生活之中。但是由于受到弗雷格批评的激发，胡塞尔逐渐认识到，事实上数字的观念性独立于心理的联结，然而他基本的哲学本能在于维持描述的这种“二元模式”，即心理分析和逻辑分析的二重性。这就意味着，即使像数字这样的观念实体也必须在其面对意识的“被给予性”模式上得到追问和证明。在对这一问题的回答中所呈现的恰恰是“行为”理论。正如“感知”包含“被感知的对象”和“感知行为”这两个方面一样，数字一方面是一个“被集合的单位”（集合体），另一方面又是集合行为（集合化）。没有后者，数字将会是一个抽象的实体，它的“被给予性”的模式将像柏拉图的“理念”一样晦暗不明。

胡塞尔在《逻辑研究》的第五研究中系统地发展了这种独特的观察模式，即对行为与行为对象或者说“体验性意识”与“被体验的内容”的相关方面进行观察的方式。在“意向分析”这一标题下，胡塞尔打开了现象学研究的一个广阔领域，他在没有形而上学和认识论前设的情况下澄清了意义（meaning）与意向行为（intentional acts）的结构之间的错综复杂的本质。尽管这一研究揭示了其中的错综复杂和枝节丛生，但胡塞尔谈论这一分析的奠基性段落（经常被人引用）依然被包裹在具有欺骗性的单纯话语中：“每一种表述所说出的不仅是某物，而且是关于某物；它不仅具有含义，而且指向（refers to）某一对象。”[①] 这里与其说是对思维经济原则的有意识挑战，不如说是对多样性现象的感受性的尊重，对体验的主体和客体两个方面的根源的探究在这一简洁的陈述中已经得到清楚的展示。

迄今为止，大多数的意义理论都受到行为主义范畴的影响，这些理论一开始就带有偏见，它们反对意识的精神领域或内在领域，怀疑精神性并把内在领域排除在外，因为这些不符合公共可证实性的标准。因此所有对意识的意向行为和作为核心的主体性的讨论对它们来说都不成为主题。然而，由于不能从意向相关项的两个方面进行观察，极容易在哲学立场上走向胡塞尔所谓的“自然主义”，这会导致对现实的各种各样的“删节”。

---

① 《逻辑研究》（英文版），第1卷，第287页。

不去关注意识的意义构造活动以及在其具象状态中对客体性的接受活动，不去询问它的起源和派生，这就是所说的删节的一种，而用具体论证代替“诡辩模式”（就像某些“语言游戏”理论所做的那样）则是删节的另一种。

晚近的进展是，在现象学家和语言哲学家中有一种得到普遍认可的倾向，这就是在语言学术语中首先把意向性看作，比如说，在带有诸如“相信”“认为”和“希望”之类动词的句子中的逻辑特征。但是，如果说语言学对意向性的这种阐释在某种程度上避免了科学世界观的信徒给心灵主义所带来的攻击，那么我们可以说，它反过来又模糊了意向性的正面的、指向对象的功能，因为它把意向行为还原到语言行为。当然，对胡塞尔来说，所有的语言行为都必须被看作意向行为，但反过来却不行。因此，我们也许要号召对意向性进行更加充分和合理的捍卫，以便调和在现象学与语言哲学相遇之后所出现的张力。但与此同时，我们如何才能同单边的自然主义进行比芬德莱本人更为雄辩的论战？芬德莱曾自我批判地把这种单边主义看作“我们自己更为精致的自然主义”，他提醒我们说，我们否定了心灵，但我们实际上伪造了某种比心灵伟大得多的东西。因为心灵行为恰恰是一种联结，“我们的话语正是根据这种联结才越过话语本身指向世界中的事物，对我们来说，正是由于这种联结才存在一个世界”。对“反主体主义的”自然主义来说，它似乎不会想到这样一个世界是由具有心灵行为的人们所寓居的，我们不仅与心灵行为相互交流，而且还能抵达由这种行为出发才能得到理解的动机和原因。

意向分析和意义理论是《逻辑研究》对一般意义上的当代哲学所做出的最为重要的两个贡献。有鉴于此，这部独特的作品常常被认为具有独立于胡塞尔系统的现象学文献的价值。即使胡塞尔的其余著作与《逻辑研究》的关系完全切断，英美分析哲学和语言哲学也可高枕无忧。芬德莱也毫不踌躇地公开表明了同样的观点，尽管是在另外一个意义上，即他认为这部作品“与现象学体系或与德国哲学随后的发展具有很有意思的关系”——这句话我们不可等闲视之。因为，一方面我们已经知道胡塞尔把《逻辑研究》看作理解《内时间意识现象学》[①] 的必备的初级读物，另一方面芬德莱注意到“生活世界”问题在《逻辑研究》中所呈现的意义，

① 《内时间意识现象学》：布卢明顿，1964 年。（原名为“1905—1910 年内时间意识讲座”）

这一点绝不仅仅是事后诸葛亮的看法。他意识到，这部早期作品虽然完全致力于“纯粹逻辑”的研究，但已经出现了这样一则信条的萌芽，即“所有由逻辑学所认识到的范畴区分超越了语言和象征主义的界限而蕴涵于我们非语言化的体验之中”。

我们不得不说，胡塞尔从早期开始便以一种令人惊异的连续性把他的目光定位在后来以及再后来的目标上。在人类生活的原始结构中对前谓词模式的探讨只能是他这部核心著作在逻辑上的延伸。当然，从《逻辑研究》沙龙般的从容氛围到《欧洲科学的危机》（1954 年）[①] 中紧张性的论战，不论在形式上还是在内容上，都可能是一次突然的飞跃，但在这两者之间存在着一个中间地带，即《经验与判断》（1948 年）[②]，这本书甚至有一个尼采式的副标题“逻辑谱系学研究”。从这一中间地带出发，我们就可以有把握地指出，胡塞尔为什么必须扩展作为“总体视域”的世界概念，他如何把一个囿于科学的概念转变为替科学世界奠定基础的、带有本能和动机的生活概念。这一概念一方面完全认识到自身的本质与主体相关，同时也完全解释了自身的先天结构。生活世界对科学世界的优先性不应该被解释为一种反科学的伦理表达或解释为胡塞尔所有早期作品的晦涩难解之处。前科学的生活世界从来不能如其所是地被独断地接受，而只能被看作先验论构造分析的任务。这样一种分析最终将服务于科学和逻辑本身，因为现象学的“起源分析”意在寻求具有奠基性的最终的明见性，它不可能面对比这样一种反思更加高贵的责任感了，它反思的是与科学成就息息相关的意向性，是意向性中被忽略的主体和人性的层面。

然而，我们不能说更大范围内的全球性的现象学运动也具有同样的连续性。在这一阵线里，做出区分的方式是非常的扑朔迷离，我们甚至无法根据胡塞尔《逻辑研究》自身不可战胜的内在逻辑来描述这本著作的效应。毫无疑问，现象学完全无法预见的发展是与德法哲学传统以及存在主义和解释学联系在一起的，与之联系在一起的还有弗洛伊德理论和马克思主义、结构主义和解构主义、女权主义和其他多种多样的运动。但是我们不想做出这样一种不值一提的评论，即在这种广度上的挪用和误置不仅是

---

① 《欧洲科学的危机与先验现象学》：埃文斯顿，1970 年。（译自德文原文，海牙，1954 年）（下文简称《危机》——译者）

② 《经验与判断》：埃文斯顿，1973 年。（译自德文原文，汉堡，1948 年）

现象学生命力的标志，而且也是对那位伟大的原创性心灵的礼赞。相反，也许再次引用胡塞尔的话会更合适，我们只要增加一个重音：

> 在世人的眼中，我仍然是《逻辑研究》的作者。这对英美读者来说尤其如此。[①]

---

① “毫无疑问，胡塞尔的《逻辑研究》在80多年之后仍然是把各种各样零零碎碎的东西粘贴在一起的最详细和最现实的研究方法。” B. 史密斯（Barry Smith）的这番话很好地表达了英美胡塞尔学者的观点。“零零碎碎的东西” 指在行为理论和意义理论之外仍然有必要考虑的各种各样的形式本体论的分枝。参见 J. N. 莫汉迪（J. N. Mohanty）与 W. R. 麦肯纳（William R. Mckenna）所编《胡塞尔现象学教程》（华盛顿，1989年，第29页以下）。

前摄“前摄”了什么？

——论胡塞尔《贝尔瑙时间意识手稿》中对前摄的分析

迪特·洛玛[①]

在由 M. 海德格尔于 1928 年所编辑的《内时间意识现象学讲座》（以下简称《讲座》）版本中，只有几处提到前摄。[②] 如果我们把这一点与对滞留的分析（这种分析无论在质上还是在量上都明显占优）比较一下，我们便会发现，前摄看起来像是这样一种现象：对它的提及仅仅是为了对称（和公平）。胡塞尔写道：“每一个源初的构造过程都由前摄赋予灵魂（beseelt），前摄对将要来临之物进行空乏的构造、聚合并使之充实。”[③] 还有一个论点：“在每一个源初地构造起内在内容的原阶段（Urphase）上，我们对于同一内容都有先行阶段的滞留和即将来临阶段的前摄。只要内容在持续，这些前摄就会得到充实。”[④] 滞留和前摄在很大程度上被当作相似现象提出来。滞留有时被看作“第一性回忆”（primäre Erinnerung），前摄被类似地当作“第一性期待”（primäre Erwartung）（《胡塞尔全集》第 10 卷，第 39 页）。前摄的特征被规定为一种对即将来临的原素内容的预期

---

① 迪特·洛玛（Dieter Lohmar），德国科隆大学教授。本文是作者为参加 2001 年于北京举办的纪念胡塞尔《逻辑研究》发表一百周年国际会议而作，英文版发表信息如下：What Does Protention “Protend”?：Remarks on Husserl's Analyses of Protention in the *Bernau Manuscripts on Time-Consciousness*，Dieter Lohmar，in *Philosophy Today* 46（Supplement）：154 – 167（2002）。——译者

② 这些《讲座》第一次举行于 1904/1905 年冬季学期，1928 年海德格尔根据 1917 年夏季学期后期的修订本编辑出版。参见 R. 波姆的“出版者序言”（《胡塞尔全集》第 10 卷，第 40 页）。在这里我想表达我对 R. 贝耐特、B. 麦肯纳、H. 波伊柯和 S. 罗姆巴赫的感激之情，感谢他们对本文此前的几个版本所做的有益批评。我也想怀着感激的心情提一下与会者在前摄问题研讨会上的讨论。这次会议于 2001 年冬季学期在科隆大学胡塞尔档案馆举行。

③ 胡塞尔的原文是：“Jeder ursprünglich konstituierende Prozeß ist beseelt von Protentionen，die das Kommende als solches leer konstituieren und auffangen，zur Erfüllung bringen.”（*Hua* Ⅹ，52）

④ “In jeder Urphase，die den immanenten Inhalt ursprünglich konstituiert，haben wir Retentionen der vorangegangenen und Protentionen der kommenden Phasen eben dieses Inhaltes，und diese Protentionen erfüllen sich，solange eben dieser Inhalt dauert.”（*Hua* Ⅹ，89）

(《胡塞尔全集》第 10 卷，第 35 和 39 页)。[①]

除了轻描淡写地对待前摄之外，还有一个事实：《讲座》中几乎所有讨论前摄的段落都来源于胡塞尔 1917 年 9 月在贝尔瑙时期的修订。

但是，我们在《讲座》中所发现的东西并不仅仅是胡塞尔在 1917 年对前摄进行新的和更深入的反思的结果。这些研究手稿写于重新修订《讲座》的同时，现在已作为《贝尔瑙时间意识手稿（1917/1918 年）》出版。在这些手稿中，分析变得越来越精细。下面我将试图进入这种分析的细节之中并把我认为是有用的和切题的东西汇集到一起。胡塞尔研究手稿的试验性特征常常带来看上去自相矛盾的疑难概念。因此，我并不把贝尔瑙手稿看作一种关于前摄的最终的确定性理论，但这些手稿做了一些工作并且对进一步的阐发做了承诺。

首先我将简单总结一下胡塞尔时间构造分析的一般性特征，在第二部分我将对《讲座》中的前摄理论作一些描述，在第三部分我将尽可能从已经出版的贝尔瑙手稿出发讨论其中的前摄理论，在第四部分我将尝试引出一些结论，这些结论也许会超越贝尔瑙手稿的反思范围。

一、时间分析的计划：从原素出发构造时间

胡塞尔在《讲座》中解决了这一问题：感性材料与其绵延是如何在原素流（hyletic flow）的经验基础上被构造起来的。它们是通过原素（Urhyle）与滞留内容的相互作用而得到自身构造或者我们也可以说自身“显现”的。这种“自身显现”是基本的时间构造类型。这一构造的经验基础由在不同层面上发生下沉或下降的原素流和滞留所组成。

滞留也被称为“第一性回忆”[②]，它表明的是人类心灵的原本能力，就是说，它能使我们在瞬间内保持对原素的生动直观。滞留把呈现给我们

---

① 这一点在源于 1917 年的《讲座》的第 40 节中已得到纠正：“然后，我们必须把滞留和前摄与回忆和期待区分开来，后者并不朝向内在内容的构造性阶段，而是对过去了的或将来的内在内容所进行的当下化。”（《胡塞尔全集》第 10 卷，第 84 页）在贝尔瑙手稿中，“第一性期待”这一名称被称为误导性的。参见《胡塞尔全集》第 33 卷，第 55 页。

② 在贝尔瑙手稿中胡塞尔批评这个名称不精确，因为滞留不是回忆：“准确地说，滞留（后体现的意识）不是回忆，因此它不应该被称为‘第一性回忆’。它不是当下化。”（《胡塞尔全集》第 33 卷，第 55 页）。所以，在《讲座》中被当作同义词使用的期待和前摄（参见《胡塞尔全集》第 10 卷，第 35、39 页）应该被区分开来。下面我将讨论前摄与期待之间的区别，后者指向对象及其性质和即将来临的事件。

的内容保存下来，尽管这些内容在强度上正在逐渐减弱。但是，即使这些内容在强度上一直下沉到完全消失的地步，即使它们已经丧失了任何感性特征，它们仍然是被给予的。我们可以把这种弱化的过程解释为时间视角的特征。胡塞尔本人曾使用过空间视角与时间视角之间的类比。[①] 对于进一步的构造成就而言，更为重要的是，在内时间意识中的不同类型的内容之间，即在原在场（Urpraesenz）与不同层面的“下降性”的滞留内容（这些内容在某一时间点被共同给予）之间，存在着被建立起来的相合性的综合。通过这种相合性的综合，感性材料与其绵延一起被构造出来。[②]

在这种情况下，相合性的综合充当统觉的基础，这种综合出现于原体现与滞留内容之间的相互作用之中。我们在这里不打算考虑前摄的功能。在分析相合性的综合时我们发现，我们所采取的注意方向横穿于(“quer”)新近流入的原素材的轴，因此我们把这种意向性标示为“横向意向性”(Querintentionalität)。在这种处于每一个现在点（Jetzt-Punkt）之内的“横向的”注意方向中，我们的注意朝向不同的意识内容，这些内容现在虽然同时被直观地体验到，但它们却是首尾衔接的（übereinander)。在这种相合性的综合中并随着这种综合一起，我注意到，同样的感性内容虽然“在刚才”才是当下的，但现在在滞留中也是当下的。它是一种滞留性的当下，这一点不仅表现在某一个下沉层面（Versunkenheit）上，而且也表现在不同的深度层面上。滞留的诸层面虽然彼此包含，但它们同时可以为我

---

① 滞留是“一种（处于原本的时间显现内部的）时间视角，类似于空间视角”（《胡塞尔全集》第 10 卷，第 26 页）。

② 参见第 18 节中的表述：“在一系列相同的（内容同一的）对象——这些对象仅仅在序列中而不是作为并存被给予——中，我们现在在意识的统一性中便具有了一种独特的符合性：一种连续的符合。当然，这是非本真的说法，因为这些对象是彼此分离的，它们是作为序列而被意识到的，它们已经被时间段隔离开了。”还可参见第 31 节：“这种符合所涉及的是时间之外的质料，因为正是它在流动中保持着对象含义的同一性。”另外还有一种相符性综合的视角，对第 43 节中那张图表的说明就曾指出过这一点。“在这里，我们在图表的纵列中不仅仅具有贯穿性的、属于现象学时间构造的纵向符合（在某一瞬间，原素材 E2、滞留变样 0′和 E′1 据此而被同一化），而且属于任何一种纵列的、物体立义的滞留映射作为物体立义而存在于贯穿性的符合中。这便有了两种相合。只要物体立义序列共同构造出一个连续的系列，只要它构造出同一个物体，那么这个序列便是相合的。第一种相合是约束性的本质相似性的相合，而后一种相合则是同一性的相合，因为在对序列的连续的认同过程中被意识到的是绵延的同一之物。”“我们一直看……到……意义。”（《胡塞尔全集》第 10 卷，第 53 – 54 页）这一文本以及来自手稿 Ms. L Ⅰ 10，Bl. la 的图表在贝尔瑙时间手稿中或在此之前不久都同样得到描述。

们自始至终地观察。这样我们便认识到，在黑暗的背景中闪烁的正是“同一个”原素材（例如一个小红点）。

获得这种同一性的方式，即始终是同样的感性被给予物（之所以被看作同样的，是因为滞留的诸内容仍然是现在的），这一点被胡塞尔标示为相合性的综合。不过，我们也意识到这种感性的被给予物的生动性正在下沉并减弱。我们意识到，感性的被给予物“在一段时间里”是同样的。把被体验到的相合性综合解释成“绵延”，其基础在于当下的感性内容及其滞留内容。这一点是可能的，因为我们不仅看见现在的当下感性内容（b），而且我们还能看“穿”这些内容。当下的感性内容像一层金箔或胶卷，透过它我们可以看见已经流走的滞留阶段（b^1，b^2）。相合性综合发生于“通过”当下内容和不同的下沉层面（这些层面在感性原素上始终是同一的）的滞留内容的中介而进行的“看”之中，这种综合的特征正是胡塞尔时间构造概念的核心。

如果我们只考虑滞留，那我们便获得图 1：

a	a	a	b	b	b	b	b	c	c	c
	a^1	a^1	a^1	b^1	b^1	b^1				
	a^2	a^2	a^2	b^2	b^2					
		a^3	a^3	b^3	b^3					

图 1

但是我们必须注意到这一事实：我们所处理的是一个理想化的案例。流入的原素材首先具有性质 a，然后变成 b，最后变成 c。滞留的下沉被表示为上标号，以便在每个地方的原当下线（Urpräsenzlinie）之下的线都是指数 1，在接下来的线里是指数 2，依此类推。但是，滞留性的当下是有限的，在某一点上滞留便淡出了。扩展注意的领域以便延长滞留的被给予性的界限，这也是有可能的。例如，在动词位于句末的语言中，我们可以滞留性地把一个长句子中的单词聚合起来，直至其含义显现出来。

感觉或感性材料及其绵延一起的都是内时间意识中的构造产物。在这一构造层面之上所建立的是一个新的被动综合的步骤，在这种被动综合中，所谓的“被凸出性”（Abgehobenheiten）以及各种各样的格式塔式外形或轮廓在同质性和异质性的综合中得以构造。对意向统觉而言，它们是知觉中的材料。

感性材料及其绵延是在对相合性综合的统觉中得到构造的。这种相合性涉及在感性上具有同一性的原素要素和原素上的相同被给予物的滞留阶段。滞留要素虽然处于不同的下沉层面上，但就其原素内容而言，它们属于同一类别。因此，只要就原素性质而言在原当下与滞留阶段之间存在着相合，我们便构造出感性材料及其绵延，即使比如说，一个红色的灯光在黑暗的背景中闪烁，就是说，一会儿消失一会儿又出现，那么，根据其位置以及原素性质，这种感性材料仍然具有连续的可认同性。

二、《讲座》中的前摄（1917 年 8 月—9 月）

在胡塞尔于 1917 年夏季所编纂的《讲座》中，只有很少的段落讨论前摄，而且大部分都来自 1917 年。第 24 节、第 40 节以及第 43 节的最后部分都是这样。[①] 胡塞尔在他贝尔瑙之行的一开始（1917 年 7 月 30 日—10 月 1 日），也就是在 1917 年 9 月，便着手编辑《讲座》。关于这一点，我们有来自 E. 施泰茵的书面证据。现已出版的论述前摄的贝尔瑙手稿（我指的是第一和第二文本）不仅不同于《讲座》的立场而且超越了它，因此这些手稿没有被编入《讲座》[②]。

在《讲座》中，胡塞尔对前摄（也被称为“原期待”，《胡塞尔全集》第 10 卷，第 39 页）的引入非常类似于滞留：“在每一个源初地构造出内在内容的原阶段中，我们对同一内容都拥有前行的滞留与即将到来阶段的

---

① 第 40 节完全来自手稿 Ms. L Ⅱ 19 Bl. 3a（大约从手稿的中间开始）。第 24 节的基础是手稿 Ms. F Ⅰ 6 Bl. 56a，这一节同样来自 1917 年并出现于 1904/05 年冬季学期讲座手稿中——这一节是事后插到这个讲座手稿中去的。第 43 节的最后部分（从“我们看到……”起，《胡塞尔全集》第 10 卷，第 30 页）来自手稿 Ms. L Ⅰ 10/ 第 1 页。这一页上面有“贝尔瑙”的标记和“自 187”的提示，这个提示很可能是指施泰茵对 1904/05 年冬季学期讲座的最重要段落所做的副本（或者说是汇编）。

② E. 施泰茵于 1917 年夏季开始编辑“时间意识”手稿。在一封于 1917 年 6 月 7 日写给 R. 茵伽登的信中，施泰茵报告说：“最近我一直在整理一叠新的手稿，我现在遇到了‘时间意识’这一卷宗。您很可能知道，这些事情是多么的重要：对构造学说来说，对与柏格森以及在我看来与纳托尔普等人的辩论。外在状况相当悲惨：从 1903 年起就是卡片笔记了。可是我怀着极大的兴趣想弄明白，对这些卡片进行编辑是否可能……”1917 年 7 月，她在某种程度上结束了对这些手稿的汇编并把它交给了胡塞尔。她在 1917 年 7 月 8 日写给茵伽登的信中说：“最近这个月我在编辑胡塞尔的时间笔记，出色的工作，可是尚未完全成熟。”1917 年 9 月初，她不无自豪地告诉茵伽登，胡塞尔在休假地贝尔瑙正全力研究时间这一主题：“我在这里与老师一起待了三天，这可是辛勤工作的‘时间’。”参见施泰茵于 1917 年 8 月 9 日写给茵伽登的信。

前摄。只要这一内容在持续，前摄就会得到充实。”[①] 滞留和前摄恰恰因为各自阶段的短暂间距而得到规定，在这之后，它们便变成“不确定的”前摄和滞留的“黑暗视域”（同上）。这种从确定性向不确定性的突然下降使我们有理由讨论一种“滞留晕和前摄晕（Hof）”（《胡塞尔全集》第10卷，第105页）。

所以我们并不知道前摄在《讲座》中“前摄”了什么。在《讲座》中，前摄意指某个将要来临之物，但却是以一种空洞的和不确定的方式：“每一个源初的构造性过程都由前摄所激活，正是前摄空乏地构造出将要来临之物本身并抓住它、充实它。”[②]

在正常的知觉中，前摄内容始终是不确定的。这一事实在面对回忆并与之相区分时是很明显的。在同样作于1917年的第24节中，我们知道，前摄在回忆的语境中并非那么不确定。胡塞尔写道：“如果说事件感知的源初前摄是不确定的，而且其他的存在或非存在是敞开的，那么我们在回忆中则拥有一个前朝向的期待，它不会让一切处于敞开之中。”[③]

三、贝尔瑙手稿中的前摄

对前摄的分析是在贝尔瑙手稿中展开的，胡塞尔可能在1917年9月编辑完《讲座》之后开始写作这部手稿。我将优先参照第一文本和第二文本，即源自1917年9月的《胡塞尔全集》第33卷。我想澄清的是，贝尔瑙手稿中所展开的前摄理论在某些重要方面与《讲座》的立场是不同的。为了说明这一点，我首先将分析第二文本（《胡塞尔全集》第33卷，第22页）中的“完整”图表。这一图表从《讲座》中众所周知的图表演化

---

① “In jeder Urphase, die den immanenten Inhalt ursprünglich konstituiert, haben wir Retentionen der vorangegangenen und Protentionen der kommenden Phasen eben dieses Inhaltes, und diese Protentionen erfüllen sich, solange eben dieser Inhalt dauert.” (*Hua* X, 84 = L II 19/3a)

② “Jeder ursprünglich konstituierende Prozeß ist beseelt von Protentionen, die das Kommende als solches leer konstituieren und auffangen, zur Erfüllung bringen.” (*Hua* X, 52)

③ “und wenn die ursprüngliche Protention der Ereigniswahrnehmung unbestimmt war und das Anderssein oder Nichtsein offen ließ, so haben wir in der Wiedererinnerung eine vorgerichtete Erwartung, die all das nicht offen läßt, ...” (*Hua* X, §24)

而来。[①]

看来很容易回答这个问题：滞留保留了哪些内容？滞留“在一段时间内”以活生生的和直观的方式保留着流过来的原素材，例如一个声音或一个色彩。滞留虽然是直观的意识，但它永远是先行印象的变异。下面这个问题要远为复杂：前摄“前摄”了什么？

“前摄”（protend）和“滞留”（retend）这些名称是比照“意向”（intend）而被选定的。这种比照基于这样一个事实：滞留和前摄都具有确定的内容，就是说，都具有一个正在意向的东西以及正在期待着的或活生生地保留着的东西的观念，后两者也可以被看作某种意向内容。在这种确定性的“意向”内容旁边并与之相对，是多种多样实际被给予的原素内容，它们体现着意向。这里还存在一个与这种完整意义上的意向性相平行的东西，它所意指的也许（比如说）是被感知的、从不同角度被呈现给我们的实在对象。

尽管有这些相似性，但我们不该忘记，意向性的含义在一方面的感知那里与另一方面的滞留和前摄那里是不同的。至少存在两个构造步骤，它们划分出两个类型的意向性：第一步是对内时间意识中的感性材料及其绵延的构造；第二步是对作为某种格式塔式的构形或感性片段的“被凸出性”（Abgehobenheiten）的“被动综合”（请注意：这里的感性是指所有的感性领域，而不是仅仅指视觉领域）。这第二步是在格式塔片段的基础上对客体的感知。

如果我们没有注意到在完整意义上的客体化行为中的意向性与滞留和前摄的意向性之间的差异，那么我们可能会得出错误的结论。构造的第一步发生在内时间意识中，其结果是构造出感性材料及其绵延。感性材料在被动综合的层面上以同质性和异质性的方式被连接、统一起来，结果便出现了像边缘或表面那样的感性“被凸出性”或格式塔片段——这些边缘或表面带有一定的格式塔和形状，我们在视觉领域中可以感知到这一点（在所有其他的感性领域中，例如在音调的开始和结束中，也存在类似的过

① 然而，我们常常不能想到这一点：胡塞尔 1917 年的讲座由海德格尔于 1928 年编辑出版，但是这个文本经过了修订和扩充，因此它便涉及在更新的贝尔瑙手稿的分析中所出现的在实质性的时间关系中对《讲座》中的新的表述方式的反思，或者说涉及在紧接着 1917 年 9 月对讲座的编辑之后所写下来的东西。

程）。带着作为“原素材”的“被凸出性”以及作为某种创造者之计划的类型（“模型”或图式），意向性统觉构造出“意指对象的表象”。

意向性在这个词的真正意义只有通过第三层面的构造（例如通过对一个真实事物的感知）才能抵达。在这一层面之上我们发现了存在于综合（它在同质性的感知中被唤醒）之中的前谓词经验。泛泛说来，前谓词经验在于事物与其特性之间（或事件与事件之间）的联想性关联。这些关联还不能称作认识，对这些关联的经验只是作为“在我之中”的同质性感知的结果，我们还不能认为它对其他人也有效。完整意义上的谓词判断和认知建基于这些感知和前谓词层面之上，但为了具有直观性，谓词判断需要一种复杂的被奠基行为，一系列的感知正是在这种行为中被穿过，它以前导致的是前谓词的判断形式，但现在却带有明确的认知兴趣。在这一过程中，前谓词判断充当了重要的指针。

现在我想回到“前摄‘前摄’了什么”这一问题。为此我将在两种不同形式的前摄之间做出区分，胡塞尔也做出了区分，但他一开始并没有用不同的概念来表示。前摄的一部分在于期待：滞留内容将会进一步沉入下一个阶段。我把它称为“进一步滞留的前摄”或“滞留性前摄”（R-protentions）。前摄的另一部分指向即将来临的、有希望被体验的原素内容。我把它称为“对即将来临的原素的前摄”或“原素性前摄”（H-protentions）。

一般来说，前摄的内容暂时可以被看作来源于两个因素：原初当下的原素材和刚刚过去的滞留。胡塞尔写道：“滞留枝的过程或者说每一次刚刚出现的滞留枝的意向内容都以规定内容的方式对前摄产生作用并预先勾画出它的意义。”[①] 这种依赖性看起来很恰当，因为胡塞尔把滞留描述为一种刚性（rigid）的机械过程，这一过程仅仅依赖于流动的原素材（参见《经验与判断》，第 122 页以下）。对我来说似乎很重要的一点就在于，暂时把前摄看作仅仅为当下原素材和当下滞留所规定。

现在我试着借助于在《胡塞尔全集》第 33 卷这个第二文本中可以找到的图表来讨论上面提到过的前摄的两个部分（滞留性前摄和原素性前摄）。

---

① “Der Verlauf der retentionalen Zweige bzw. der jeweilige intentionale Gehalt des eben auftretenden retentionalen Zweiges wirkt auf die Protention inhaltsbestimmend ein und zeichnet ihren Sinn mit vor.”（*Hua* XXXⅢ，38）

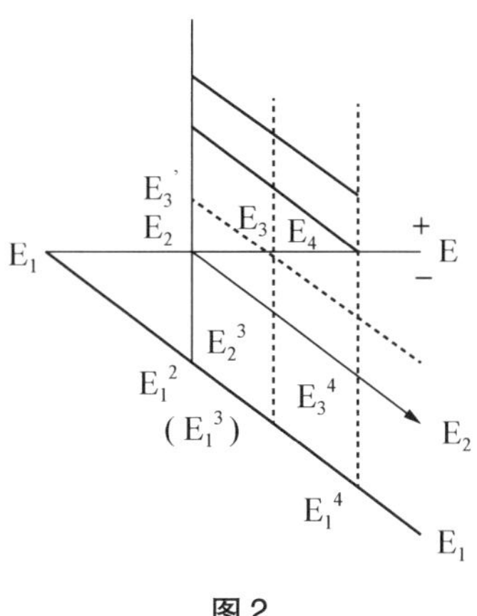

图2

让我们首先来分析朝向滞留的进一步下沉的前摄部分。这种下沉从当下的滞留一直持续到时间 E_2，在 E_2点上的垂直相位中的下降部分是来自下沉的原素材的滞留——这些原素材前后相继地发生在 E_1和 E_2之间。如果我们仔细地理解胡塞尔对图表的解释，那么，被命名为 $E_1^2E_2$的线段（Strecke）就不仅仅是对滞留内容的称谓，而且同时也标示出前摄。它所标示出的前摄正是朝向这些滞留内容的进一步下沉的前摄，因此它朝向的是斜纹（der schräge Streifen）区域的内容。这些进一步滞留的前摄，即滞留性前摄，完全由当下滞留所规定。这种滞留性前摄只是单纯地期待着当下滞留内容的进一步下沉。如果我们把当下的滞留内容与滞留性前摄（即垂线 $E_1^2E_2$）进行比较，［我们就会发现］它们看上去完全相似，其中的一个是另一个的某种镜像①。滞留段 $E_1^2E_2$不仅被理解为滞留，而且也被看作在即将来临方面的前摄。这种即将来临的方面就是当下滞留向更深的滞留层面的进一步下沉。

前摄的这一部分已经得到了相当精确的规定，但它仅仅期待滞留进一步下沉到某个展开点。这些滞留性前摄在进一步发生的事件中当然得到了充实，因此如果说滞留性前摄发生失实，这几乎是不可能的，因为滞留的产生是一种严格的过程。与此相对照的是，原素性前摄常常发生失实。对

① 胡塞尔写道，前摄这一面是“原来一面的一种镜像”（《胡塞尔全集》第33卷，24：28）。

滞留性前摄来说，只会发生这样的事情：由于达到了滞留功能的极限，它们不再被充实。

因此，我们发现了这样一种情况：在这一图（图2）中，滞留以及被作为整体而标识为 $E_1{}^2E_2$ 的滞留连续统可以同时被解释为对前摄连续统，即对进一步下沉的期待连续统的标明。这样，滞留连续统 $E_1{}^2E_2$ 便具有了"两面性"。它标明了滞留，同时也标明了滞留性前摄（《胡塞尔全集》第33卷，第23页以下）。滞留被看作前摄。我们也许会认为，滞留在向下一个阶段过渡时"变成"了前摄，但这一点对我来说过于思辨。真实的情况始终在于，这些滞留性前摄的内容的方向受到当下滞留的严格规定，它们看上去像是当下滞留的镜像。①

胡塞尔本人不相信这个概念，他把这个概念看作一种假设（和问题）："在原过程中，不管这一过程涉及的是新事件还是旧事件，这一阶段在本质上既是先行得到充实的时间段的滞留（……），同时也是与随后的阶段相关的前摄吗？"② 但是这一假设在对图表的规定中会带来复杂化和双重含义这样一些棘手的结果：一条表示滞留的线段也表示前摄。我们也不可能像一眼看上去所联想的那样，简单地把线段下面的枝看作滞留，而把上面的枝看作前摄。③

如果我们分析图表的"上枝"即原素性滞留，我们不可能像在滞留性前摄中那样找到精确的描述。但是就像在"下枝"中的情况一样，我们可以开始于这样一个假设：对于这部分的前摄而言，原素材和先行的滞留也规定了期待的内容。胡塞尔写道："可是，期待通过先行滞留的连续统而作为向前进展的连续统得到动机引发。"④ 在"上枝"中，我们可以预期

---

① "从单面性中产生出双面性，这个新的一面［成为］原来一面的一种镜像。"（《胡塞尔全集》第33卷，24：25－28）相应地，垂线线段的"上枝"也得到了确定，我们只需要将这里的前摄转变成被变异的前摄（《胡塞尔全集》第33卷，第26页）。

② "Im Urprozeß, möge er alte oder neue Ereignisse betreffen, sei wesensmäßig jede Phase in eins Retention einer vorangegangenen erfüllten Zeitstrecke (...) und Protention in Beziehung auf die folgende?"（*Hua* XXXIII, 27：31－36）

③ 胡塞尔写道，我们"不能简单地把下面的部分描述为滞留，把上面的部分描述为前摄。"（《胡塞尔全集》第33卷，28：23－24）

④ "Diese Antizipation ist aber durch das Kontinuum vorangegangener Retentionen als fortschreitendes Kontinuum motiviert"（*Hua* XXXIII, 24：35－36）.

它的发生方式是同样的。[①] 对原素性前摄（它指向的是即将来临的原素材）的内容及其区分的规定也依赖于滞留流。胡塞尔写道："一个事件越是向前进展，它就越是在自身中为不同的前摄提供更多的材料，这将使过去的风格被投射到未来之中。"[②] 还有一段："意识始终处于流动之中，它期待着更进一步的东西，就是说，前摄以同样的方式'朝向'一个序列的进展。"[③] 前摄可以相对于即将来临的感性材料的类型而得到规定：如果一个声音被听见，那它将是即将来临的原素被给予性阶段上的声音。[④]

如果我们取一道红光在黑暗背景上的闪烁作为例子，那么我们在开始时并没有这种被给予的原素的滞留（参见《胡塞尔全集》第33卷，37：2－6）。滞留刚刚开始发生作用。只有在经过了第一阶段的滞留下沉过程之后，前摄（它指向的是即将来临的原素的被给予性阶段）才开始形成。在开始阶段，前摄的形成与对刚刚过去了的滞留的严格指向一道发生，而且这一过程在接下来的阶段中还会继续。[⑤] 因此，在一个刚刚开始的原素事件中，前摄的起始内容所指向的是开始阶段的滞留。在经过几个阶段以后，前摄——它由同质地持续不变的小红光点所动机引发——才会越来越确定。我们也许会说，我们在原素事件的开端上一定能达到一个"中间阶段"。只有在这个中间阶段，一种对这一特定原素材的持续性所具有的确定性的前摄才能够为某些阶段的同质性的被给予的原素所引发。

但这样我们仍然没有得到对这一问题（"前摄'前摄'了什么?"）的令人满意的答案。我们的不满意之处在于一个事实：我们知道经验中有许多这样的情况，在这种情况下，我们所期待的是原素材的要素、整个的事件或由被给予的原素所组成的联合体，但它们并不单单由被给予的原素和滞留所规定。例如，我们也许会想到这样一种情形，我坐在汽车里等红

---

① 我们预期"将来以同样的方式发生"（《胡塞尔全集》第33卷，24：31）。

② "Je weiter ein Ereignis fortschreitet, umso mehr bietet es in sich selbst für differenzierte Protentionen, der Stil der Vergangenheit wird in die Zukunft projiziert" (*Hua* XXXIII, 38).

③ "Das Bewußtsein bleibt in seinem Zuge und antizipiert das Weitere, nämlich eine Protention, richtet 'sich auf Fortsetzung der Reihe in demselben Stile." (*Hua* XXXIII, 13: 11－17)

④ "前摄朝向即将来临之物，但它的内容仅仅得到了最一般意义上的规定（如果一个声音开始响起来，那它也是［一个］未来的声音，即使附近的意向关系或性质关系情况在前摄等的意义上始终是不确定的）。"（《胡塞尔全集》第33卷，14：10－16）

⑤ 胡塞尔不仅谈到"Anspinnen"即开始，也谈到"Fortspinnen"（《胡塞尔全集》第33卷，13：26－33），它的意思是"以这种方式持续"。

灯，我很清楚地知道，黄灯[①]马上就会亮（或者当我们听到一首著名歌曲的开始时）。这种前摄所朝向的是即将来临的原素材，但它不仅仅依赖于当下的原素材和滞留，而且还依赖于我们在世界中的经验。因此我们可以把它标识为原素性前摄，但它与那种我们已经分析过的原素性前摄并不一致。我们需要标识出一种新型的原素性前摄。

尽管我们的分析将会超越贝尔瑙手稿，但在我们迈出具有必然性的下一步时，我将尝试描述一下在前摄中所存在的几种体系上的选择，这可以为我们下一步在前摄领域中作出区分提供概念。我预设的仅仅是内时间意识构造中的正常状况：原素材"红色"的某些阶段的原素性当下以及伴随着这些当下的滞留。这里原则上存在以下几种可能性：

（1）持久的前摄。我们期待：它以同样的方式一直进行下去，就是说，原素材像在前面的阶段中一样始终不变。我们看到的是红色，还是红色，我们前摄：同样的"红色"原素材一直会出现。但是，如果我们感觉到绿色，那么这并不是"巨大的失实"，就是说，它并不是一种失实的形式，它没有导致像否定那样的新的赋义行为的出现，我们仅仅改变了前摄，使它朝向绿色。

（2）在类型学上被区分开来的前摄。我们期待：它将会一直显现为红色，但这种"红色"的表象在"红色"的类型学特征的限度内可以改变，例如变得稍微暗淡些或明亮些。胡塞尔在贝尔瑙手稿的一些地方似乎更倾向于这种答案："前摄朝向即将来临之物，但它的内容仅仅得到了最一般意义上的规定（如果一个声音开始响起来，那它也是［一个］未来的声音，即使附近的意向关系或性质关系情况在前摄等的意义上始终是不确定的）。"[②] 这一答案是对第一种可能性的修正，第一种可能性虽然也考虑到表象的类型学特征，但相对来说它始终处于由当下原素和当下滞留所引发的狭窄的动机框架中。

（3）由同样的感性域（Sinnesfeld）所限制的前摄。我们期待：将要来临之物是一个颜色，但它不必是同样的红色（声音）。这种前摄始终处

① 在欧洲是这样，但在美国不是这样，在这里红灯之后紧接着是绿灯。

② "Protention richtet sich auf das Kommende，einem Allgemeinsten nach inhaltlich bestimmt（hat ein Ton zu erklingen begonnen，so ist es auch künftig Ton，wenn auch das nähere Wie der Intensitäts-oder Qualitätsverhältnisse unbestimmt bleibt im Sinne der Protention usw.）."（*Hua* XXXIII，14：10－16）.

于一定的感性域（例如视觉域或听觉域）的限度中，但它并没有规定是哪一种颜色或声音。这种期待比第二种前摄中的类型学限度更大，但它自身的感性域的界限并没有被超越。

（4）不确定的前摄。我们也许期待："某物"将要来临，这种感性之物或者处于同样的感性域中或者处于另一个感性域中。我们可以把这种有争议的可能性看作"空乏的前摄"。接受这种可能性会使这样一种有争议的结果显示出来：即使"出乎意料地开始"了一种新的被给予的原素，这也是由前摄以某种方式预言了的（即事先告知的）。对前摄性期待的这种解释也许过于极端了。

（5）变更性前摄。我们期待：特定的某物将会来临，但它与此前被给予之物并不一样，我看见红灯，同时期待绿灯亮。这种变更性前摄也有可能穿过感性域的界线：我们看见一块石头飞向窗户，这时我们期待打碎玻璃的声音。但所有这些"变更性前摄"都依赖于日常经验。如果一个人以前从未见过交通信号灯，他就不会对绿灯产生期待。因此，我们必须承认，这种（直到现在还是假设的）前摄形式更适合于被看作客观时间内部的"意向性期待"，与内时间意识中的滞留和前摄相比，这无疑是一种更高层面的现象。

在交通信号灯这个例子中，前摄（protention）与期待（expectation）之间的区别是很明显的。在看见红灯的同时，我在客观时间中期待着一个未来事件。我只有以先行的、对世界中这种事件的经验为基础才能期待这一未来事件。这是以日常经验为基础的意向性期待。如果我不知道绿灯是接下来的事件，我是不会期待绿灯的。如果我们以这种方式解释前摄，或把它解释为一种对"高级"意向经验——这种意向经验成功地下降到前摄层面——的"低级"变更，那么这种前摄将会随经验而变化，它将不会完全依赖于当下原素与当下滞留。

这样，我们现在应该在不依赖于先行经验的前摄与以经验为基础的预先期待之间做出区分。胡塞尔本人对这一点也做出阐明，但不是在贝尔瑙手稿中，而是在《经验与判断》中，他在这里分析了主动性和被动性在构造中的令人棘手的混合类型（《经验与判断》，第 23 节 b，第 120 – 123 页）。滞留在内时间意识中的特征被描述为"绝对严格的合规律性"以及

“绝对的被动性”[①]。相应地，前摄是一种“被动的合规律性”和“被动的期待”[②]，在这里的语境中，胡塞尔把纯粹被动的滞留与主动的、作为“被变更的主动性”、作为“主动性中的被动性”（《经验与判断》，第122页以下）的把握相对立。相应地，他把“严格的”被动前摄与（“可变的”）依赖于经验并随经验而变化的预先期待相对照。他对这两者做出了明确的区分：前摄不是在主动性期待的模式上的现实主动性。[③] 因此，在其他语境中，我们也应该维持在“刚性的”前摄与“可变的”意向期待之间所做的区分。

这种区分当然是有充分根据的，但我们不能忽视高级构造对低级构造所具有的多种形式的影响。在我们这个案例里，最困难的问题是：意向性的期待如何能够“下沉”到内时间构造层面之中？或者说，这纯粹是一种荒诞不经的想法吗？

四、我的结论

对于这一未决问题，我还没有找到令人满意的建议。我的回答以“幻象的自身触发”这一现象为基础，它表明意向的统觉对原素层面有影响。[④] 也许通过一个例子我们可以更好地获得幻象的自身触发这一观念，比如，一段著名旋律的头几个音调被我们听到（想一想贝多芬的《第九交响曲》）。对我们来说，被动发生的事情是，我们似乎已经“听见”乐谱的下一个乐章，我们借助于音乐幻象的帮助“听到”了即将来临的旋律。如果我们转到交通信号灯这个例子上来，其模式会变得更加复杂：当灯还是红色的时候，我们注视的是暗黄色，我们可能已经具有了对即将来临的黄灯的幻象。

现在有人会反对说，幻象的自身触发是概念和事件，但它不存在于胡塞尔的时间意识分析中，就此而言它是这些分析中的“外在因素”，对这

---

① 在第23节b中，胡塞尔谈到“绝对严格的合规律性”（《经验与判断》，第122页）以及“纯粹的被动性”（第123页）。

② 参见《经验与判断》，第23节b，第122页以下。

③ “前摄不再是前把握模式上的现实主动性。”（《经验与判断》，第123页）

④ 关于作为独特的现象学领域的自身触发，参见D. 洛玛的《关于自身触发的四个命题》（载于会议论文集《可见的与不可见的》，R. 贝耐特和A. 卡普斯特编，卢汶，1998年）和《五十：直观、概念与自身触发》（载于《主体维度》，巴拉尔编，比萨，2002年）。

种嵌入我们必须加以说明。对此我想补充下面几个论据：

首先，幻象的自身触发并不像看上去的那样外在于胡塞尔自己的分析，因为在对这一问题（其原素内容正是充实滞留的东西）的研究中，胡塞尔总是一再地回到对原素材的“变更”这一概念上，而原素材恰恰适合于对滞留和前摄的充盈（Fülle）（参见《胡塞尔全集》第33卷，第40页）。可是，行为（它既涉及行为的意向，也涉及行为的充盈）的“变更”这一概念在胡塞尔那里总是指向本原的感知与相应的回忆或想象之间的关系。当然，在某些方面，原素材向滞留和前摄的变更不应该在这两种范例中被思考。但是，在这两种变更情况下，幻象对充实（Erfüllung）的功能都必定做出了决定性的贡献。由于幻象（它被拼接成回忆图像或想象图像）并不来自当前被给予的感性，就是说，它并不是实显的触发，因此，主体在回忆和想象中触发自身。所以说，当我们试图把滞留和前摄的充盈尝试性地引回到幻象的自身触发之上时，这仅仅是对胡塞尔思想试验的继续和完善。

其次，很明显，对于从意向期待沉下来的“可变的”前摄来说，在这一论证的内部，在贝尔瑙手稿的概念之内，根本不存在有用的解答。因此，一个有用的解决方案不可能避免来“自外部”这个假象，即使——像在这里那样——这一方案仅仅是胡塞尔思想萌芽（我们可以在胡塞尔自己的分析中找到这种萌芽）的进一步发挥而已。

对于一种符合实事的解决方案，一方面的要求是，即使在“已经沉下去的”意向期待中，前摄始终仅仅是前摄，就是说，它不必是完整意义上的对对象或即将来临事件的意向。如果滞留仅仅以变更的方式保持原素材，而这一点也适用于刚性的前摄，那么，这种更进一步的前摄类型（它回到的是意向期待）便不再有可能以某种方式（比如说以被变更的形式）体现与意向性地被期待的对象“相适应”的原素材。在这种情况下，这个“相适应”是为表达被期待的意向对象所设立的，这就是说，被期待的意向对象在内时间性层面上的显现形式必然是某种在感性上或在类似的幻象中恰恰使这种被期待的对象（或者说被期待的事件）在感性上的表现得以可能的东西。在这种情况下，客观时间性的因素绝不可能被一道置入到最深层的构造之中。从这里我们必然能够推论出，“沉下来的”意向期待在内时间意识层面上的显现形式必定是原素性的。

因此，被前摄之物（从意向期待出发）的显现形式一定是某种类似于感性的东西。另一方面，它不可能来自实显的感性触发，因为这种触发根本不表示那种作为即将来临之物而被（可能错误地）期待的东西，它也不可能表示这一点。正如交通信号红灯的亮起并不表示黄灯马上亮起。

可是，如果幻象是这样一种模式，在这种模式中，意向的被期待之物在内时间意识层面上是可以觉察到的，就是说，它以原素的形式“显现出来”，那么，在这里，感性与处于同一感性域之上的前摄的原素显现形式便彼此竞争起来。但是，可以理解的是，已经沉下去的意向期待的原素显现方式必定明显会比实显的感性更弱。如果不是这样的话，那么意向期待总是会通过幻象而被一再地推进到前台，这样感知就会与期待图像“混合”在一起。一般来说，很多的交通事故就会随之发生，因为这时两边的当事人都很有把握地断定“我看到了绿灯”（绿灯完全出现了）。我们可以从进化论的角度更一般地表达出同样的观点：在正常情况下，期待的前摄形式绝不可能越过实显的感性，否则，活生生的感知意义就会受到威胁。另一方面，意向期待的内容必须以原素的方式“显现”出来，但它必定明显会比实显的感知更弱。这两个方面的要求通过相应的幻象的自身触发而得到充实。

我们也可以考察一下前摄在回忆中的作用（见《讲座》第 24 节）：这种前摄比正常感知中的前摄受到更加严格的规定，这可能也是意向期待“下沉”到原素内容层面上的效应——也许也借助了幻象的支持。但这一主题还需要更多的研究。

对我的分析结果所做的总结，我的论题所讨论的是朝向即将来临的原素材的前摄内容这一问题，它分为两个方面：

在原素性前摄中包含着意向期待，它借助于同原素内容混合在一起的幻象的支持而“沉入”到前摄的层面，我们可以把这种包含称为“期待的原素性前摄”。

还有一种原素性前摄，它仅仅指向当下原素和刚刚过去的滞留阶段。我们可以把它称为“刚性的原素性前摄”。

只有在涉及后者即刚性的原素性前摄时，我们才可以通过下图（图 3）做出描述。我们期待“同以前一样之物”以及刚性的原素性前摄仅仅指向当下的原素材和当下的滞留阶段。如果原素的在场发生变化，那么“刚性的”前摄将会随之变化并对其他内容进行前摄。“前摄的高度”——我建议把它看作对前摄性期待的严格性的衡量——与直到当下为

止被感觉到的原素材的“滞留高度”相一致。结果，前摄便形成了随原素材而变化的锯齿状的样子。

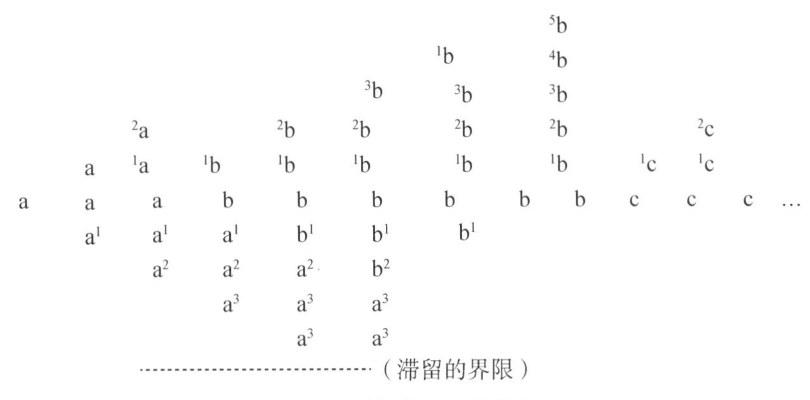

图3　刚性的原素性前摄

这一概念所考虑的是“前摄的高度”中所存在的差异（这些差异源于同质性的被给予原素的绵延），它对刚性的原素性前摄所遭受到的依赖性（即依赖于原素材在原在场和滞留在场中的变化）进行了限制。但最终很明显的是，在这两种类型的原素性前摄中存在着鲜明的冲突：站在红色的交通灯前，刚性的原素性期待所前摄的是“红色—还是红色—还是红色”，而期待性前摄所前摄的是“绿色—现在是绿色—现在是绿色……”

对我的研究的概述：胡塞尔在贝尔瑙手稿中提出了前摄内容的问题。他对前摄的“下枝”这一方面所做的思考特别有用，但原素性前摄的“上枝”特征仍然问题重重。我想证明的是，在这种原素性前摄中至少存在两个成分：一个是刚性的原素性前摄，它仅仅依赖于当下原素和当下滞留；另一个是期待性的前摄，我们最好把它理解为一种“下沉的”意向期待，它能借助于幻象的自身触发而吸引我们对其内容的注意。

追问时间的佯谬

山口一郎[①]

时间，这个历久弥新的主题，自身包含着种种的悖谬。某个已经沉入过去的深渊之中的东西又在当下出现。在这里，已经成为过去且不再是现在（jetzt）的过去性还会遭遇到恰恰是现在的当下（Gegenwart）吗？时间纯粹是一种由各种各样内容所充满的形式吗？为什么有人把某个特定的瞬间感觉为“静止的”东西？为什么有人总是把时间流感觉为或快或慢的东西？胡塞尔的时间意识分析在对这个谜进行研究的方向上迈出了开创性的一步。很多关于胡塞尔时间学说的评注所讨论的主要是《内时间意识现象学讲座》的文本和部分C手稿，但这些评注必须不断地面对来源于胡塞尔意识体验的被动分析时期、被动综合时期、欲求意向性时期以及交互单子发展时期的文本并对其主题加以检验，以便对胡塞尔全部时间学说的基础进行探讨。

时间问题与现象学其他的中心问题具有密切的关系，特别明显的是与他人经验即所谓的交互主体性问题的关系。由K. 黑尔德（K. Held）、德里达和勒维纳斯对时间流所提出的单面的、仅仅以主动意向性为指向的解释加重了通过**被动生成**来阐明交互主体性的困难。在被动生成中，欲求意向性先验地成为时间流最源始的构造条件，它同时也把共同当下的**共同起源性**以及**他人的他者性**的诞生带入现象学的明见性。这里所说的对时间流的狭义解释主要涉及的是滞留，或者更确切地说，是滞留与原印象的关系。下面将会指出，这种狭隘化的做法是出于各个特定的、大都为这些解释者所不知的动机而产生的。

一、一种无意识的印象和滞留的意识内容是可能的吗？

首先必须提出一个表面看来很容易回答的问题：对胡塞尔来说，时间

① 山口一郎（Ichiro Yamaguchi），日本东洋大学教授。——译者

是否纯粹是一种为各种各样内容所充满的形式。时间是否意味着由于意识内容的流过而产生的将来、当下和过去的形式？人们可能会简单地对这个问题做出完全肯定的回答，可是，马上就会很清楚：这一问题的提法本身非常复杂，我们不能草率作答。

为什么尽管《胡塞尔全集》第 10 卷（《内时间意识现象学》）已经出版，R. 贝耐特仍然单独（再一次）编辑出版了胡塞尔为其讲座所写下的部分文本？我认为，理由在于贝耐特想根据胡塞尔观点的发展准确地领会和刻画胡塞尔在时间意识方面的一个重要洞见。这一洞见最早由《胡塞尔全集》第 10 卷的编者 R. 波埃姆（R. Boehm）所强调，它在于下面这一点：对内时间意识构造的分析不能根据意向性的基本观点即意识行为与意识内容之间相互作用的观点来进行。

某个特定的声音（T）持续着，比如从一个时间点 A 一直持续到另一个时间点 B。根据立义行为和立义内容的基本图式，到时间点 A 和 B 的立义内容应该被立义行为意识到，甚至是在时间的序列中：先是 A，然后是 B。

为了意识到 A－B 这种时间上的相继，我们或者假定一个超时间的即外在于时间的主体，它能够俯视 A－B 的持续，又或者假定这样一个主体，它在流经 TA 的同时感知到这个时间流并在其瞬时记忆中把它贮存下来，然后感知到 TB。在第一种情况下，超时间的主体具有两个功能，即感知和回忆；在第二种情况下，尽管主体处于时间流之中，但它也保留着这两种功能。

下面这一点无论如何是有效的：根据立义行为和立义内容这一图式，为了意识到 A－B 的延续关系，在时间点 B 点处，第一个立义行为（对 B 点上的 T 的感知）和第二个立义行为（对 TA 的回忆）必须同时被实施。

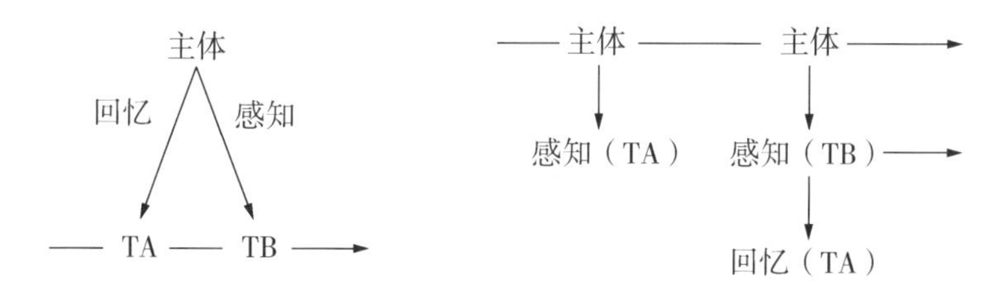

然而，如果同时发生两个立义行为即感知和回忆，那么，对同时性现在（Jetzt）的意识便既属于对 TB 的感知，又属于对 TA 的回忆。究竟在哪里存在着对 TA 的意识即对过去了的 TA 的意识呢？

在这里，对 TA 的回忆与对 TB 的感知并不是同时被给予的，可是，对 B 点上的 T 的感知却是确定无疑的，因此，这个被看作回忆的意识 TA 一定不同于那个在“现在意识”（Jetzt-Bewusstsein）中构造立义内容的立义行为。对胡塞尔来说，这种被描述为“新近回忆”的意识是一种“特殊类型的意向性”，它“不是行为”（因为意识行为本身是一个在一系列滞留阶段中被构造起来的内在的持续的统一性），而是“对逝去阶段的瞬间意识”①。

被称为“新近回忆”的滞留之所以不能借助于“立义行为 - 立义内容”这一图示而被把握，其中的一个原因可以在这里得到说明。其他的原因与这个第一原因一起指向一种共同的事态，胡塞尔在《内时间意识现象学讲座》中对这一点曾做过如下阐述：

> 如果有人说：任何内容只有通过朝向它的立义行为才向意识显现，那么立即就会出现对意识的疑问：在意识中，这种本身仍然是内容的立义行为被意识到，这样，无限的后退便是不可避免的。可是如果每一个“内容”在自身之内必然是“被原意识到的”（urbewusst），那么，对更进一步的给予性意识的追问就毫无意义。②

这便意味着：作为意向性的意识行为，即“对某物的意识”，构造着意识内容并同时被自身意识到；对意识行为自身的意识，如果它在这里事实上所涉及的是一种意识行为，那么它便需要更进一步的、把这一意识行为构造为意识内容的意识行为。可是，对意识行为本身的意识不是意识行为，而是如前所述的直接的被原意识到。此处在方法论上非常重要的一点在于，上面的说明不是一种间接地依赖于直观的逻辑思维的推论，而是对直接被给予的“可见的”（erschaubar）③ 直观的描述。

---

① 《胡塞尔全集》第 10 卷，第 118 页。

② 同上。

③ 同上。

原意识，正如《逻辑研究》所明确主张的那样，指向的是不含意向性的体验。这种体验的一个典型的例子是“感觉”（Empfindung），它只有通过立义行为的意向性的灵魂赋予（Beseelung）才成为意向内容。感觉不可能在“立义行为－立义内容”这一图式（这一图示属于意向性的本质）下被理解，因为“感觉在这里仅仅是对感觉内容的内在意识［……］所以易于理解，我为什么可以在《逻辑研究》中把感觉和感觉内容等量齐观”①。

对感觉内容的内在意识相应于上述对意识内容的原意识：感觉与被感觉之物是同一的，一定的意识行为作为内在持续的统一性本身被原意识到。于是，不仅作为意识行为的反思，而且还有其方式，都被原意识到，就像当反思的目光朝向感觉内容时，感觉内容通过原印象和滞留而被原意识到一样。

胡塞尔把这种关系描述如下：“可是由于存在原意识和滞留，所以存在这样一种可能性：看到对被构成的体验和构成性阶段的反思，甚至意识到在源初的流动（就像在原意识中意识到这种流动一样）与其滞留的变更之间所存在的各种差异。”② 作为意识行为的反思只有根据下面这一点才能把它的反思性目光朝向某物，即非意向的、通过原意识和滞留而被构造起来的体验被预设为前提即被预先构造出来。这一点也涉及我们以后必须加以探讨的被动意向性与主动意向性之间的奠基性关系，即主动意向性通过被动意向性而奠基。

关于原意识这个中心概念以及原意识和滞留之间的关系，在时间讲座的附录九中表现为一个非常关键性的问题，即原意识与“无意识”之间的区别。这一问题，正如下面将要见到的那样，涉及时间之流构造的核心问题。

这一问题取决于自身构造性体验的开始阶段：“如果它［一个开始阶段］没有带上滞留，那么，它是否会根据滞留走向被给予性？它会不会成为‘无意识的’？”③ 胡塞尔回答道：“可是，如果它真的只有通过滞留才被意识到，那我们便始终无法理解，是什么赋予它以‘现在’的特性。

---

① 《胡塞尔全集》第10卷，第127页。

② 同上书，第119页以下。

③ 同上书，第119页。

[……] 谈论一种‘无意识的’、事后才被意识到的内容是荒唐的。”①

这意味着：原印象，像滞留一样，必然在“现在”的固有形式中被“原意识到”，它不应该是一种“无意识”和滞留变更。恰恰在这一关键性的核心问题上，贝耐特批评胡塞尔说，由于对“现在意识”的坚持，他对“意识流在滞留上的自身显现的事后性”以及“意识流的非时间性和非对象性结构”的思考不具有充分的连贯性。② 贝耐特以此为由参与了德里达对胡塞尔所谓“在场形而上学”的批判。

与这种经常展开的对臆想的在场形而上学的批判相对立，我想指出并证明：胡塞尔在时间意识分析的晚期（而不是在时间讲座时期）对“能够无意识地得到保留（retiniert）的内容”明确地加以肯定，这一点不仅表现在可能的视角转换的语境中，而且也出于在意识流的构造学说内部体系上的必然性。

二、时间意识作为原触发和原联想的综合

如上所述，在时间分析的构架中，原印象与滞留之间的关系是一个中心问题。为了对这一问题进行根本的分析并为无意识的滞留内容这一论题提供根据，我从《胡塞尔全集》第11卷（《被动综合分析》）中分两部分引用了下面一段话：

> 一个旋律响起，但没有造成明显的触发力（affecktive Kraft），或者即使有这种可能，但完全没有对我们造成触发刺激（affektiven Reiz）。我们正忙于其他事情，这个旋律甚至不以“干扰”的方式触发我们。③

胡塞尔在这里分析了触发在被动综合这个问题域方面的合规律性。“触发力”与“触发刺激”在此处不是经验概念，而是现象学概念，这两个概念可以通过与“动机引发”（Motivation）这个概念的关系而得到理解

① 同上。

② 参见 R. 贝耐特《胡塞尔时间意识分析中非当下的当下、在场与缺席》，《现象学研究》，第14卷，第53页。

③ 《胡塞尔全集》第11卷，第155页。

和分析。这就是说，正如对联想概念的描述，对这两个概念的现象学立义的特征描述所依据的是动机引发的“可经验性”（Erfahrbarkeit），这种“可经验性”没有被理解为经验因果性，而是被理解为充实的可能性（Erfüllungsmöglichkeit），因而也就是被理解为一种“绝不是随意的，而是根据其本质类型得到预先规定和动机引发的可能性”[①]。触发原则上涉及的是自我极（对于自我极，应该在超越论现象学的意义上来把握），需要分析的是：触发力在多大程度上能够或不能唤醒自我的兴趣——兴趣本身在下面将得到课题化。

在上述引文所描述的情况下，某人正全神贯注于某事，不管这个事情是阅读还是写作，他没有注意到一个旋律响起。这个旋律的某种触发力肯定刺激了他，可是没有唤醒他的兴趣，就像他没有把他的注意力朝向它一样。

然而：

> 现在一个特别悦耳的音调传来，一种感官的愉悦出现了；或者传来特别刺激性的变化，它带来感官的反感。这一细节不仅就其自身而言受到鲜明的影响，而且突然之间使整个旋律凸现出来，只要这个旋律在当下域中还是活生生的。这样，触发便回射到滞留物中，它首先起着统一提升的作用，同时还作用到特别的凸显性之中、作用到个别声音之中，并且要求特别的效应。[②]

这里首先应该注意“滞留之物”在当下域中被滞留的方式。就在“这个特别悦耳的音调”响起之前，这个滞留物为某个全神贯注于另一事件的人不经意地即无意识地保留，但它并不是作为任意的某物而是作为特定的、与其他旋律内容不同的内容而得到预先构造并且没有被意识到。这个人在特定的“现在”专注于特定的事情。这个需要追问的现在，在时间讲座中应该必然地属于原意识，可在这里它恰恰属于这个人的这个特定行为而不属于预先被构造出来的滞留之物。

这样，属于无意识的旋律，其开始阶段（这一阶段被描述为“原印

---

① 《胡塞尔全集》第 3 卷，第 112 页。

② 《胡塞尔全集》第 11 卷，第 155 页。

象”）在没有作为特定内容的“现在意识”的情况下，当然也就是在非对象性的情况下，不可分割地与滞留一起被预先构造出来。

在这里，与时间讲座时期不同的是，无意识内容的滞留和只是事后才进入意识的作为无意识内容的原印象被肯定下来。

胡塞尔在时间化这一中心问题上的“转向”具有什么样的后果呢？当胡塞尔遇到这些案例时，它是否仅仅是一种部分的和偶然的情况？当然不是这样。正如E. 芬克在《危机》一书中明确强调的那样，要想正确地理解“从意向要素分析到‘无意识’的意向理论这条漫长的方法论道路”[1]，我们首先必须在其本真的问题特征中把握“无意识”现象学的研究领域。这条方法论的道路是指从静态现象学的方法到带有“重构”（Rekonstruktion）和“撤除”（Abbauen）的发生现象学的方法。只有随着发生方法问题域的展开，上述“无意识内容”案例一般才作为一个案例而得到令人瞩目的分析。

这一案例表明，一个旋律的非对象性部分通过滞留而得到预先构造，同样，原印象作为被滞留物的开始阶段也能无需“现在”意识，而非对象地、“无意识地”可又是原意识地被预先构造出来。这一事态在下面略作变化的案例中变得更容易理解：如果“悦耳的”声音没有响起来，而接下来的是另一个声音，那么，无意识地被保留的部分便不会被唤醒并被意识到（尽管它具有触发力），它也因此而进入隐蔽状态，当然不具有对现在的意识。原印象和滞留的非对象性内容是事后被意识到的；这只有通过下面这一点才有可能：通过原印象和滞留而被“预先构造”（vorkonstituiert）[2] 的东西被设为前提并且我的主动性反思朝向它。这意味着，每当一个对象化通过意识活动而出现时，非对象的、被动综合的预先构造都作为前提而先行于它。

经过原印象和滞留而来的非对象性的综合以这种方式先行于对象性和观念化的综合。于是，非常清楚：德里达对胡塞尔“在场形而上学”的批判——这一批判的内容是，活生生的当下被理解为纯粹的当下，在这一当下中，观念对象永远被一再地重新回忆出来并因此而得到构造——错失了胡塞尔的时间理论和构造理论一般，因为原印象和滞留在主动的、对象化

① 《胡塞尔全集》第6卷，第473页。

② E. 胡塞尔：《经验与判断》，第414页。

和观念化的意向性发生作用之前已经在活生生的当下中无需现在意识而被非对象地预先构造出来了。此外，对这一作为被动综合的预先构造本身的进一步的现象学分析不仅是可能的，而且还能以课题化的方式进行。

贝耐特在他的论文《德里达—胡塞尔—弗洛伊德：转变的痕迹》中断言，德里达令人吃惊地把“胡塞尔的超越论的意识与弗洛伊德的无意识”置于“平行的位置”[①] 并因此在《声音与现象》中发展出“痕迹”“（元）书写”和“延异”等概念。在贝耐特看来，这本书的要旨在于，胡塞尔的超越论意识的自身当下性同时为踪迹（Spuren）所寓居，或者说，它产生于踪迹的隐蔽活动，“这种踪迹最恰当的例子［……］”便是“当下的现在点在意识中的滞留”[②]。滞留是“踪迹”或“源初的补充”，据说它延迟地产生出它被添加于其中的东西。踪迹因此成为源初的他者形式，这种形式不可能被还原掉，因为它与当下的自身被给予性不可分割地联系在一起。[③]

关于踪迹与滞留的关系，我在此不打算深究。对胡塞尔来说，决定性的问题在于无意识内容的滞留是否可能，但对于这一问题，德里达的回答是非常明确的。德里达从时间讲座时期出发接受了无意识内容之不可能性的设定，然后通过对它的批判展开了一种滞留的可能性（根据弗洛伊德的无意识理论，滞留所提供的是一种无意识的、隐蔽的活动），并以这种方式阐发了对“踪迹”和“差异”的思考。然而，德里达在此完全忽略了胡塞尔后期时间意识分析的发展，尤其是关于无意识内容的滞留以及被动的、前反思和前谓词的综合分析的可能性——这一点在生活世界的问题域中起着决定性的作用。

三、作为交互单子联想和原触发联想的时间化

（1）两种沉入过去视域之中的空乏表象（Leervorstellung）

前谓词的被动综合分析是作为这样一种关系，即在当作滞留的开始阶段的原印象与滞留本身（它涉及滞留过程中各个阶段的内容）之间的关

---

① R. 贝耐特：《德里达－胡塞尔－弗洛伊德：转变的痕迹》，载于 H－D. 冈代克、B. 瓦尔登斐尔斯编《思想的投入：论雅克·德里达的哲学》，第 105 页。

② 同上书，第 106 页。

③ 同上。

系，而得到研究的。在被动综合的触发分析中，胡塞尔一方面看到触发的源泉“在原印象及其所特有的或大或小的触发性中”[1] 并强调原印象相对于其滞留变化所具有的特殊作用，但另一方面，胡塞尔始终坚决地主张：滞留直接地与原印象相连，随之出现的是通过相互唤醒而在这两者之间发生融合的触发。因此，这两者事实上是不可分割的，把原印象隔离出来之后所呈现的仅仅是一种对事态的抽象。

这两者之间的不可分割性在下面这份30年代的C手稿中可以得到最明晰的强调：

> 原印象在原印象中的过渡性实际上说明，新的原印象与先前原印象的直接滞留变化同时被统一起来，这种同时性的统一化自身现在又产生滞留性的变化等。内容的原融合（Urverschmelzung）发生在印象与其同时性中的直接的原滞留（Urretention）之间。[2]

或者说：

> 作为统一性构造，融合的原创建（Urstiftung）发生在静止的原现在（Urjetzt）中，发生在从［意识］流中所流出的滞留的连续性中，发生在与印象之物保持一致的边缘阶段中。[3]

这说明：前对象的、对我进行触发的原印象的阶段内容每次的出现都是通过对前对象的滞留内容的融合，即对跟这一内容相一致的、结对出现的滞留的空乏表象的融合。这一融合甚至发生在同时性中，也就是说，两者之间无需时间间隔。根据这一设定，根本不存在第一性的感性内容，单独的这种内容不可能单方面地从原印象中流出。单独的原印象不可能创建感性的、前对象的内容。原印象内容只有通过在同时性中与滞留内容的相互融合才被预先构造出来。胡塞尔对此做过毫不含混的说明：

---

① 《胡塞尔全集》第11卷，第168页。

② E. 胡塞尔C手稿：Ms. C 3 Ⅵ，Bl. 10。这一洞见在批判所有那些主张把原印象与滞留隔离开来的立场时都是一条明晰的规范。当勒维纳斯把原印象的特征规定为“不可预见的新内容”时，当他说“原印象的出现是时段位移自身产生的间隔”时，他忽略了这种原融合。

③ 同上书，Bl. 17。

> 我认为，在综合的意义上，空乏的滞留与仿佛是新近响起的声音段是一回事。在这种同一中，滞留的空乏通过这种在更新中再次得到建构的充盈而被充实。直观之物把自身当作充盈之物或者在空乏的、被表象的滞留物面前保持自身。[①]

这个关于原印象与滞留之间关系的决定性设定还必须从融合这一概念本身出发得到更详尽的解释并因此对下面这一点做出说明：从时间化中分离出原印象并没有导致对时间化本身的现象学分析，而是走向超时间的绝对者的形而上学。

胡塞尔的被动综合分析利用了直观概念，这一概念原则上被看作“空乏与充实”之间的关系。当滞留逐渐丧失它的直观性，它便变成空乏的滞留，这种滞留可以被命名为“空乏表象的发生学的原形式”[②]。滞留的含义内容在滞留过程中越来越被雾化（vernebelt），最终变得完全无法区分，可它并没有变成虚无（Nichts），而是成了处于背景意识中的“空乏表象”，这一表象在背景意识中被含蓄地看作“无意识之物”。

对于这一滞留过程，黑尔德所主张的滞留的必然延续性并不适用。后者假定，滞留过程无限延续。胡塞尔本人说得很明确：“过程本身停下来。”[③] 滞留过程的连续性在远处的过去视域中停下来，从这个遗忘的间隔出发便出现了回忆：

> 作为遗忘领域而属于我的东西并不是一个把早先的生活或早先生活的形象塞进去的盒子。另一方面，如果早先的生活从逝去了的当下来看是虚无，那么，遗忘这种说法就没有任何意义，人们应该说，作为个体规律的联想唤醒律属于当下流。[④]

---

① 《胡塞尔全集》第11卷，第372页。

② 同上书，第169页及以下。

③ 同上书，第177页。胡塞尔在这里说：“早先我以为，这一滞留的河流以及过去构造在完全的黑暗中也还是不停地延续着。可是我觉得，我们可以不需要这种假设。过程本身停下来。”另外还有一处明确的表述，“这说明，与这种意向变化同时发生的还有被凸出性的等级，恰恰是这一等级具有自己的界限，因为在这里先前的被突出之物融进一般性的基础之中，即融进所谓的‘无意识’之中”（《胡塞尔全集》第17卷，第318页）。

④ 胡塞尔手稿：Ms. D19，81b.

胡塞尔把回忆原则上描述为根据联想从遗忘出发对过去视域的唤醒。

当然，这里会提出这一唤醒本身的方法问题。首先必须根据其含义内容对两个不同的空乏表象做出区分。在第一种情况下，空乏表象具有一个前对象的含义内容，这一内容虽然通过被动综合而被滞留地预先构造出来，但被滞留之物并没有得到注意和反思，这样它便在缺乏“现在”意识和对象含义构造的情况下沉入远处的过去视域。这个空乏表象的含义内容被非对象地预先构造出来，它也一直保持着这种方式。在第二种情况下，以非对象的方式被预先构造出来的含义内容同时通过反思而作为我的主动性的意识行为被对象化，这个对象性的含义，随特定的、被个别化的“现在”时间点意识一起，沉入远处的过去视域。这种空乏表象的含义内容被非对象地预先构造出来，但它同时通过自我的转向被对象性地构造出来并一直保持着这种方式。

（2）当下与过去之间相互唤醒的佯谬

在对原印象与滞留之间的特殊融合的研究中胡塞尔注意到，活生生当下的触发力借助于想象而唤醒了处于或近或远的过去视域中的空乏表象的含义内容。这种联想性的唤醒是不是一种单方面的唤醒？或者说，在这里是不是当下的触发力唤醒了过去的空乏表象？不是这样。胡塞尔在他关于回忆现象的分析中指出，这是唤醒性的触发力与被唤醒的空乏表象之间的“相互提醒”（aneinander Erinnern）：

> 第一种综合通过随触发力的赋予而获得的触发性交流才得以可能，这种综合当然恰恰是对唤醒之物与被唤醒的空乏表象之间现实地被意识到的相似性的综合——这种相似性处于本质的、“相互提醒”的意向相关项模式之中。[①]

此外还有下面这种把唤醒当作十分有说服力的原则的表述：“唤醒是

① 《胡塞尔全集》第11卷，第180页。对此也可参见“因此，我过去的这个观点是对的：唤醒进入远处的视域之中，在这里滞留……以联想的‘放射’形式……醒来……，于是，综合便成为感知与远处空乏的滞留之间的综合。可是，**由于‘远处’作为视域恰恰在任何时候都处于此处的当下之中**，在一切与一切能够相合的东西之间就必定会产生出相合吗？”（《胡塞尔全集》第11卷，第427页。黑体着重格式为原作者所加）

可能的，因为构造出来的含义被现实地蕴涵在非活生生的形式（在这里称之为无意识）中的背景意识之内。”①

从相似度方面来看，由联想而来的相似性可能是一种完全的融合或是一种包含对立的相似性。可是，关于融合的特质，除了上面指出过的相互性之外，重要的一点在于把融合规定为结对（Paarung）。胡塞尔对结对做过丰富的描述，下面这句话非常清楚地指出了其合规律性："由于在当下中出现了两种相似性，因此这两种相似性并不是首先存在，然后才成为综合，而是类似地只作为这种综合而并存地出现的东西。奠基者和被奠基者是交互的、不可分割的，是必然的同一。”② 这种结对现象在《笛卡尔式的沉思》中被称作是“被动综合的原形式”，而且它适用于一切功能的被动综合形式，即联想、原联想、融合、比照、触发和原触发等。

在这里我想强调一下结对的三个本质要素。（1）结对的任一部分都不会单方面地为另一部分奠基。奠基是交互性的。（2）相似之物的含义每次只有通过结对本身才能重新显现出来。任一部分在结对之前都不具有事先被构成的含义，这种含义仅仅是与另一种在结对之前被构成的含义所进行的比较，以及对两者之间的相似性的把握。（3）相似之物新出现的含义每次都是作为前对象意义的阶段内容的统一性而被预先构造出来的。这种预先被构之物触发了我的兴趣，于是我转向这种兴趣并把它对象性地构造出来，然后它在经过滞留过程之后便沉入到过去视域中。设若没有发生我的转向，设若预先被构之物一直持续着，那么，正如它所进行的那样，前构造的阶段内容的统一性便在过去视域的背景中沉淀下来。

因此，很明显，前对象阶段的内容通过结对而来的前构造没有必要重复业已被构造出来的对象含义，而且在这里可能存在一个发生学的阶段，因为在过去视域中，在对一定时间点缺乏意识的情况下（比如儿童的早期阶段对意义域之视域的建构），得到“重复”的正是预先被构造之物的前

① 《胡塞尔全集》第11卷，第179页。此外，关于这种交互性，即从过去向当下的朝向性，下面一句在《形式的与超越论的逻辑》中的话说得很清楚：“全部的意向生成都回溯地关涉到这种沉淀起来的被凸出性的背景，这种背景作为视域伴随着所有活生生的当下并在‘唤醒’中指示了其连续性地变化着的含义。”（《胡塞尔全集》第17卷，第318页及以下）

② 《胡塞尔全集》第11卷，第398页。此外，结对在触发本身中一直发挥作用：“因为触发本身是‘体验’，而且所有的触发就其自身而言都是‘相似的’，它们通过结对而被联想。”（胡塞尔手稿：Ms. C 10，Bl. 12a.）

构造。这样，对一定的对象性含义的重复便预设了通过作为自我主动性的自身意识而来的对象化。

从上述三个要素中可以引出很多其他的结果，这些结果必须得到进一步的澄清。在探讨之前，首先应该注意下面这个对时间构造而言的重要之处。每一个原印象的含义内容都是通过原印象的阶段内容与滞留在或近或远的过去视域中的空乏表象之间的结对而得到前构造的。这意味着，在这种前构造中当下永远会遭遇到过去。我们也可把这种遭遇描述为“当下与过去之间的同一性佯谬”，即当下与过去之间通过原素的含义内容所进行的恒常的、前时间的和佯谬性的接触。瞬间——正是在瞬间中，这种前时间的接触才通过时间点的绝对唯一性得到规定和确定（这种单个的时间点不会允许其他时间点与之并存）——仅仅是这样一种时间而已，即在这种时间里，通过自我的转向而出现的对现在的意识以及由此而同时出现的对象化得以发生。

有一个重要的结果值得一提，它直接涉及身心二元论。通过时间化的被动综合，即通过当下与过去之间的这种接触而来的前构造的层面正是源泉本身，因为只有从它出发，（通常意义上的意向性的）自我的转向以及由此而被意指的对象（被对象化的身体性）才会出现。正如梅洛-庞蒂也曾说过的那样[①]，在这一源泉自身中，我们发现传统的身心关系问题已经得到解决。

（3）欲求意向性决定着交互的唤醒

唤醒性的触发力由我的兴趣所引发，为此我们可以引用对我来说“特别悦耳的声音”这个例证。胡塞尔把“感受和欲求”（Gefühl und Trieb）课题化为对我的兴趣而言的源初的动机引发。他的发生学的分解方法一直抵达到对触发力进行观察的领域，甚至穿过“对最底层的发生学阶段的观察”，因为“只有”在这一层面上，“源初地与感性材料一致的感受”以及“在源初意义上的本能偏好和欲求偏好”才能为我们所进入。[②] 胡塞尔在此进行了课题化——就像含义的沉淀一样，不论它仍然是活生生的空乏表象（空乏滞留）还是已经沉淀下去，它都会被唤醒并再次具有触发性——他还把活生生的当下看作唤醒的源初动机。“动机必定位于活的当

---

① 梅洛-庞蒂:《知觉现象学》，德文版，第492页。

② 《胡塞尔全集》第11卷，第150页。

下中，可是在这里也许最现实的动机是这样一种动机，我们不可能对它进行回溯性的考察，它们或者是广义上的通常的‘兴趣’，或者是源初的或业已获得的情感评价，或者是本能的或更高一级的欲求等。”[①]

因此，发生现象学使得最底层面的感受和本能欲求成为可见之物。对于这种在最底层面所发生的触发力的动态增加，胡塞尔有如下描述：“可是，这种力在空乏的滞留领域中得到积累并受到阻碍，随它一道的期待力也是这样，其盲目性一如欲求。”[②] 这里指出了触发力的促进现象或压制现象。在空乏表象中，触发力在或近或远的过去视域中总是（总是，就是说，在原印象与滞留的空乏表象之间发生原融合的任何时刻）或者得到增加或者被减少。这一点涉及所有在活的当下中的空乏表象——这些空乏表象或者能够通过自我的转向而被对象化，或者无须这种转向就能处于前构造之中；这一点由此而举证说明了对时间化所进行的佯谬的和交互性的唤醒——在这里，感知的当下是对过去视域的表达。

经过对当下与过去之间交互唤醒的描述，下面这一点已变得非常清楚：流行的解释把胡塞尔的时间化看作时间化的线性图式，即在这种图式中，原印象随其内容一道被给予，接着发生滞留变更，最后在过去视域中被沉淀下来。但这种解释不再有效。在时间化的最源初的维度中，时间化取决于作为最源初兴趣的欲求意向性。正如上文所指出的那样，欲求意向性作为最源初的触发动机、作为原触发的被动综合而得到先验的探讨。对这一概念的详尽说明在此无法给出[③]，但上文阐述过的时间化与欲求意向性之间的关系，在下面这段文本中也会变得很明晰，没有丝毫的含混：

> 我的先验的诞生。诸种先天的本能，即在“被动的”“无我的”、建构原基地的时间化之流中的苏醒过来的本能。它们“依次苏醒过来”，这就是说，诸种触发从在原基地中建构的统一性出发走向自我极（Ichpol）。[④]

① 《胡塞尔全集》第11卷，第178页。

② 同上书，第189页。关于在流动的原当下中的排挤（Verdraengung），参见：“由此可见，每一个原当下都被一个新的原当下所排挤，这样便出现了相互关联的滞留的纵向排列。”（《胡塞尔全集》第11卷，第388页）

③ 对此可参见I. 山口一郎：《胡塞尔的被动综合与交互主体性》，1982年，第58页以下。

④ 胡塞尔手稿：Ms. E Ⅲ 9，4a.

我们的意思不可能像黑尔德所假设的那样，自我极在这里应该在形而上学的意义上被预设。自我极本身的起源只有在它与对我陌生的原素的前构造的触发关系中才能在现象学的意义上被明见性地直观到。对此，胡塞尔指出："自我处于绝然的必然性中，不是作为空乏的自我极，而是位于我的具体生活以及所有那些与之不可分割的统一之物中。"① 自我极发挥作用的可能性在于下面这种方式，即"自我的本体化总是已经把发挥作用的自我预设为前提。在自我这方面，它需要触发以便运转起来并充当自我的本体化（Ich-Ontifikation）"②。

欲求意向性被看作匿名的先验意向性的"原触发"，它在交互单子的时间化过程中逐渐苏醒过来。时间化本身的结构，即原印象、滞留以及与这两者都相关的前摄，只有当本能被唤醒时才会被构造出来，这就是说，只有当在原素的材料与先天的、逐渐清醒的本能意向性之间出现结对时，只有当原印象的含义内容和滞留的空乏表象因此而被构造出来并相应地出现"静止的"活生生的当下时，这种结构才会被构造出来。所以，活生生的流动着的时间流的停止，换言之，这种荒谬现象（即它恰恰如其所是地流动着，不可能流得"更快些"或"更慢些"③），取决于本能的、交互单子的欲求意向性的最源初的兴趣。

因此，对于活的当下的流动性和静止性这一佯谬的澄清而言，黑尔德从功能性自我（其起源必须在发生现象学的意义上通过从匿名的欲求性的前自我发展到个体的自我而得到探究）的自身分裂和自身同一出发所进行的形而上学"建构"并不是现象学的解决方法。黑尔德之所以使用这种建构来解决这一佯谬，其原因在于，他既忽略了原印象和滞留的原意识维度，同时又不承认原素的被动的前构造维度。

原印象与滞留之间在此处得到课题化的这种关系包含了原印象的阶段内容与滞留的空乏表象之间的结对现象。这种自身结对的含义内容在最源初的阶段取决于先天的本能意向性并因此而构成习惯上称为更高的构造层面之基础。这样，"前存在"与"作为前构造者的前主体性"④ 便在结

---

① 胡塞尔手稿：Ms. E Ⅲ 9，7b.

② 胡塞尔手稿：Ms. C 10，4b.

③ 《胡塞尔全集》第 10 卷，第 74 页。

④ 《胡塞尔全集》第 15 卷，第 173 页。

对－联想的综合中相遇了，它们构成了先验的“之间区域”（Zwischenbereich），所有的构造层面和阶段在单子之间的意义上都是从这里出发而呈现并得到发展的。

然而还必须注意到，这种交互单子的发展，如同在母子关系中所能看到的那样，从一开始就是社会性和文化性的，就是说，这种发展为更高层面的构造所共同决定。因此，发生现象学对交互单子发展的分析基于它们在被动的前谓词综合与主动的谓词综合之间的相互奠基。对于交互奠基的分析而言，发生现象学的方法起着决定性的作用。只有通过这样一种发生学的分析，交互文化现象学（正是这种现象学使得对处于不同文化中的交互单子的发展进行课题化成为可能）的问题域才能得到开启。[①]

四、对原印象和滞留的各种不同解释

最后，在对黑尔德的滞留解释进行批判性的补充说明的同时，我们还应该进一步讨论一下黑尔德、德里达和勒维纳斯在解释胡塞尔时间学说中的疑难之处。

首先让我们再次回到活的当下的佯谬：“活生生的河流的流动和静止。”很明显，河流的静止是作为时间流在流动本身中的内容统一性而出现的。可是，没有解决的问题恰恰是这样一种统一性出现的方式。胡塞尔本人的观点在上面被描述为原印象的含义内容与滞留的空乏表象的含义内容之间的相似性的结对综合，这种综合在最源初的本能意向性中被引发。

黑尔德把原印象看作“原推动”（Urstoss）并断言：意向性必然以“现在”的形式被给予，在这个意义上，现在这个时间点的客观时间（它应该本真地从内时间意识出发得到现象学的奠基）以及对象性含义内容的被客观化的统一性已经被预设了。这样他便取消了原印象对于内容统一性的基础地位，而这种统一性恰恰意味着河流的静止。[②] 上面曾指出过原印象和滞留的前对象含义在内容上的原融合，对于这种原融合而言，必然不存在现在意识以及时间点。黑尔德没有看清这一点。

相反，黑尔德在胡塞尔这里诊断出一种隐蔽的形而上学预设：作为笛

① 关于在交互文化现象学中对身体性进行现象学分析的例证，参见 I. 山口一郎《作为切身的理性的气：论身体性交互文化现象学》，1997 年。

② K. 黑尔德：《胡塞尔之后的时间现象学》，载于《哲学视角》第 7 卷，1981 年，第 200 页。

卡尔主义残余的自我极和对象极。通过这种预设，他不仅把原印象而且把本真地不具备意向性特征的滞留都解释为单纯的初级阶段。对于活的当下的内容统一性（这种统一性本身应该是意向性的源泉）的研究，在黑尔德看来，这种意向性分析是不够的，恰当的做法是用海德格尔的此在分析方式对“当下的维度性”进行阐释。[①] 在他看来，杂多性在两极性的活的当下中的内容上的统一性是由“生与死”所规定的：如果由一极所规定的现身情态（Befindlichkeit）是当下的，那么，由于极性所具有的模棱两可性，对立一极的现身情态也会共同在场（mitpräsent）。现身情态本身是以下列方式发生变化的：现身情态 A 的结束处正是另一个现身情态 B 的开端处。[②]

与黑尔德对时间化的解释相反，我们必须强调：胡塞尔不可能把任何东西都归入隐蔽的笛卡尔式的形而上学预设中，倒是黑尔德自己引入了这种臆想的自我极和对象极的形而上学预设，就像功能性自我的自身分裂和自身同一性的“建构”这种情况。自我极与对象极在胡塞尔那里所标志的并不是形而上学预设，而是他的现象学分析的结果，此外，自我极本身的起源和发展在晚期胡塞尔那里得到课题化。

黑尔德把现身情态的转变看作意向性自身的起源，因为据说这个起源不可能为现象学分析所抵达。然而胡塞尔在本能意向性的苏醒现象中以及在习惯性的欲求意向性的形成现象中所看到的是发生现象学的重要任务，这一任务就是对这种争执现象即对处于或近或远的过去视域中的空乏表象的压制和促进现象以及当下域中的原印象现象进行进一步的、详尽的分析。胡塞尔指出，被动综合层面处于与社会文化背景的主动综合之间的交互奠基的关系之中。他竭力使这种奠基性得到明确规定。因此，这使得我们有可能在与各种不同的文化中所形成的无意识的关系中，以及在与被动性和身体性的关系中对活的当下的内容上的统一性进行现象学的分析。

根据贝尔耐[③]（Berne）对《声音与现象》的解释，德里达试图发展出一种无意识的现象学，他由此而接近于作为被动综合的欲求意向性这一问题域。勒维纳斯也提到这样一种“‘被动综合’：它已经‘过去’，但仍

---

① K. 黑尔德：《胡塞尔之后的时间现象学》，载于《哲学视角》第 7 卷，1981 年，第 204 页。

② 同上书，第 214 页。

③ 疑为贝耐特（R. Bernet）之笔误。——译者

出现在时间流和时间间距中”，它是“时间的被动活动，是一种被动性，这种被动性比任何一种被动性都更加被动，只要它仅仅是主动性的对立面”①。

然而德里达对原印象和滞留的解释在很多方面脱离了胡塞尔的观点。德里达也没有把握滞留的被动性，他最终把这种被动性的特征看作一种“当下化”（Vergegenwärtigung），把它与重复、回忆和想象等量齐观。作为“当下化”的滞留由于包含了弗洛伊德无意识的能动性，因此具有一种主动的源始性，正是这种源始性产生出当下拥有（Gegenwärtigung）本身。我们必须从这种滞留出发来思考源始的当下。贝耐特对此说道：“根据德里达的理解，滞留不是这样一个过程：尽管早先的源始当下已经消逝到过去之中，但滞留并没有把它保持在当下中。[……] 如果没有当下的‘源点’……，纯粹的现在便成为某种不可能之物，因为这样一种纯粹的现在缺乏任何时间的质性和差异性。”②

这样，德里达对作为“当下拥有”的原印象的滞留的强调便剥夺了源始的“时间质性和区分性”。作为自身触发的时间流仅仅被规定为一个原印象与一个更早的原印象之间的连接，在原印象的内容之外根本谈不上主动性的东西。因此，原印象（据说它负载着内容的起源）虽然像在黑尔德那里一样但却是以另一种方式从与当下化（Vergegenwärtigung）相对立的当下拥有（Gegenwärtigung）中被驱逐出来，在当下中所剩下的只是“康德式的理念”，这种理念只有通过“重复、回忆和想象”才能获得。

很明显，经过这样一种解释，我们就会丧失胡塞尔的后期观点。原素构造的维度，即前反思－前谓词的被动综合维度（原印象与滞留之间的交互唤醒总是来源于这一维度）被忽略了。因此，在德里达那里活的当下只不过是对康德式理念进行重复的德里达式的当下拥有。

勒维纳斯对原印象与滞留之间关系的解释相对明了，因为他在其思考中预先对“生活与思想”之间或者对“作为事件的原印象与作为意向性的滞留和前摄”之间的对立规定了明确的界限。这两者首先被描述为绝对的主体性之流的构成性要素，勒维纳斯所坚持的是它们之间不可分割的统

---

① E. 勒维纳斯：《他者的踪迹》，1983 年，第 271 页。

② R. 贝耐特：《德里达－胡塞尔－弗洛伊德：转变的痕迹》，载于 H－D. 冈代克、B. 瓦尔登斐尔斯编《思想的投入：论雅克·德里达的哲学》，第 106 页。

一性；滞留与前摄“是流动的本真方式：一方面的滞留之物或前摄之物（‘思想’）与另一方面的‘在间距之中’之物（事件）合而为一。在这里，对［……］的意识是流动。［……］这一流动本身是对感觉的感觉，胡塞尔把它称为绝对的主体性；它比客体化的意向性更深并先行于语言”①。可是我们该怎样理解思想（滞留和前摄的意向性）与作为原印象的事件之间的这种统一性呢？

勒维纳斯对胡塞尔时间讲座附录十二的解释所依据的是他对时间和意向性的考察以及对时间意向性和通常意义上的理念化的意向性之间关系的研究。在这里，他突出了“作为对象与感知之间不可区别性”的原印象并断言：在对感知与被感知之物以及意指与被意指之物进行区分的意义上，唯有原印象“摆脱了一切观念性”②。他由此而把作为非观念性的原印象与作为意向性的时间流的滞留和前摄区别开来。

可是，实际上，勒维纳斯解释过的附录十二所证明的并不是感知与对象之间的不可分割性，而是由“内意识”概念而来的“感觉与感觉内容”③之间的同一性。结果正如上文所说，感觉是对感觉内容的内意识，我们不能借助于立义行为和立义内容的图式，即通常意义上的意向性的相互关系图式把感觉理解为非行为的体验。所以，很明显，感觉与感觉内容之间的不可分割性（勒维纳斯也用“对质料与形式不作区分”④这一说法对这一点进行标识并把它看作仅仅隶属于原印象而已）当然不仅仅涉及原印象，而且也适合于对感觉内容的原印象和滞留的全部体验——如果没有这种体验，感觉内容绝不会通过滞留而得到前构造。勒维纳斯之所以不顾这种不可分割性而把原印象看作“完全的被动性和‘他者’的接受性”⑤，把滞留的特征看作意向性并把原印象与滞留分开，原因就在于他想为了有利于“接近”与“接触”而孤立地获得原印象和“他者的接受性”，并且是在时间化的彼岸和在通过思维意向性的纯化的情况下。然而，勒维纳斯没有看到，在被动综合领域，他者的他者性有可能在没有自我的主动意向

---

① E. 勒维纳斯：《他者的踪迹》，1983 年，第 170 页。

② 同上书，第 172 页。

③ 《胡塞尔全集》第 10 卷，第 127 页。

④ E. 勒维纳斯：《他者的踪迹》，1983 年，第 170 页。

⑤ E. 勒维纳斯：同上书，第 173 页。

性的参与下已经是活生生的了。[①]

对这两个观点进行详尽的批判在这里已没有必要，因为我们在上面一再指出，原印象如果缺乏滞留不仅是不可能的，而且原印象只有通过原印象内容与滞留的空乏表象之间的相互唤醒才能成其为自身。从这一意义上讲，德里达意义上的未被卷入到时间化运动之中去的“纯粹在场”是不可思议的。当然，时间化本身不是一种当下化（它是意向性的），同样，滞留也不是一种当下化的意向性。德里达以及勒维纳斯都没有看清原素构造的维度，这一维度总是发生在原印象与滞留之间的交互唤醒之中，也就是说，他们没有看清前反思和前谓词的构造的维度。

总而言之，黑尔德、勒维纳斯和德里达之所以没能推进到被动性的领域，是因为他们忽略了发生现象学的方法——胡塞尔正是通过对被动性进行了艰苦而坚持不懈的分析之后才使这一方法逐渐显明。在原素构造中，非对象的感觉阶段的含义内容总是重新形成。对这一构造的分析只有通过深化对活的时间化的分析才能成为可能，因为这种活的时间化不仅表现在原印象与滞留之间的结对现象中，而且也表现在这样一种情况中，即把与之相随的发生现象学的方法看作对意识体验构造的本质性关系的开启。

① 对此可参见我的报告《论你的现象学》。这篇报告作于2000年11月在奥劳姆克大学举行的“未来现象学”讨论会上。

胡塞尔伦理学的发展

乌尔里奇·梅勒[①]

划分早期阶段与晚期阶段，对于探讨胡塞尔伦理学的发展是有所裨益的。事实上，我们可以谈论他的战前与战后伦理学。第一次世界大战的严重后果，给他个人也带来了痛苦和震惊，正是这一时期可被视为胡塞尔伦理学反思的中断期。

谈到胡塞尔的战前伦理学，我主要是指他于1902年、1908—1909年、1911年和1914年关于伦理学的讲座，这些讲稿最近已在《胡塞尔全集》第28卷中出版。[②] 就其战后伦理学而言，他的思想主要见于20年代前半期的手稿中。我们绝不能忽视在这段时间一开始（即在1917—1918年冬季）胡塞尔给军人所作的关于费希特人性观的三次讲演[③]，尽管这些讲演带有某种程度的流行腔调，但对他的伦理学发展意义极大。在1919—1920年题为《哲学导论》的讲稿中，我们发现了更重要、更广泛的关于伦理学和价值学的说明[④]，随后是他在1920年夏季学期关于伦理学所作的广泛的、包含新近构想的讲座[⑤]，后来胡塞尔在1924年重复了这些讲座。在1922—1923年的秋季和冬季，胡塞尔为日本杂志《改造》撰写了各种关于"改造"（renewal）的论文，这些论文现已在《胡塞尔全集》第27卷

---

① 乌尔里奇·梅勒（Ulrich Melle），曾任卢汶胡塞尔档案馆馆长，本文原文为英文（"The Development of Husserl's Ethics"），原载于 *Etudes Phenomenoologiques*，No. 13 - 14，1991。——译者

② 胡塞尔：《关于伦理学和价值学的讲座（1908—1914年）》，乌尔里奇·梅勒选编，《胡塞尔全集》28卷，多德雷赫特，克鲁尔，1988年。

③ 参见胡塞尔：《文章和报告（1911—1921年）》，托马斯·纳农和汉斯-雷勒·塞普选编，《胡塞尔全集》第25卷，多德雷赫特，奈霍夫，1987年版，第267-293页。

④ 胡塞尔手稿，F 140。我要感谢卢汶胡塞尔档案馆主任艾瑟林博士教授（Professor Dr. S. Ijsseling），他允许我引用了未出版的材料。未出版材料的引用采用胡塞尔档案馆的官方编号。

⑤ 胡塞尔手稿，F Ⅰ 28.

中出版。[1] 胡塞尔同期撰写了一篇关于“哲学文化的观念”的文章（见于《胡塞尔全集》第7卷[2]，在这一卷中似乎被埋没了），这篇文章包含了一些关于伦理学的惊人之笔。在《胡塞尔全集》第8卷的附录中，我们也能找到关于伦理学的一般性论述。20年代前期也有一系列对伦理学进行深入讨论的重要手稿，带有胡塞尔档案馆编号的B Ⅰ 21、A Ⅴ 21和A Ⅴ 22的一大堆综合性注释，值得我们特别注意。第一类具有一个一般性的标题“科学与生活”（“Wissenschaft und Leben”），第二类题为“伦理生活、神学、科学”（“Ethisches Leben，Theologie，Wissenschaft”），包含了胡塞尔哲学神学的最重要的文章。A Ⅴ 22标题为“普遍伦理学”。最后，有必要指出档案馆编号为E Ⅲ 1—11的一组伦理学－形而上学手稿主要是30年代前半期的作品，并且仅有些片段在《胡塞尔全集》第15卷中出版。

至此我们结束了对胡塞尔伦理学最重要的论文和手稿的概览，即便从这个概览也使我们看到，胡塞尔的伦理学并不仅仅局限于一些玄虚的修辞学的笼统说明。然而，我们很快就会看到，胡塞尔的伦理学反思和探究没有发展成一种成熟的伦理学理论。

谈论胡塞尔战前和战后的伦理学会造成错误的印象：胡塞尔的伦理思想存在根本的断裂或彻底的转变。并非如此，至少就胡塞尔本人的自我理解而言，他的许多基本伦理学原理和基本立场在根本上未变。可以说，对战争及其后果的经历促使胡塞尔的伦理学具有更大的现实紧迫性。就德国物质和精神的崩溃这一问题，胡塞尔于1919年4月19日在给加拿大的温斯罗普·贝尔（Winthrop Bell）的信中写道：“正在可怕地发展着的德国人灵魂的疾病和不能忍受的饥饿引起的身体虚弱，会激起新的绝望的攻击。”他继续写道：“我走得如此之远，连布尔什维克主义也不再能恐吓我们了。”[3] 对胡塞尔来说，这种形势需要伦理－宗教的拯救和恢复，需要通过伦理理想的再生，或者如他在1919年9月29日写给冯·凯瑟林（von Keyserling）伯爵的信中说，需要“一个由纯粹理念引导的文化的彻

① 胡塞尔：《文章和报告（1911—1921年）》，托马斯·纳农和汉斯－雷勒·塞普选编，《胡塞尔全集》第25卷，多德雷赫特，奈霍夫，1987年，第3－124页。

② 胡塞尔：《第一哲学（1923/24年）》第一部分，R. 伯姆选编，《胡塞尔全集》第7卷，海牙，奈霍夫，第203－207页。

③ 胡塞尔手稿，RI贝尔。

底和崭新的基础"[1]，这一呼声一直是胡塞尔伦理学的“主旋律”。总的说来，他的哲学达到并包含了“危机”主题。这种文化革命的展望不仅产生出与他的伦理学手稿相一致的变化，而且引起在某些主题上重点的变化，引起新的主题的引入以及把伦理学问题域置入更广阔的语境中（比如人类学、社会哲学、形而上学和神学中）。此外，在战后伦理学上，胡塞尔形成了一条新的思路。我们将会看到，他偏离由布伦塔诺倡导的战前伦理学的理性主义路线，走向由费希特倡导的与个体之爱的价值相关的绝对责任伦理学。

胡塞尔的战前伦理学，也就是他在1914年之前的伦理学讲座，可被视为对F. 布伦塔诺伦理学的发展、制定、决定性的改造和对抗。在普遍价值学的哲学和实践哲学方面，哥廷根时期的胡塞尔一直处于布伦塔诺的影响之下，这种影响甚至可能超过逻辑哲学上的影响。胡塞尔和布伦塔诺的共同目标是，通过为伦理学奠定科学基础的方法，克服伦理学的主观主义和相对主义的怀疑性。对布伦塔诺和追随他的胡塞尔来说，基本问题是如何调和伦理学的客观有效性和它的情感基础，正如布伦塔诺在一次关于实践哲学的讲演中所说，“道德的神圣和尊严”存在于它的普遍有效性和对所有理性生物的约束力之中。[2] 然而，胡塞尔在1902年的讲座中说，几乎不可能“谈及‘善’和‘恶’，如果把它们从情感中抽象出来的话”[3]。客体一定以激起情感的方式来影响我们，否则，无论怎样也不会有诱因，不会有对某物保持兴趣的动力，不会有争取某物或避开某物的动力。客体通过其价值调动起我们的欲望和需要，它们的价值原始地是以情感－价值的方式被赋予我们的。因此，胡塞尔属于那个以奥地利思想家为主的群体，这群思想家受到布伦塔诺直接或间接的影响，对他们来说，伦理学植根于价值学以及情感和欲望的心理学之中。这一学派最著名的代表人物有冯·埃伦费尔斯（Chr. von. Ehrenfels）和梅农（A. Meinong）。胡塞尔曾仔细研究过他们的价值－理论和价值－心理学著作。“价值”这一概念在政治经济学中获得了高于一切的含义：奥地利学派［布伦塔诺的弟子卢尤（Lujo），诺贝尔奖获得者，就属于这一学派］的边际效用经济理论反对古

---

① 胡塞尔手稿，RI 凯瑟林。
② 参见F. 布伦塔诺：《伦理学的奠基和建构》。
③ 《胡塞尔全集》第28卷，第394页。

典的劳动 - 价值客观性理论，企图以一种通过愿望、欲望、需要和经济主体的期望而形成的主观 - 心理的方式，在经济学中定义价值概念。对布伦塔诺和后来的胡塞尔来说，这个定义在哲学上的困难，是价值的“情感”或“欲望”理论明显的不可避免的主观主义。

布伦塔诺对这一问题的解决对胡塞尔伦理学的偏离具有决定性的影响。正如我们能区分盲目判断和明见性判断一样，在布伦塔诺那里也存在盲目情感和准明见性情感的类似区别——就后者而言，布伦塔诺谈到爱、恨和偏好的行为。情感和意愿的行为本身可归于正确与错误、盲目与明见的对立范畴之中，它们完全独立于知识的一切可能的基础行为。胡塞尔在他的整个伦理学中保留了布伦塔诺思想的两个基本方面：第一，情感在伦理学基础中所担当的核心角色；第二，作为一方面的理论 - 认知上的理性，与作为另一方面的情感 - 评价和意愿 - 行动的理性的类比。在胡塞尔的 1908 年至 1909 年、1911 年和 1914 年的伦理学讲座中，这种类比，这种理论理性与价值 - 实践理性的平行论成为他的中心兴趣。

在那些年里，胡塞尔一直试图精心构造一个综合的现象学理性理论。胡塞尔在价值论、伦理学讲座中，尽力发挥关于评价和意愿的行动理性现象学理论的主要特征。他在这里采用了“类比方法”，并从已为人熟知和研究过的理论理性结构开始，以求寻找价值理性和实践理性的平行结构。依据这种类比方法，胡塞尔首先想表明，与纯粹的形式逻辑相似，也有一种纯粹形式的价值论和实践论（Praktik）。没有形式的和逻辑的法则，思想中的理性与非理性的界线将变得灰暗而多变，与此相似，根据胡塞尔的见解，在评价与意愿中若有理性，那么，这两者的理性与它相应的非理性之间便一定有一条清晰的界线。在情感意识和实践意识的领域，也一定会无条件地存在区分这条界线的有效法则。据胡塞尔的说法，这些法则构成了一个新的形式规则研究领域，这一规则“还没有在传统中得到概念说明”[①]。

在伦理学讲座中，胡塞尔表明这些形式规则——形式的价值论和实践论——如何最终达到一种纯粹形式的校正意志的决心，这一点与布伦塔诺的绝对命令“做能达到的至善”一致。胡塞尔在 1911 年的讲座中做了如下表述：“形式的实践导致最高形式的原则。这一原则首先奠基于‘至善

---

① 《胡塞尔全集》第 28 卷，第 4 页。

是善的敌人'的原则，这个原则认为'做能达到的至善'。当然，这是一个抽象表述。客观地说，这一表述是：在整个实践领域中可达到的至善不仅是相对的至善，更是实践的唯一之善。"[①] 理性意愿的形式条件可总结如下：意愿必须以它的实践可能性为目的；它必须领悟其实践可能性的全部范围，并从那里的全部价值中发现最高价值。形式范畴的命令内容的具体化首先依赖于各自的行动状况，其次依赖于它的实践领域，再次依赖于对实践领域内价值实现的可能性的权衡结果。

形式的价值论和实践论仅是伦理原则的最初和基本的阶段。就指导行为的实践结果而论，更高、更重要、更本质的阶段是在价值论和实践论的领域内以价值和善这些先验材料为形式的"对整个先验材料的系统说明"[②]。正如胡塞尔在 1914 年讲座中所说，"如果没有先验材料，没有各种先验地带有价值谓词的客体，那么客观的价值概念将失去支撑，结果是客观预设的偏好能力的理念和至善理念也将失去支撑"[③]。遗憾的是，胡塞尔在他的伦理学讲座和研究手稿中，从来没有系统地讨论过价值论和实践论原则的理论中的材料这一部分。

胡塞尔在他为数不多的独具匠心地建构价值的材料理论中，再一次表现出与布伦塔诺实质上的一致性。最高的实践之善——将服务于我们所有的行为——被布伦塔诺称为"精神之善的最大可能的尺度"[④]。布伦塔诺把感官欲望归于这些精神之中。与精神情感的明见行为相比，这只是一种本能的、盲目的情感关系，故而感官欲望只是一种很低的精神之善，其他的精神之善只是部分地与之相当。因此，比如说在知识的行为和爱的行为之间，无法以正确为其特征建立起唯一普遍有效的等级次序。对布伦塔诺而言，最终没有任何一个精神之善能完全漠视另一个的优势。这样，布伦塔诺便代表了一种虽非享乐主义但却是完全幸福论的功利主义。只要幸福包含在表现、知识和爱的意识行为的完美之中，这种功利主义同时就是伦理主体的互为完美的伦理学。

胡塞尔也对感官的、享乐主义的价值与精神的价值做了区分。关于理

---

① 《胡塞尔全集》第 28 卷，第 221 页。

② 同上书，第 141 页。

③ 同上书，第 139 页。

④ 布伦塔诺：《伦理学的奠基和建构》，第 222 页。

想 - 精神的价值，他原则上划分出三个主要类型：科学、艺术和理性的自爱与爱邻。人们有时也会发现这里增加了宗教这一领域，胡塞尔在做这种划分时可能受到了费希特的影响。费希特在 1806 年作的题为“现时代的基本特征”（Grundzuege des gegenwaertigen Zeitalters）的讲座中划分出四种形式来表示神圣的观念，所以这些形式自身也能称为“理念”。这四个理念是绮丽的艺术、人类公共关系、科学和宗教。胡塞尔在书中对做出这一区分的段落画了横线。

就价值等级而言，对胡塞尔来说，在感官的和精神的价值之间也有一个清晰的等级秩序——感官价值仅具有使精神价值成为可能的价值，但在精神价值之中还未建立起如此明确和普遍有效的等级。

与区分主观精神和客观精神相一致，胡塞尔也区分了主观精神的价值（布伦塔诺称之为“精神之善”）和以文化的精神 - 理想的客观之善为形式的客观 - 精神价值（如一件艺术品）。客观精神的价值植根于并关联于以理论的、价值论的和实践的理性行为作为形式的主观的精神价值之中。主、客观精神之间，主、客观精神价值之间都相互关联，与之相应的是，在伦理学中作为一方面的自我和共同体的伦理形成，与作为另一方面的伦理的世界形成与文化的伦理形成之间，自我完善与世界完善之间，也相互关联。与意识的理性生活的观念（个人的和社会的）相符的是理性文化的观念。

胡塞尔的战前伦理学基本上没有超出纯粹形式的“意志校正”的决心与最高实践之善。对胡塞尔而言，没有形式原则与材料原则之分，便不可能有真正科学的伦理学，所以，对胡塞尔来说，精心建构形式价值论和形式实践论就绝不是一种秘密的、仅仅是理论上的兴趣。事实上，他把他对这些规则所做的分界视为他对伦理学最重要的贡献，他把自己在伦理学上的功绩等同于亚里士多德在逻辑上的功绩。①

胡塞尔的战前伦理学受到布伦塔诺的强烈影响，而费希特的工作却成为胡塞尔战后伦理学的主要灵感源泉。在此前提及的关于费希特的讲座中，胡塞尔介绍了费希特的以下作品：《人的使命》（*Die Bestimmung des Menschen*，1800 年）、《现时代的基本特征》（*Grundzuege des gegenwaertigen Zeitalters*，1804—1805 年）、《神圣人生之路》（*Die Anweisungen zum seligen*

---

① 《胡塞尔全集》第 28 卷，第 37 页及第 441 页以下。

Leben，1806年)、《对德意志国家的演讲》(*Reden an die deutsche Nation*，1807—1808年)，还有爱尔兰根（Erlangen）演讲“论学者的本性”（1811年）和五篇“论学者的使命”的演讲（1811年)。在1918年8月6日写给阿道夫·格里姆（Adolf Grimme）的信中，胡塞尔说：“我更加意识到由现象学为我开拓的宗教视野显示出与费希特晚期神学的惊人的紧密联系，并且意识到他的晚期哲学（1800年以后）是多么的有趣，特别是那些在《人的使命》之后的作品，尤其是他的《神圣人生之路》。自然有许多晦涩的评论和费希特式的激越，但也有许多绝妙的直觉。”就在1920年伦理学讲座手稿的结尾，我们看到：“遗憾的是没有提及：与费希特伦理学的关系。”另外，值得一提的是，胡塞尔曾仔细地阅读过费希特1794年耶拿演讲《学者的使命》，这一点可由他本人在书本上所做大量的记号为证。给胡塞尔理解费希特施加影响的当然是恩斯特·柏格曼（Ernst Bergmann）所著的《德国人的教育者费希特》（*Fichte als Erzieher zum Deutschtum*，莱比锡，1915年)，这本书是以费希特的所谓流行著作为基础，对他的伦理学、宗教哲学、政治哲学和教育学的一般性介绍。

胡塞尔的战后伦理学本质上仍是形式的，它没有关注具体责任的来源，没有包含决疑法。作为科学的伦理学不能也不应该为每一个个别案例制定出“责任”。对胡塞尔来说，他的任务更多地在于描述伦理学态度的结构与特质，即实际上是概略地描述出个体和社会的伦理生活的一般形式。

在胡塞尔战后伦理学的核心之处存在着古老的、虚伪的、原罪的人性，与新型的、真正的、真实的人性即理性的人性之间的对立。胡塞尔战后伦理学最重要的哲学基础是理性主义的乐观主义人类学。依胡塞尔之见，单独的个体和群体的共同体能够在理性意志自主的基础上有一个彻底崭新的开始。自我尊重、自我培养、自我塑造、自我决定、自我创造、自我指导、自我规范，这些都是赋予伦理生活以本质特征的概念。伦理生活是反思的生活、第二性的生活，这是一种新的真正的生活，正如胡塞尔在他的第一批《改造》文章中所做的纲领性论述：“人类的改造，个体和共同体的改造是伦理学的主题。伦理生活本质上是由改造的观念有意识地激发的，这是一种被这一观念自愿地引导和形成的生活。”[①]

---

① 《胡塞尔全集》第27卷，第20页。

第一种生活是涣散的生活，它不时屈从于瞬间和偶然的、至多只有部分关联的目标，这只是最低水平上的盲目的被动生存、一种动物生活，在某种更高的水平上说这是传统的生活，是对未经质疑的有效性的朴素继承。然而个人能够远离前-被给予，并且能够做出普遍的批判和自我批判。个人能够聚集起过去生命的整体，并且能够从这一整体中为未来生活引出结论。个人能够达到这种明见：第一种生活既不令人满意也不好，他能够选择一种新的生活。个人能够做出一个伴随他整个未来生命的决定，这是一个以“永恒的约束性誓言”[①]（如他在1920年伦理学讲座中所言）为形式的意愿。从那时起，整个未来生活就不再是一种随波逐流的生活，而是一种完全由自己批判性地检验过的、明见性的立场决定的生活。对胡塞尔来说，伦理生活建立于费希特在《神圣人生之路》的第七次演讲中，在理性自主的主要奠基者“自我订约”中所谈及的“充满活力的聚集”之上。胡塞尔在费希特讲座中清楚地提及这个出处：“通过这种复活，不幸的感官人类的涣散把自己转变为崭新的、精神的人类的专心（concentration），这便是持续地、自由自主地创造自身的理想主义者的专心。”[②]

伦理生活是一种处于彻底和绝对的自我负责的无条件命令之下的生活。理想的生活是一种每个“立场”都在自己的理性明见基础上得到完全明确的辩护和说明的生活，这便建立起一个不再受到篡改歪曲威胁的信念。这种理想的生活，如胡塞尔所说，是一种奠基于全善的理论的、价值论的和实践论的自觉之上的生活，是一种没有悔恨的生活。他在1931年手稿中这样说：“这个‘自我’必须能以这样的方式去观察、去审视、去评价他的整个能动的生活，使他完成和曾经完成的所有决定都能在意愿中得到持续的肯定。”[③]

对胡塞尔来说，个性预设了持续不变的信念，这种信念是“本我”（ego）自由的、理论的、价值论和实践论立场的习惯沉淀。如果我的立场没有结晶成习惯的沉淀，我自身将分裂解体，只有当我的观念之间和谐一致时，我才是自我，只是在这时我才能维持我自己为我。“如果我的生活只是一堆混乱的观念，那么我就不能真正成为‘自我’——我的行为的绝

---

① 胡塞尔手稿，F Ⅰ 28，203b.

② 《胡塞尔全集》第25卷，第280页。

③ 胡塞尔手稿，A Ⅴ 22，22a.

对同一主体”[①]。在伦理学上对终极合理性的非歪曲立场和信念的追求，也就是对绝对的自我维持、对一种“忠诚于自我的生活”和无条件连续性的追求。费希特在1794年的讲演“论学者的使命”中说：“因此，所有有限理性生物的独特的终极特征，就是绝对的整体性、连续的自我同一性和完全的自身一致性。”[②] 胡塞尔在费希特这篇文章里的“独特的终极特征”（letzte Bestimmung）、“绝对整体观”（absolute Einigkeit）和“完全的自身同一性”（völlige Übereinstimmung mit sich selbst）下面都画了横线。

可以肯定，庄重地决定走向新的伦理生活并不能保证它的实现。这个决心必须在与各种冲动的斗争中不断地被证实。正如他在1920年伦理学讲座中所指出的，伦理的意愿使自我本身分裂为主导的理性自我与低级的、邪恶的、包含各种冲动的自我。伦理生活，就它追求完全的自我维持和绝对的证实而言，是一种自我训练的、井井有条地自我培养的、彻底的自我批判和自我控制的生活。[③] 胡塞尔描述道，伦理生活的理想结构是一种“泛方法主义”（Panmethodismus），即一种取代朴素“生活”和素朴性的“有秩序的生活”[④]。

对胡塞尔来说，伦理生活就其自主理性和绝对的自我负责的意愿而言，正是一种哲学生活。哲学家追求的是普遍自主理性和理论知识领域中的彻底和终极的基础，伦理意愿仅仅使哲学意愿普遍化，并在它的命令下导致个体和社会的自觉的整体生活。伦理生活是哲学生活，还因为哲学作为严格和普遍的科学是实现理性的完美生活和实践理想的必然基础。胡塞尔在1922—1923年的题为“哲学导论”的讲座中说道：“认识理性具有一种特权，所有别的理性只有借助于它才能达到终极理性的、绝对的自我责任性和自我正当性阶段。”[⑤] “哲学-科学的行为自身，”胡塞尔稍稍作了进一步的阐述，“成了伦理行为的一个分支，同时也在普遍意义上成了每一伦理行为的必要手段。”[⑥] 对胡塞尔而言，价值-情感和意愿也是自我

---

① 《胡塞尔全集》第28卷，A Ⅵ 30，54a。

② J. G. 费希特：《关于学者使命的演讲》，载《早期哲学文章》，D. 布瑞才阿勒翻译编辑，伊萨卡，伦敦，1988年，第149页。

③ 参见胡塞尔手稿，F Ⅰ 28，132。

④ 《胡塞尔全集》第27卷，第39页。

⑤ 胡塞尔手稿，B Ⅰ 37，34a。

⑥ 同上书，F Ⅰ 29，6a。

自由的积极立场，它们服从自己的价值理性和实践理性的标准。然而，胡塞尔在1914年讲座中就已经做出规定，价值和意愿理性对自身是遮蔽的——它是“又瞎又哑的”。他说：“必须点燃逻辑理性的火炬，以便隐藏在情感和意愿领域中的形式和标准能够被照亮。”[①] 依胡塞尔之见，唯有逻辑的－认识的理性才允诺一个最自觉的、完全清楚的、连接起来的世界——自我拥有。因此，“如果一个意愿想具有最高的价值形式，那么，求知意愿是它的先决条件”[②]。

导致再生的伦理意愿与导致再生的科学意愿相互关联。实际上，它植根于如此这般的科学意愿之中，没有新的、真实的、真正的科学，便没有新的、真实的、真正的人性；没有实证的、世间的科学的素朴性的克服，便没有被动生活的素朴性的克服。

近代科学已分裂成各特殊学科。胡塞尔在1922年致马萨里克（Masaryk）的信中说，这些具体科学已“不能为人类提供拯救的主导思想和道路”[③]。科学已经堕落为程序－技术性操作，依胡塞尔1930年讲座之见，科学已经“堕落为第二性的、盲目的冲动，并已在世界中丧失了自身”[④]。就胡塞尔而言，科学的命运对人类的命运具有决定作用，各学科首先需要的是这种生机勃勃的聚集和以彻底自我反思为形式的集中和紧缩。自彻底的自我反思成长起来的普遍和精密的科学就是现象学和现象学哲学。在前面提及的一份1930年手稿的另一处，胡塞尔说，仅这一点就“在绝对真实性和原始性上……在意识的彻底性上使得生命再生再一次成为可能”[⑤]。

当胡塞尔谈到哲学和科学的生活时，他并不简单地意指某种利用哲学－科学知识做出实践决定的生活，他也意指一种通过科学态度的生活，一种把科学的、以秩序化为指导的认识程序和进步视为典范的生活。真正的科学通过知识的方法－系统的推进向前发展，真正的以善的理念为指导的生活，在世界和自我完成的方法－系统的推进中也是这样。真正的生活

① 《胡塞尔全集》第28卷，第69页。

② 胡塞尔：《第一哲学（1923/1924年）》第二部分，R. 伯姆选编，《胡塞尔全集》第8卷，海牙，奈霍夫，1959年，第201页。

③ 胡塞尔手稿，R. I. 马萨里克。

④ 同上书，E Ⅲ 4，10b。

⑤ 同上书，E Ⅲ 4，17a。

和真正的科学仅能在无限接近的意义上追求它们各自的目的论理想。自主的人摆脱了处境的有限性。正如在科学中一样，“理性的实践”在生命中也具有无限视域，在这里胡塞尔追随康德、费希特和布伦塔诺。康德在《实践理性批判》中说：“只有对理性的但有限的存在来说，道德完善从低级阶段到高级阶段的无限进展才是可能的。”[①] 费希特在耶拿讲演“论学者的使命”中说，人的使命是“无限地完善自己”[②]。布伦塔诺在其宗教哲学中这样表述：“被（上帝）创造者在无限进展中走向善。它自身绝不会达到无限完善，然而它超越完善的每一个有限等级。”[③] 胡塞尔谈及关于真正科学的实现与真正生命的实现相关的无限任务。

自觉地生活在无限之中，无论它是科学研究过的存在的无限，还是实践领域和实践可能性的无限，都与无限的和可能的错误、错觉、障碍、失望、错误决定、立场的意识密切联系。在科学与人生两种情况下，若没有一种技术化和机械化的形式，没有一种使理性辩护必定总是可行、并且总能够重新启动的形式，那么对这些开放的无限性的逐渐掌握便是不可能的。

对胡塞尔来说，科学也可作为以理性为取向的共同体生活的楷模。研究者的共同体是一个意志共同体，它通过共同体的生产性活动，为了实现共同体的统一目标而工作，因此，为了服务于伦理理念，人类应该联合成一个意志和理性的共同体。

迄今为止，我对胡塞尔伦理学的粗略介绍给人一种无条件、无限制的理性主义的印象，伦理意志是通向理性绝对统治的意志、通向理性的绝对自我决定和世界-形成的意志。在个人和社会生活中，在文化的历史发展中，再也没有什么完全“发生”、完全属于机遇、完全有机地生长的东西了。没有自主理性的“**批准**”（fiat），什么也不会发生，一切发生之事都将是“理性的发生之事”。

胡塞尔这种对伦理生活一般形式的决定显然与早期伦理学的意志校正的形式决定相一致。这种伦理意志将伸展到我的整个人生意志之中，它在每种处境下都听从形式的绝对命令，总是在我的实践范围内选择能达到的

① I. 康德：《纯粹理性批判》，L. W. 贝克译，Indianapolis，1956 年，第 157 页。

② 费希特：《早期哲学著作》，第 152 页。

③ F. 布伦塔诺：《宗教与哲学》，伯尔尼，1954 年，第 110 页。

至善。然而，在胡塞尔的后期伦理学手稿中，他意识到服从形式的绝对命令和价值与意志的形式法则的伦理生活的决心，将导致伦理生活的自我异化、非人格化和非个人化，每个单个主体都将没有他（她）自己的单个规划，相反，每个伦理主体一定拥有一个共同和普遍的形式规划，即从此听从绝对命令。伦理主体将在一种收获面前放弃自己，这种收获是在每一种实践情况下通过可致之善对最高价值的拥有。胡塞尔在1922—1923年手稿中说道，主体将变成“生产机器”、生产数量尽可能多的客观价值的机器。①

基于这点考虑，胡塞尔伦理学便产生了一个新的背离点。这个背离点可能由费希特所激发，它假定每个伦理主体都具有完整的个人伦理规划，只有这种规划才是个体同一性和个性最深刻的基础。每个人都具有个体伦理观念、他自己的真实“自我”（I）和这个“本我”（ego）的实现，这个“自我”便是每个个人的使命。“这个本我，”胡塞尔在20年代中期的一篇手稿中写道：“有一个如此这般的内在的本我，一个召唤被发布给它，这是一个个人的召唤，这个本我具有个性。”② 每个人都从其人格深处接受自己的绝对价值、自己的爱的价值。我们这里讨论的是无条件的价值，这些价值无论是就它们自身还是就客观性而言都不可比较。胡塞尔认为：“由于价值从人的内心深处和个体之爱接受其人格的意义，所以没有选择，没有‘量’的不同，没有重要性的不同。”③ 这些个体价值是绝对“命令”——它们按我本来的面目约束我。在刚援引的同一篇手稿中，胡塞尔说，“反对这个价值是不正当的，是放纵自己，是出卖真实的本我——绝对的实践矛盾”④。胡塞尔进而写道：“越过并反对这个绝对植根于本我自身之中并从爱（作为绝对之爱）中产生的价值，越过并反对这样的价值，那么客观价值便代表着虚无……”⑤

对胡塞尔来说，关于这样一个绝对主观价值的常见案例，便是孩子对母亲的价值。孩子也有一个可与别的客观价值相比的客观价值，这里更高的价值吸收了次一级价值，就是说，与更高的价值相比，低级价值成了一

① 胡塞尔手稿，FⅠ 24，75a。
② 同上书，BⅠ 21，55a。
③ 同上书，BⅠ 21，53a。
④ 同上书，BⅠ 21，53a。
⑤ 同上书，BⅠ 21，53b。

个否定价值。然而，对母亲来说，孩子具有绝对的主观价值，它与别的价值不可比而且不能被别的价值吸收。绝对价值都是同等绝对的。当我在两个绝对价值之间做选择时，我不偏好更高的价值，相反——如胡塞尔所说——我为了另一个价值而**牺牲**这一个。在 1931 年的一篇文章中胡塞尔以下列态度表述道："个体价值并不简单地是一种普遍意义上的价值，就是说，在不言而喻的高级价值不成疑问的情况下，这种价值的实践可行性将会吸收成问题的低级价值。相反，个体价值，这样一种排他性地关注个人的个性及被赋予价值的个性的价值决不能够被吸收，只能被牺牲。"①这里的选择是一种无法消除的内部冲突。亚伯拉罕牺牲了他的儿子以尊顺上帝。绝对价值的毁灭是一种非价值，它成了灵魂的某种负担。

当胡塞尔谈到绝对主观价值时，他主要是指个人的爱。就价值这一特殊领域而言，我对我的价值负有使命，不管它是科学、艺术、宗教、政治学还是经济学等。职业的伦理选择基于这种个体生命，一个人选择职业应该与个人使命相一致。这种职业的责任是我生命的真实任务，并且给予我的生命一个包容一切的、理性的目标——一个目的论统一。就特殊价值领域范围内的献身工作而言，我追随我的良知的召唤，并且实现我的真正的真实自我。②

我的真实也是他人的真实。我是人类的一员，他人也有他们自己的理想和个人生命，个体的真实也是更高等级的人格和意志的个人共同体的真实，这些更高等级的人格高于带有个人使命的主体的总和。更确切地说，他们有他们自己的目的论观念，有他们自己真实和理想的自我，共同体的成员正是被召唤到更高等级人格的真正自我的共同体实现。对胡塞尔来说，这并不像一只无形的手与个体达成真实自我的努力协调一致，以使自身产生出共同体的真实的自我，相反，情况是这样，共同体的真实自我，它的目的论理念和决心，必须在共同体中得到自觉澄清并被带入共同体意志之中，这样，共同体的真实自我便成为个体的真实自我的一个要素。胡塞尔在其 30 年代早期的一份手稿中说："我的伦理意志绝不可能仅仅在私

---

① 胡塞尔手稿，E Ⅲ 9，33a。

② 追随自己的召唤并依之而生活就会给予一个人以最高价值的尊严。这样，人们首先通过追随自己的个体存在具有了客观价值。个体价值作为伦理个人的"我"的价值，也与人们的客观评价相关联，即他们是否接受对他们来说意谓着终生任务的个体之善（他们被召唤到个体之善前）。

人的、个体负责任的生活与行动中真正完成。”①

胡塞尔并不认为他的主观决心与绝对主观价值的伦理学与战前伦理学截然不同。他在20年代的一份手稿中说，布伦塔诺的表述是不充分的，“因为良知和绝对命令的声音能够要求某种来自我的、我在价值比较中绝不认为是‘至善’的东西”。② 布伦塔诺的表述尽管不充分，但在客观价值领域内仍保持有限的有效性。胡塞尔在手稿中将这种客观价值等同于享乐主义的价值、快乐的价值，而且，他也没有在任何地方解释这样一个布伦塔诺式的有限的绝对命令表述能具有伦理学上关联。“做能达到的至善”这一形式的－本体的命令，是一位受制于普遍有效的意志与行为中立性的观察者的命令。如果这个命题在刚提及的意义上是不充分的，那么看起来其中隐含的与之相关的伦理理性主义也是不充分的。良心和爱心的绝对责任明显包含有非理性的因素。胡塞尔明确地承认了这一点，“在我周围的人中，对我来说，我的孩子是‘最亲密的’。这里就包含了绝对‘命令’的非理性”。③ 伦理生活的理性，看来仅仅在于前后一贯地把握、阐明和认知终极意义上的非理性行为以及我通过我的意志所达到的我的生活的绝对命令的有效性。

然而，绝对命令的非理性并非胡塞尔的结束语。他在同一份手稿的稍后部分争辩道：“只有有限的‘命令’具有非理性，天启的整体性‘命令’完全是理性的。”④ 对胡塞尔来说，天启的整体性命令是作为来自上帝的召唤的“命令”。他的后期伦理学在理性神学中，在必不可少的理性的上帝信仰中做出了结论，绝对命令具有“神性世界中最崇高的、启蒙的、理性的意义”。⑤ 这样的神性世界是一个目的论的世界，其中每一个带有绝对“命令”的个体和共同体的生活都得到安排，“就好像亚里士多德的上帝属于作为带有各种相对圆满性的内在发展和圆满实现的单子系统，在爱洛斯（Eros）中一切都被安排给‘善之理念’”。⑥

胡塞尔哲学神学的主题似乎包含伦理意志与世界的“命运和死亡的结

---

① 胡塞尔手稿，E Ⅲ 4，31a。
② 同上书，A Ⅴ 21，122b。
③ 同上书，A Ⅴ 21，119b。
④ 胡塞尔手稿，A Ⅴ 21，121a。
⑤ 同上书，A Ⅴ 21，122a。
⑥ 同上书，A Ⅴ 21，128a。

构”之间的矛盾。唯有通过对上帝的信仰，我在上帝引领的世界中才能够承受盲目命运的非理性，我必须相信我的伦理意志最终不是徒劳的。胡塞尔说：“世界必定是美好的，必定是普遍目的的世界。人类的活动必须由上帝指引，但仍然是自由的和负责任的。自由的活动、它的原罪的错误和所有目的论的非理性必定是普遍目的论的中介，这里的每一事物都必须具有目的论的功能，以便使世界上每个人的生命作为一种生气勃勃的带有最终目的的生活成为可能。”① 我们的世界是一个神性的世界，我们都是上帝之子，这在理论上不会得到奠基，相反，这是以实践动机——“实践理性的可能生活的动机”② ——为基础的信仰。在 1925 年 4 月 3 日写给卡西尔（E. Cassirer）的信中，胡塞尔就事实性（facticity）和非理性的问题写道，这些问题“只能以康德公设的扩大的方法来处理，这可能是康德最伟大的发现”③。

为了确定这种理性神学的意义，这种在胡塞尔哲学的整体性语境中出现的“自由的、实践理性的神学”的意义，需要我们进行更加彻底的研究。它究竟是一个多变的事实（fait divers），一个新颖的事物，还是意味着胡塞尔科学主义的根本局限？我们至少应该避免轻松地阅读胡塞尔的常用术语 Vernuenftiglaube（理性信仰），这是一个理性和信仰的缩略语，对他来说，这个术语显然具有双重含义：它意谓着一种合理的信仰，同时也意谓着一种**在**理性之**中**（在相对和绝对理性之中）的信仰。

---

① 胡塞尔手稿，A Ⅴ 21，20a。
② 同上书，A Ⅴ 21，21b。
③ 同上书，RI 卡西尔。

第二部分

从胡塞尔到海德格尔

超越论的发生与存在论的发生

——胡塞尔的发生现象学与海德格尔的解释学现象学

李南麟[1]

一

在本篇论文中我想证明，在胡塞尔的发生现象学与海德格尔的解释学现象学之间存在着一种根本的相似性。我将通过对胡塞尔的发生现象学以及海德格尔的解释学现象学中“发生”概念的分析来做到这一点。正如在下面将要表明的那样，发生概念是阐明二者之间相似性的关键概念。

在胡塞尔的超越论的现象学中我们到处都可以碰到发生概念。发生概念第一次被用来作为胡塞尔的发生现象学的一个核心概念正是在胡塞尔1920年以后的著作中。众所周知，发生概念在胡塞尔的发生现象学的发展中起着核心的作用，现在已有许多项研究讨论过胡塞尔的现象学中的发生概念。

然而，海德格尔的解释学现象学中发生概念的情况就完全不同了。在海德格尔的作品中，发生概念并不经常出现。而且，海德格尔也没有在某一个段落中详细地讨论过发生问题。我们甚至找不到一部作品，它的章节带有发生概念。就我所知，目前还没有任何已经发表的研究对海德格尔的解释学现象学中的发生问题做过探讨。我甚至找不到一篇论文提到过在海德格尔的解释学现象学中出现了发生概念。下面的事实也反映了这一状况：H. 法伊克（H. Feick）在他的《海德格尔〈存在与时间〉索引》[2] 中没有列出发生概念。

发生概念并不经常在海德格尔的著作中出现，但是这一事实不应该让我们以为，这一概念在海德格尔的解释学现象学中所起的作用并不大。下

---

① 李南麟（Nam-In Lee），韩国首尔大学教授。——译者

② H. 法伊克：《海德格尔〈存在与时间〉索引》，蒂宾根，尼迈耶尔出版社，1961年。

面我们将会看到，这是海德格尔的解释学现象学的核心概念之一，它为我们理解海德格尔的解释学现象学的整个计划提供了一条线索。不止如此，这一概念还使我们能够对胡塞尔的发生现象学与海德格尔的解释学现象学做出比较并澄清它们之间在根本上的相似性。

下面我想首先详尽地说明海德格尔的解释学现象学中的发生概念，然后我将试着对海德格尔的解释学现象学与胡塞尔的发生现象学进行比较并证明：在它们之间存在着根本的相似性。

二

海德格尔的解释学现象学的主要任务是澄清存在的意义。海德格尔试图根据一种现象学存在论来为他解释学的现象学奠基。具体来说，海德格尔在他的作为现象学存在论的解释学现象学中所讨论的“发生”意味着“存在论的发生”，因为他在《存在与时间》中谈到“存在论的发生”（*BT*，97，408）[①]。他在1925年“时间概念史导论”的讲座中也谈到“现象的发生”（*GA*，20，299，301），在1928年“从莱布尼茨出发的逻辑学的形而上学始基”的讲座中，他还谈到“形而上学的发生”（*GA*，26，143）。在我看来，不管是形而上学的发生还是现象的发生，作为存在论的发生，所意味的东西是一样的。下面我将使用的存在论的发生这一概念，既包括形而上的发生概念，也包括现象的发生概念。

每一种发生都有自己的基础。在这一意义上，存在论的发生也不例外。海德格尔把存在论的发生的基础称为“存在论基础”（*BT*，114；das “ontologische Fundament”，*SZ*，83）或“存在论起源”（*BT*，108；den ontologischen Ursprung，*SZ*，77）。正如下面将要表明的那样，依据存在论基础对存在论的发生做出澄清，这是海德格尔的解释学现象学的任务。

在《存在与时间》第15节中，我们第一次遇到存在论的发生概念：“在周围世界中照面的存在者的存在”。在这里，海德格尔在对用具（Zeug）的存在结构进行现象学分析的语境中谈到存在论的发生。在这一

① 在本文中，笔者将通过括号中的缩写词来引用海德格尔的下述著作：马丁·海德格尔《存在与时间》（*SZ*），蒂宾根，尼迈耶尔出版社，1972年；马丁·海德格尔《存在与时间》（*BT*），J. 麦夸里（J. Macquarrie）与E. 鲁宾逊（E. Robinson）译，纽约，哈珀－科林斯出版公司，1962年。海德格尔全集中其他著作，将用缩写“*GA*”来引用并附卷码。

节中，当海德格尔分析用具的存在结构并试图揭示一件用具对另一件用具的指引关联这种结构时，他谈到了存在论的发生，如下所述[①]：

> 严格地说，从没有一件用具这样的东西“存在”。属于用具的存在的一向总是一个用具整体。只有在这个用具整体中那件用具才能够是它所是的东西。用具本质上是一种“为了作……的东西”。有用、有益、合用、方便等都是“为了作……之用”的方式。这各种各样的方式就组成了用具的整体性。在这种“为了作”的结构中有着从某种东西指向某种东西的指引。后面要对指引这一名称所提示的现象**就其存在论的发生**做一番分析（黑体系引者所标示），从而廓清这一现象。眼前要做的则是从现象上把形形色色的指引收入眼帘。”（*BT*，97）[②]

正如这一段清楚地表明的那样，海德格尔试图澄清一件用具对另一件用具的指引关联这种结构。在这一段中我们应该关注的是这一事实，即海德格尔不仅企图澄清指引关联的结构，而且还想“就其存在论的发生”对这一结构做出阐明。存在论的发生赋予他一个方向，他必须按照这一方向分析指引关联的结构。换言之，他试图从存在论的发生这一立场出发澄清指引关联的结构。

然而，我们在《存在与时间》第 15 节中不可能理解存在论的发生的具体含义。海德格尔在这一节中仅仅暗示了存在论的发生，他没有说明它的具体含义。所幸的是，我们可以在《存在与时间》中找到一段话，它为我们理解存在论的发生在海德格尔的解释学现象学那里的含义提供了线索。在《存在与时间》第二篇第 69 节“在世的时间性与世界的超越问

---

① 中译文参见［德］海德格尔《存在与时间》，陈嘉映、王庆节译，生活·读书·新知三联书店 1999 年版，第 80 页。译文略有改动。——译者

② 德文原文如下：“Ein Zeug ist streng genommen nie. Zum Sein von Zeug gehoert je immer ein Zeugganzes，darin es dieses Zeug sein kann，das es ist. Zeug ist wesenhaft ‘etwas um zu’. Die verschiedenen Weisen de ‘Um-zu’ wie Dienlichkeit，Beträglichkeit，Verwendbarkeit，Hantlichkeit konstituieren eine Zeugganzheit. In der Strukture ‘Um-zu’ liegt eine Venveisung von etwas auf etwas. Das mit diesem Titel angezeigte Phänomen kann erst in den folgenden Analysen in seiner ontologischen Genesis sichtbar gemacht werden. Vorlaeufig gilt es，eine Verweisungsmannigfaltigkeit phenomenal in den Blick zu bekommen.”（SZ，68）

题”中，海德格尔谈到了“理论态度的存在论发生”，如下所述[①]：

> 既然我们是在生存论存在论分析的进程中来追问理论揭示如何“产生”于寻视操劳，那其中已包含：我们的问题不是在存在者层次上的科学史和科学发展，也不是科学的实际事由与切近目的。我们寻找的是**理论态度的存在论的发生**（黑体系引者所标示）；我们问：在此在的存在建构中，哪些是此在之所以能够以科学研究的方式生存的生存论上的必然条件？问题的这一提法瞄向科学的生存论概念。（*BT*，408）

就像这一段所表明的那样，存在论的发生及其现象学澄清蕴涵着以下几点。

1. 某物的存在论的发生意味着某物从另一个更为基本的事物中的“产生”过程和“形成”过程。在这段中，海德格尔所谈的存在论的发生是作为来自“寻视操劳”的理论态度的形成过程。然而，存在论的发生并不是某种只有就理论态度而言才可以观察到的东西。确切地说，它在一件用具对另一件用具的指引关联中也是可以观察到的，在上文提到的来自《存在与时间》第15节的段落中的情况或者是在上文用具分析中的情况就是这样。

2. 对某物的存在论的发生的澄清意味着对“那些蕴涵在此在的存在状态中的条件”进行澄清，而这些条件对于形成某物的可能性而言在生存论上是必然的。由于解释学的现象学关心的是某物得以形成的可能性条件，因此在广义上它可以被归为某种超越论的哲学。[②] 它试图澄清的是某物得以形成的“生存论上的”可能性条件。

3. 在解释学的现象学上对某物的存在论的发生的澄清并不意味着“在存在者层次上”对这个某物的“历史和发展”的澄清，也不是对这个某物的“实际事由与切近目的”的澄清。它的目标并不在于揭示某物得以

① 中译文参见［德］海德格尔《存在与时间》，陈嘉映、王庆节译，生活·读书·新知三联书店1999年版，第405页。译文略有改动。——译者

② S. G. 克罗韦尔（S. G. Crowell）也持这一观点，即海德格尔的解释学现象学是一种超越论的哲学。参见克罗韦尔《胡塞尔、海德格尔与意义的空间：通向超越论现象学之路》，伊利诺伊，西北大学出版社，2001年，第182页以下。

形成的偶然的可能性条件，而在于揭示出“必然的”和“本质的”可能性条件。用胡塞尔的术语来说，它不是一种事实科学（Tatsachenwissenschaft），而是一种本质科学（Wesenswissenschaft）。作为本质科学，它不同于诸如历史学、人类学、社会学或心理学之类的事实科学，这些科学仅仅对说明某物形成的实际过程感兴趣。

为了能够澄清某物得以形成的生存论上的可能性条件，我们首先必须在生存论上确定某物得以形成的最基本的可能性条件。如上所述，海德格尔把这种最基本的生存论条件称为“存在论基础”。在确定了存在论基础以后，我们还要揭示奠基于存在论基础之上的其他的可能性条件，并且澄清某物如何能够从存在论基础处形成。

为了表明存在论的发生的具体含义，我将试着澄清用具的存在论的发生和一件用具对另一件用具的指引关联在存在论上的发生以及理论态度的存在论的发生。我首先来说明前者。

三

如前所述，要想澄清用具的存在论的发生，当务之急是确定其存在论基础。用亚里士多德的术语来说，用具是“首先对我们存在的东西”，而它的存在论基础是“其后对我们存在的东西”，因为我们通常明确地知道用具是什么，即使我们对其存在论基础并不清楚。基于这个理由，为了能够确定用具的存在论基础，我们必须从分析作为“首先对我们存在的东西”的用具开始。实际上，当海德格尔试图说明一件用具对另一件用具的指引关联在存在论上的发生时，他正是从分析用具开始的。在上面已引用过的段落中，他通过上下文声称：“眼前要做的则是从现象上把形形色色的指引收入眼帘。”（*BT*，97）

对用具的分析表明，一件用具，如果不存在它与之有指引关联的其他用具，就不可能具有对我们而言的意义。比如说，一件东西，如果不存在其他诸如钉子、锯子、凿子、刨子等它与之有指引关联的用具，就不可能具有锤子的意义。一件用具，如果它没有表现在把它和其他用具都嵌入其中的指引关联中，就不可能以对我们而言所具有的意义向我们显现出来。这就是海德格尔坚持下述说法的理由：“严格地说，从没有一件用具这样的东西存在。”（*BT*，97）海德格尔的这一命题（从没有一件用具这样的东西存在）的真正含义在于，一件用具，如果不存在把它和其他用具都嵌入其中的指引关联，就不可能具有对我们而言的意义。这一点不仅对锤子有效，而且对被嵌入到同一个指引关联中的其他用具，例如钉子、锯子、凿子、刨子等，也有效。

对不同用具与把它们嵌入其中的指引关联之间的奠基关系进行分析，这为我们提供了一条理解存在论基础的含义的线索。它们之间更为基本的东西并不是用具，而是把它们嵌入其中的指引关联。如果没有把各种用具嵌入其中的指引关联，用具就不会在那里存在。但是，反过来却不是这样。恰恰是指引关联使得一个事物有可能在其自身的含义上向我们显现。我们可以把指引关联称为一件用具在其对我们所具有的意义上对我们而言所显现出来的可能性条件。作为这样一种可能性条件，指引关联在某种意义上可以被称之为用具的存在论的发生的基础。

然而，指引关联并不是用具的存在论的发生的最终根基。为了发掘用具的存在论的发生的最终基础，我们首先应该注意，存在着许多别的事物，它们无法被嵌入到把上述事物嵌入其中的指引关联中去。这些别的事物在其他类型的指引关联（与上述指引关联不同）中被彼此绑定在一起。譬如，有一组东西，像铅笔、纸张、书本、笔记本、课桌、椅子等，在做研究时它们被嵌入到指引关联中。还有一组东西，像球、网球拍、运动鞋等，打网球时它们被嵌入到指引关联中。当然，存在着其他许多组事物，它们可以在许多不同类型的指引关联中被发现。

我们还应该更进一步地注意到，这些不同类型的指引关联彼此密切相关。每一种指引关联都与其他所有类型的指引关联有关系，因为它奠基于最终的生活目标中，海德格尔把这种目标称为此在的“为何之故”（*BT*，116；das Worum-willen，*SZ*，84）。除非此在有一种最终的生活目标，否则，任何一种指引关联都不可能存在。由于不同类型的指引关联彼此相关，结果便存在着一种最广泛的指引关联，一切不同类型的指引关联都在这种指引关联中被预先联结起来。这种最广泛的指引关联不是别的，用胡塞尔的一个术语来说，正是此在最终生活目标的“意向相关项”，海德格尔把它称为“世界”（die Welt）。

任何一种指引关联，如果不是已经在世界中被先行地联结在一起，都不可能存在。出于这一原因，世界可以被称为任何一种指引关联能够为我们而存在的可能性条件。于是，世界结果成为不同类型的指引关联在存在论上发生的存在论基础。它也是用具在存在论上发生的存在论基础。任何

一种用具能够存在，恰恰都是出于这种可能性的条件。

如上所述，为了澄清用具的存在论的发生的结构，我们必须采取的第一步是确定这一发生的存在论基础。现已清楚，世界正是用具的存在论的发生的存在论基础。为了澄清用具的存在论的发生的结构，我们下一步是要表明，用具是如何可能从作为其存在论基础的世界中产生的。

此在只有在世界的基础上才能经历用具，而世界已经被先行揭示为最广泛的指引关联。正如在《存在与时间》中对“在之中”（das In-Sein，*SZ*，130 ff）的结构分析所表明的那样，世界已经先行以“现身”（Befindlichkeit）、“领会”（Verstehen）和“话语”（Rede）这三种样式向此在揭示了。当用具向此在显现时，此在就开始把它解释为某种具有自身意义的东西。在一物向此在显现的最初的瞬间，它就已经被含混地解释为“某个”对此在可能具有某种意义的东西。这是由于这样的事实，即用具向此在显现为某种被嵌入到世界之中的东西——这里的世界是指最广泛的指引关联。在这个经历的最初瞬间，此在对用具的解释非常含混，这时的用具没有任何具体的意义。但在随后的经验过程中，它能得到更为具体的解释。在不断进行的解释过程中，含混的用具意义逐渐变得具体起来。

为了能够对一开始得到含混解释的用具进行更为具体的解释，此在必须把用具经验为某种被嵌入到一种指引关联中去的东西——这种指引关联奠基于作为最广泛的指引关联的世界之中。某种指引关联，当它从无限多的、被嵌入到世界之中的指引关联中脱颖而出的时候，是有可能被此在经验为某种有意义的东西的。譬如，如果一件用具被解释为“某个对此在具有某种意义的东西”，如果它能够得到更具体的解释，比如解释为“一件用于建造房屋的用具”，那么，“建造房屋”中的指引关联就应该被此在经验为某种有意义的东西。唯有在这种情况下，那件被含混地经验为“某个对此在可能具有某种意义的东西”的用具才有可能被更具体地解释为“用于建造房屋的用具”。这一过程，即是某种指引关联被此在经验为某种有意义的东西的过程，不是别的，正是指引关联的存在论的发生。

如果“建造房屋”中的指引关联在存在论上的发生得到实现，那么用具便能够逐步得到越来越具体的解释。例如，一件被解释为“某个用于建造房屋的东西”的用具可以被具体地解释为“一把锤子”。这样一来，同一个用具就既可以解释为“太重的一把锤子”，也可以解释为“太轻的一把锤子”，如此等等。这样，同一件用具就可以有许多不同的解释方式，它也可以表现为某种具有不同意义的东西。对用具进行解释的过程既可以用语言的形式，也可以用非语言的形式来完成。在这种对用具的解释过程中，用具逐渐获得了具体的意义。这一过程不过是用具的存在论的发生而已。在《存在与时间》第32节“领会与解释”中，我们可以看到一个对用具的存在论的发生进行分析的典型例证。

四

现在我想来说明另外一种存在论的发生，即海德格尔在《存在与时间》中所讨论的物理对象以及理论态度的存在论的发生。

在某种情况下，被解释为用具的东西可以不被理解为用具，而是被看作物理科学的对象。例如，被解释为或重或轻的锤子的事物可以被解释为物理对象。我们可以把对作为物理对象的事物的解释看作一种理论解释，或者更具体地说，看作对事物的物理的—种科学的解释。它作为一种解释也属于存在论的发生过程，即属于物理对象的存在论的发生过程。一个事物被解释为物理对象，其解释方式当然是多种多样的，比如，它既可以被看作体积为1公升的物体，也可以被看作重达1千克的物体，等等。在这个意义上，在把事物解释为用具与把同样的事物解释为物理对象之间没有区别。在两种情况下，对一个事物的解释都可以是多种多样的。

然而，我们不应该忽视这两种解释之间存在着本质的不同。在这里的语境中，我们应该注意到，如果一个事物被解释为物理对象，它便不再被看作一个实体，不再是一个从世界（作为一切用具的最广泛指引关联的世界）的存在论基础上而来的实体。在物理的—科学的解释中，不再有世界作为背景这样的现象，因为在这种情况下，世界作为用具的最广泛的指引关联已经完全丧失了它对此在所具有的全部意义。我们可以观察到这种所谓的“去世界化”（Entweltlichung，*SZ*，65，*GA*，20，301）现象，即世界在其中完全丧失其世界性的过程。

正如用具的存在论的发生具有自己的存在论基础，物理对象的存在论的发生也是如此。然而，物理对象的存在论的发生在存在论上的基础不同于用具的基础。世界作为最广泛的指引关联对用具的存在论的发生起着奠基性的作用，但它不可能成为物理对象的存在论的发生的基础。在理论解释中，通过“去世界化”这一现象，世界完全消失了，它无法对物理对象的存在论的发生起一种奠基性的作用。

要想澄清物理对象的存在论的发生的结构，首先需要确定的是这一发生的存在论基础。物理对象的存在论的发生在存在论上的基础是一片新的实体境域，这一境域通过“理论态度”而被展现给此在。因此，物理对象的存在论的发生在存在论上的基础可以通过阐明理论态度的结构而得到澄清。

理论态度并不是我们日常生活中的原态度。它是某种来自对用具的寻视操劳的东西。因此，我们可以谈论一种理论态度的存在论的发生。阐明这种理论态度之结构的最佳方式是澄清这一态度的存在论的发生之结构。

有人也许认为，“实践的消失”（*BT*，409）是理论态度的存在论的发生的主要特点。在这种情况下，“实践的消失”也许是一个把理论态度与对用具的寻视操劳区分开来的要素。海德格尔则主张，如果有人认为“实践的消失”对于理论态度的存在论的发生来说是决定性的，那么他仍然没有理解理论态度的真正含义，因为即使在理论态度这种情况下，仍然存在着许多类型的实践活动，就像在实验那里的情况一样；他也没有理解寻视操劳本身的真正含义，因为即使在寻视操劳这种情况下，实践活动也可能会消失，就像一个人对日常生活中需要做的事情冥思苦想一样。在海德格尔看来，对理论态度的存在论的发生具有决定性作用的东西在于这样一个事实，即在寻视操劳中占据主导地位的存在之领会（das Seinsverständnis）发生了变样（modified），一种全新的存在之领会被建立起来了。

理论态度的存在论的发生的一个典型例子是近代数学化的物理学的出现。数学化的物理学得以产生的可能性条件在于这一事实，即把世界揭示为用具的最广泛的指引关联这样一种存在之领会发生了变样，一种全新的存在之领会——“对自然本身的数学筹划”（mathematischer Entwurf der Natur selbst，*SZ*，362）——被建立起来了。当对自然本身的数学筹划作为此在的一种生存方式被建立起来的时候，世界便失去了它的作为最广泛的指引关联的意义，从而变成了一个物理的自然。

具有客观的时空维度的物理自然是一个应该先行被揭示给我们的先天领域。通过这个先天领域，我们所遭遇到的事物才能被解释为物理对象。它正是物理对象的存在论的发生在存在论上的根基。当物理自然作为一种先天领域向此在敞开时，我们在世界中所遭遇到的事物便失去了它们一直对我们所具有的本己意义。譬如，一把锤子不再被经验为锤子。事物变成了同质的物理对象，成为对此在来说“无区别的物质”（*BT*，413）。对物理对象的结构进行具体规定的过程就是物理对象在存在论上的发生过程。

五

我已经对存在论的发生的某些状况做了说明。存在论的发生是这样一种过程，在这一过程中，一些对此在来说本来不存在的实体出现了。通过存在论的发生而出现的实体可以是个别事物——不管是用具也好，还是物理对象或其他什么东西也好——也可以是个别事物的指引关联。个别事物或它们之间的指引关联来自作为存在论基础的先天领域，这一领域已经先行向此在敞开了。因此我们才能谈论个别事物或指引关联的存在论的发生。此外，我们也能谈论各种各样的先天领域本身的存在论的发生，因为一种先天领域的变样（modification）导致另一种先天领域的存在论的发生。

正如在文章一开始所提到的那样，存在论的发生这一概念在海德格尔的著作中并不经常出现。这一事实不应该让我们以为，存在论的发生在海德格尔的作品中没有得到过详尽的分析。与人们以为的情况相反，存在论的发生结构在海德格尔的著作中得到了广泛的研究。海德格尔作品的很多段落都对各种各样的个别事物及其指引关联的存在论的发生做过讨论。如上所述，一个最典型的例子出现在《存在与时间》第一篇第5章中。在论“领会与解释”的第32节中，海德格尔首先探讨了如何以先行向此在敞开的世界为基础对个别事物进行解释。

在海德格尔的作品中，各种各样的先天领域的存在论的发生也得到了广泛的探讨。我们在《存在与时间》中可以找到两处对先天领域的存在论的发生进行分析的例子。第一个例子，如前所述，是第69节中“对自然本身的数学筹划”的存在论发生的分析。另一个对先天领域的存在论的发生进行分析的例子是对此在从非本真性向本真性的彻底转变所进行的分析，这一例子是《存在与时间》从第一篇向第二篇过渡时所讨论的。在海德格尔写于《存在与时间》发表之后的著作中，各种各样的先天领域的存在论的发生仍然是一个受到广泛研究的主题。海德格尔在所谓的“转向”之后对“本然”（Ereignis）这一问题的分析就是分析先天领域的存在论的发生的一个例证，因为“本然”意味着这样一个事件，人与其世界之间的更本源的关联正是在这一事件中通过一种彻底的转变才发生的。我们也不应该忽略，海德格尔在写于《存在与时间》之后的作品中对各种各样的基

本情绪进行了广泛的分析，这也是对各种先天领域的存在论的发生结构的分析。基本情绪只不过是敞开了一个全新的先天领域的要素而已。

在我看来，存在论的发生是海德格尔的解释学现象学的主题，也即解释学现象学的问题本身。因此，存在论的发生与作为海德格尔的解释学现象学之主题的解释的现象密切相关。譬如，各种各样的个体事物以及指引关联的存在论的发生不是别的，只是各种解释的过程而已。各种先天领域的存在论的发生只是一种解释向另一种解释的彻底转变的过程。

一种先天领域的存在论的发生意味着开创了一个从根本上崭新的对世界的解释方式。在这个意义上，我们可以说，海德格尔的解释学现象学的整个计划在于这样一个企图：澄清形形色色的存在论的发生结构。

六

以海德格尔的解释学现象学中的存在论的发生的分析为基础，我现在想证明，在海德格尔的解释学现象学与胡塞尔的发生现象学之间存在着根本的相似性。

首先，我们应该注意到，存在论的发生，作为海德格尔的解释学现象学的问题本身，与作为胡塞尔的超越论现象学的问题本身的超越论的发生具有相似性。在胡塞尔的发生现象学中得到过清晰表述的超越论的发生可以在意向活动上，被规定为在时间序列中一个意识从另一个意识中的产生。在意向相关项的意义上，它可以被规定为在时间序列中对象或世界的统一含义从另一个在先的含义中形成的过程。时间的发生使得下面这一点成为可能：超越论主体性所构造的某一实体的含义可以被超越（transcended）到这一实体的另一种形式的含义。正是基于此，它才被称为“超越论的发生”。

以这种方式理解的“超越论的发生”就意味着存在论的发生——后一种发生被看作海德格尔的解释学现象学的问题本身。第一，像存在论的发生一样，超越论的发生包含着这样一个过程，即一个事物及其指引关联正是在这一过程中以作为个别事物之普遍视域的世界为基础才得以构造和形成的。在这一语境中，我们应该注意到，在意向活动的意义上，一个事物在胡塞尔的发生现象学中的发生构造只能以“世界意识”（Weltbewusstsein）——这一意识朝向作为个体事物之普遍视域的世界——为基础才能进行。世界可以被称为事物的发生构造得以进行的基础。在这一语境中，像海德格尔把个体事物的存在论的发生过程解说为解释过程一样，胡塞尔也把事物的这种发生构造过程称之为解释性的经验（*Hua* Ⅰ，131；auslegende Erfahrung）过程。[①]

第二，像存在论的发生一样，超越论的发生也包含向一个世界的进入，这种进入以另一个在时间序列上先行的世界为基础。这种类型的超越论的发生的一个典型例子就是数学的－物理的世界从前－科学的生活世界中的诞生，胡塞尔在《危机》（*Hua* Ⅵ）中对这一点做了详尽的探讨。毋庸赘言，在这个意义上，数学的－物理的世界正是超越论的发生的产物。除此之外，我们还应该注意到，前－科学的生活世界并不是某种从一开始就被给予我们的东西。正如胡塞尔在20世纪30年代的后期手稿的一段话中所写的，它也是超越论的发生的产物："在多种多样的构造层面上，——各种相对的世界与这些层面相一致，本己意义上的世界出现了"（手稿C 16Ⅴ，16）。实际上，在胡塞尔的后期著作中，为了继续探究世界的超越论的发生问题，他在各种各样的世界之间做了区分，以图澄清一个世界是如何产生于另一个在时间生成的序列上先行的世界。

我坚持认为，由"存在论的发生"这一术语所指出的问题本身与由"超越论的发生"所指出的问题本身是类似的。不仅如此，我还认为，存在论的发生与超越论的发生之间的本质上的相似性使我们认识到胡塞尔的发生现象学与海德格尔的解释学现象学之间在根本上的亲和性。不用说，他们之间存在着术语上的差异：海德格尔谈存在论的发生，胡塞尔谈超越论的发生，但说的都是同样的问题。他们之间的术语差异不止这些：海德格尔讨论"领会与解释""先天领域""此在"等，而胡塞尔则谈论"世界意识与发生构造""世界""超越论的主体性"等。

然而，这些术语上的差异不应该促使我们以为，他们所探讨的问题本身可能存在根本的不同。在我看来，在他们之间的术语上的差异背后，问题本身具有本质上的相似性。这一点不仅在于存在论的发生像超越论的发生一样意味着同样的事情：在海德格尔的解释学现象学中对个体事物的解释与在胡塞尔的发生现象学中对个体事物的发生构造的解释意味着同样的事情，海德格尔的解释学现象学中的先天领域与胡塞尔的发生现象学中的

---

① 在本论文中，笔者将用"*Hua*"这个缩写来指代已出版的《胡塞尔全集》中的作品并附上全集的卷码。

世界讲的也是同样的东西。而且在于，海德格尔的解释学现象学中的此在与胡塞尔的超越论的主体性相比具有结构上的相似性，因为此在是存在论发生的主体，而超越论的主体性则是超越论发生的主体。

当然，我们必须检测一下各种可能的对我的立场的反驳。这些反驳已经由许多学者提出来了，有一些最先是由海德格尔本人提出的。为了能够主张在海德格尔的此在与胡塞尔的超越论主体性之间确实存在着本质上的相似性，我必须证明，海德格尔的解释学现象学需要超越论的还原，而超越论的还原在胡塞尔的发生现象学中担当着核心的角色。在我看来，海德格尔的发生现象学的确需要胡塞尔意义上的超越论的还原，即使海德格尔及其追随者否认这一事实。[①] 在这方面，我想谈谈以下两点。第一，众所周知，胡塞尔的超越论主体性是个体事物以及世界的奠基性基础。同样，海德格尔也把此在看作个体事物以及世界的构成性基础。下面的两段话表明了这一点："如果没有此在生存着，任何世界也不会在'此'"（*BT*，417）。"此在的生存结构使得一切实证之物的超越论构造成为可能"（*Hua* Ⅸ，602）。第二，为了澄清超越论主体性作为世界之奠基性基础的结构，我们需要超越论的还原，因为这一还原是一个过程，正是这个过程使我们像胡塞尔所强调的那样"完全自由：首先使我们摆脱了最坚固、最普遍、同时也是最隐蔽、最内在的纽带，也即世界的预先被给予性的纽带"[②]。同样，海德格尔也含蓄地承认，我们需要超越论的还原来正确地处理此在的结构。例如，他在《存在与时间》的一段话中谈到"对世界之领会的存在论反思进入对此在的领会中"："在此在本身之中，因此在此在自己对存在的领会中，我们将会看到，领会世界的方式在存在论上被一路反思回来，进入此在自身得以领会的方式之中"（*BT*，37）。为了避免"对世界之领会的存在论反思进入对此在的领会中"，我们应该摆脱"世界的预先被给予性"这一纽带，而完全摆脱这一纽带的唯一方式就是实行超越论的还原。

我们应该更详尽地探讨，胡塞尔的发生现象学与海德格尔的解释学现

---

① 比如说，海德格尔（*GA*，20，150）和 W. 比梅尔（W. Biemel）（W. 比梅尔：《胡塞尔的百科全书词条与海德格尔对此的评论》，载于《胡塞尔：说明与评论》，F. A. 埃里斯顿与 P. 迈考米克编著，圣母/伦敦，圣母大学出版社，第 301 页以下）。

② 胡塞尔：《欧洲科学的危机与超越论的现象学》，D. 卡尔（D. Carr）译，埃文斯顿，西北大学出版社，1970 年，第 151 页。

象学在哪些方面存在着根本的相似性。虽然我主张在两者之间存在着根本的相似性，但我并不否认，两者之间也存在着差异。实际上，两者之间存在着许多差异，譬如说，胡塞尔的发生现象学与海德格尔的解释学现象学对时间的分析就有显著的不同。在探讨两者之间的根本相似性的时候，我们也应该考虑两者之间的主要差别以及这些差别得以产生的原因。

舍勒哲学中的现象学还原[①]

埃伯哈尔·阿维-拉勒芒[②]

一、现象学内部围绕“现象学还原”的争论

在现象学哲学——这一哲学是由 E. 胡塞尔在世纪之交所创立的——诸代表人物那里，也许没有哪个概念或“实事”像所谓的“现象学还原”那样曾经如此备受争议，甚至现在仍然聚讼纷纭。胡塞尔在哥廷根时期（大约 1907 年）在朝向“超越论的现象学”所进行的相关突破中已经引入了它（第一次是 1912 年出现在《观念 I》一书中）并把它描述为通向任何一门严格科学意义上的哲学思考的门径，但这首先受到了他在慕尼黑和哥廷根的朋友和学生几乎异口同声的反对，他们把这看作向唯心主义哲学倒退的标志——人们本来相信胡塞尔在 1900—1901 年的《逻辑研究》中所做的突破恰恰摆脱了这种哲学。后来，尤其是在 20 年代，胡塞尔及其弗莱堡的更为亲近的学生们颠倒了人们对慕尼黑和哥廷根时期的现象学的主要异议：人们没有接受“现象学还原”，是因为他们没有掌握其意义和含义。即使我们不考虑，这一指责的第二项在多大程度上有道理——这是一项必须非常深入和仔细地进行检验的任务，而这项任务还有待进一步完成[③]——我们也还是要强调，只要胡塞尔认定人们已经简单地、不加考虑地把他的超越论的现象学及其对现象学还原的意义的指明推到一边，那

---

① 本文译自：Eberhard Avé-Lallemant，“Die phänomenologische Reduktion in der Philosophie Max Schelers”，P. Good（Hrsg.），*Max Scheler im Gegenwartsgeschehen der Philosophie*，Bern & München，1975，S. 159 - 178。——译者

② 埃伯哈尔·阿维-拉勒芒（Eberhard Avé-Lallemant），德国现象学家。曾任慕尼黑大学教授。——译者

③ 参见我的慕尼黑会议论文“Die Antithese Freiburg-München in der Geschichte der Phänomenologie”，*Die Münchener Phänomenologie*，Vorträge des Internationalen Kongresses in München.（April 1971）Hrsg. v. H. Kuhn u. a.；正在出版之中，M. Nijhoff 和 Den Haag 出版社（Reihe Phanomenologica）。对尚未出版的遗著手稿的文字的引用得到了负责此事的全集编纂者的友好慨允。

他无论如何是错了。H. 施皮格伯格在讨论 A. 普凡德尔时已经表明了这一点[①]；我本人则试图向我的哲学导师 H. 康拉德 - 马修斯对此做出证明[②]。可是，迄今为止很少被注意到的是，在舍勒的哲学中"现象学还原"（或者我们暂时说：某种"现象学还原"）在这个标题下也扮演了一个中心角色。这一概念有多少是与胡塞尔的"现象学还原"相符合的，以及在多大程度上和它相关，这是一个问题，对这一问题我们在下面只能做一个简短的讨论。对我来说，关键在于，在这里首先将目光引向舍勒所独有的，概念并勾勒出舍勒意义上的"现象学还原"在他哲学的总体概念中处于怎样的位置。

二、现象学的宗旨和还原的含义

可是，首先我们要对此作一些一般意义上的提示性评论：事实上为什么像"还原"这样的东西对于**现象学哲学**来说，能起如此大的作用；究竟怎样的目标才是这样一门哲学所特别追求的。现象学来源于这样一种洞见，或者谦虚一点地说，这样一种观点：为哲学的认识获得一个全新的更为彻底的起点是必要的，因为在传统的地基上一些未经阐明的前提已经混迹于认识之中。在相应的反思中，现象学试图澄清这个认识根基，并且试图在**这样**一个"绝对的"意义上建构这个根基，以至于每个认识单单从这里出发就能被明确地建立起来。人们在胡塞尔称作"超越论意识"或者"超越论主体性"的东西——一个同样在现象学内部争论不休的概念——那里找到了这个起点。但是这个概念我们可以先不过问，我们只是说：它在非常一般的意义上所涉及的是，让本己的自我与所寻找到的各种实事——尤其是与诸**哲学**的实事——发生如此的关联，以至于这些实事本身**直观地**被给予（用现象学的语言来讲，"自身切身地被给予"），而且对认识的更进一步的奠基既不可能也无必要。这里打一个来自日常生活的通俗的比方：如果我想要知道我门前的树是否像人们告诉我的那样被大风刮倒了，我就出去查看一下，而人们转告给我的那个表象通过直观就可以检验

---

① Herbert Spiegelberg, "Is Reduction Necessary for Phenomenology? Husserl's and Pfänder's Replies", *Journal of the British Society for Phenomenology* Ⅳ, 1973.

② *Phänomenologie und Realität: Vergleichende Untersuchungen zur München-Göttinger und Freiburger Phänomenologie*，出版中。

其本身，进一步的依据乃是多余。类似地，现象学想要优先于所有领域——在这里，对每一种存在者来说，对存在的每一个领域来说，与其相适合的、相对应的被给予性方式都要受到考察：声音只能被我们听见，彩虹只能被看见，数字只能在现实世界之外、在非实在的存在领域里才能被“发现”，如此等等，不一而足。因此，我们不应该把实事与某种特定的先行规定的经验方式联系在一起——在这种方式下实事也许完全不能像它依其所独有的属性而存在的那样以“本己切身”的方式显现出来，认识方式必须相反地从各自的实事或实事领域出发进行规定。这是众所周知的现象学口号“面向实事本身”最一般的意义。可是，对现象学来说，问题并不简单地在于对种种相关的被给予性加以把握，而是与这些被给予性一起把它们在其中得以被给予的诸行为也同时囊括在内；就像胡塞尔所说的，这个来自意向活动和意向相关项的整体，来自意指着的行为和被意指的对象性意义的整体，正是现象学真正的研究范围——所有这样的行为一般的可能性领域：胡塞尔恰恰把这个领域称为“超越论意识”。我们不妨在这里预先就像舍勒将要做的那样说，这里涉及的是在**精神**最深的中心处所领会到的立场，从这里出发诸意向行为与所有它们的——意向活动的或意向相关项的——组成部分一起成为完全可通达的。

在这种精神立场中，一切“纯粹的理性”都开始于与**心灵**（Psyche）的区分——而与心灵相关的是某种作为特定的个别科学的一个部分的认识心理学。这样一种精神立场位于自身奠基的现象学的开端处。继胡塞尔在逻辑学中对心理主义所做的闻名遐迩的批判之后，其他领域（伦理学、美学、宗教哲学等）中相似的澄清也纷至沓来。为了将这个“绝对”的精神立场与“具体”的心理立场区分开来，为了纯粹自为地赢得前者，胡塞尔引入了“现象学还原”。通过还原，一种特殊的先行确定性应该被有意识地排除掉，因为这种确定性使得精神作为心灵显现在现实世界中，并且它不能让哲学认识的特质纯粹地展露出来，也就是说，如胡塞尔所言，具有现实特征的**世界**包含着我的心灵，可是并不涵盖我的精神中心：用康德的话来说，它也许包含着我的经验主体，但并不涵盖我的先验主体。超越论的现象学还原服务于对精神领域的获得，因此它被胡塞尔称为通向以现象学为基础的哲学的大门。

这些大致的解释已经表明，还原这种说法允诺了双重看法，这一点也表现在 re-ductio 这一名称中：一方面还原服务于——我们首先已经习惯于这样来理解它了——对某些按别的方式将会混杂进来的东西的排除，我们可以把它称为还原的消极方面；另一方面正是通过这种还原——这是积极的、实际上也是重要的方面——一个新的领域才得以发掘出来，而这个领域此前由于受到现已被排除的因素的混杂始终不得不处于被遮蔽的状态之中。我们在白天看不到星星是因为大气层折射的太阳光让我们眩目，当夜幕降临光线消失时我们才能够一瞥其闪耀。因此，与此类似，为了把精神领域作为现象学哲学的主题公开出来并使其清晰可见，也需要把胡塞尔所谓的“世间的”领域——“世间”＝世界——连同我们自身的心理自我“排除”出去。

三、舍勒对还原思想的研究

现在，现象学还原在**舍勒的思想**中处于怎样一种地位呢？首先我们必须对此做几点历史评论。舍勒在他那个时代是现象学运动最突出的代表之一——在他去世前的10年里甚至可能是最著名的，就像之前的胡塞尔、之后的海德格尔一样。舍勒就像普凡德尔（Pfänder）以及慕尼黑现象学界一样，也像后来的海德格尔一样，他不是作为学生而是作为年轻的编外讲师参加到由胡塞尔开创的现象学中来的。舍勒最早在耶拿取得执教资格，他也正是在这里结识了胡塞尔。舍勒于1906年来到慕尼黑大学并且遇到了那里的现象学的圈子，他与这个圈子发生了强烈的相互影响。[①] 舍勒的第二个特殊的现象学阶段由此拉开序幕。当时，胡塞尔的《观念Ⅰ》发表之后，出现了一些对他的零星的表态，有赞同，也有批评。而舍勒是在肯定的意义上接受了胡塞尔的“现象学还原”，虽然是在很一般的意义上的接受。[②] 可是，舍勒似乎只是到了1921—1922年才对胡塞尔的这一思想做了详尽的分析，就是说，是在转向他的哲学思考的第三个、也是最后一个时期（因为他是于1928年5月去世的，年仅54岁）时——在这一时期，他首先被看作形而上学家；对这一时期的哲学思考的详细描述，我们可以在两本巨著（一本是《哲学人类学》，一本是两卷本的《形而上学》）中找到。

1922年12月，舍勒在给他的著作《论人之中的永恒》第二版所作的

---

① 参见 Moritz Geiger，“Zu Max Schelers Tode”，*Vossische Zeitung* 1.6.1928。

② *GW* 10，394f.，399，425，446f.，449，461.

序言中写道，从第一版问世（因而是1921年）以来，他就有一个在他的论文《论哲学的本质》中所勾勒的计划，“写一个新型的、现实的、但与迄今为止所有的旧经院哲学的、所谓的‘批判’的以及直觉实在主义诸形式远不相同的认识论，并从现在起把它实现出来”，而且打算在接下来的一年里以“现象学还原和意志论的实在主义——认识论导论”为题发表这项研究（*GW* 5，11）。这是舍勒虽然做出了预告但未能出版的众多著述之一。这方面的主题在他后来出版的著述中一再地被涉及，例如在1925年的《知识社会学问题》和《认识与劳动》中，在1928年的《观念论与实在论》和《人在宇宙中的地位》中。[①] 其中，最后一本书勾画了他的人类学大纲，而《观念论与实在论》则预先发表了他的形而上学认识学说的基本部分（当时也只是片段性的发表）。这些著述让我们对舍勒想要完整地表述的东西以及他部分地做过阐明的，而且在科隆大学的讲座中多次讲到的东西获得了一个印象。

舍勒打算“……在……专门讨论形而上学认识的本质和可能性的《形而上学》第1卷中……对逻辑学、认识论以及——这是最重要的——哲学形而上学的认识**技术**”（*GW* 8，11）进行详尽的阐述。因此，在这个关系中，他的现象学还原学说（他的学说应该涉及现象学还原）（如舍勒所说，“这是最重要的”！）一定会得到讨论。关于质料形而上学本身的建构——这据说构成了第2卷的内容——我们可以在舍勒最后的作品《哲学世界观》中找到提示。它首先应该包含所谓的元科学——关于无机物的元物理学、元生物学、元心理学以及元努斯学，接着，借助于哲学人类学，最终来临的是关于绝对者的形而上学。

这些信息散见于不同的地方，读者全都可以从舍勒自己出版的著作中获得。然而要识别这些地方，识别“现象学还原”在舍勒的总体哲学中具有什么样的核心意义，却并非易事。关于这一点，对舍勒遗稿的研究表明，舍勒思想的大纲——我们可以在已经发表的作品中看到这些思想——通过他为他的两卷本著作所写的详尽的（大多是片段性的）说明将会得到显著的填补和扩充。在下面的一些地方，当我觉得那里的说明似乎很适合对已经发表的作品中的表述进行补充和澄清时，我也会以遗稿作为基础。

---

① *GW* 8，138f.，282，362f.；*GW* 9，42ff.，204ff。也可参见小的选集本 *Philosophische Weltanschauung*，现见 *GW* 9。

然而，基本上我不会带来一个细心的读者在公开作品中无法查证的东西。

四、舍勒论还原以及胡塞尔对它的使用

舍勒把“现象学还原”——正如他在此写道的那样，这是“胡塞尔的表述”（*GW* 8，362）——称为“一种精神态度。对于这种态度，他本人［指胡塞尔——笔者］知道，他在研究中已经作了极好的展开。然而在他那里，对这种态度的描述及其理论……是完全失败的”。舍勒认为失败的原因在于，“在这里引导……他［指胡塞尔——笔者］的仅仅是一种完全不清晰的，而且就其本身而言肯定是错误的实在性理论”。可是，“只有通过对给出实在性因素的行为以及心理功能进行排除，那种对实在性的**放弃**、那种将现实存在置入其中并加上括号的做法才能出现。胡塞尔有理由把这种做法看作一切本质认识的前提，看作最纯粹的理论态度本身”（*GW* 8，282）。

胡塞尔哲学的专家在此可能会反驳说：舍勒在这里所说的话，实际上是把两种不同的还原混淆在一起：导向**本质**认识的是胡塞尔在《观念》中以明确单列的方式提到的“本质还原”——不仅如此，对于这种还原，胡塞尔还多方面地做过详尽的介绍和说明。这里的道路是从实事引向埃多斯。然而，真正所谓的现象学还原，准确地说，超越论的现象学还原在于，它涉及的是对世间存在的实在性因素的排除，对胡塞尔来说，这是核心要务。众所周知，超越论的现象学把这两个还原都设为前提，以便像胡塞尔所说的那样，研究作为“**非实在之物**（它不再被归于‘现实世界’的任何一个类别）”的“在超越论的意义上被纯化了的‘体验’”——“可这种体验不是作为独一无二的个别因素，而是**作为‘本质’**”。[①] 然而，超越论的现象学还原也可以自为地独立自存，结果会走向一门“超越论的事实科学”。这是一门随作为“第一哲学”的超越论现象学而来的“第二哲学”，它才真的应该去占领迄今为止的形而上学的全部地盘。[②]

当舍勒谈到通过现象学还原赢得纯粹的本质认识时，他难道不是从一

---

① “Einleitung”，in：*Husserliana* Ⅲ，Den Haag：Martinus Nijhoff 1976，S. 4（强调形式为引者所加）.

② 参见“Einleitung”，in：*Husserliana* Ⅲ，S. 5 和 *Husserliana* Ⅰ，Den Haag^2，1963，§64；*Husserliana* Ⅸ，Den Haag^2，1968，S. 298f.）。此外还有，Oskar Becker，“Die Phänomenologie Edmund Husserls”，*Kant-Studien* XXXV/2－3，1930。

开始便放弃了达到这样一种形而上学的可能性吗？很明显，正如我想说的那样，情况不是这样，毋宁说，舍勒也要求在纯粹的本质认识之外再向前迈一步以赢得形而上学。可是，这一步是以纯粹的本质认识为前提的，与之相应的就像胡塞尔的超越论的事实科学和超越论的现象学那样。此外，正如我所认为的那样，我们在这里可以发现从胡塞尔通向上面提到过的哥廷根的那些现象学家们（莱纳赫、康拉德、黑林、康拉德－马修斯以及冯·希尔德柏兰德）的桥梁。对他们来说，现象学同样是地地道道的“本质认识的方法”，以至于可以用 F. G. 施缪克（Frany Georg Schmücker）的研究标题来表达。[1] 因此，正确的说法是，舍勒并没有割裂胡塞尔的两个还原。可是，我们也不能说，他仅仅认识并实施了胡塞尔意义上的本质还原。

五、舍勒哲学中的两处还原

我们已经提到，“现象学还原”在舍勒最后几年的**两个**重大的课题领域中发挥着决定性的作用：在他的形而上学及其哲学人类学中。在形而上学中，它——如果进行必要的修正，在胡塞尔那里也是这样——作为赢得形而上学领域不可或缺的预备阶段是通向本质认识的门户。在哲学人类学那里，它是人相对于自然生物所具有的本质特征的核心可能性：精神相对于所有自然被给予的“生命”所具有的本质特征的核心可能性。当然，这两个角度是相辅相成的，就像形而上学和哲学人类学对舍勒来说也是彼此相关的一样。一方面，我们被指向原初的经验，另一方面，恰恰由于我们把握着这种经验，因此我们本身具有本质特征。

下面我们将对舍勒的哲学人类学及其形而上学中的现象学还原的位置进行进一步的勾勒。

六、哲学人类学中还原的位置

哲学人类学可以通过下面的方式而得到标划，即对它的研究可以从两个方面来着手[2]：首先从对经验科学的成就的解释出发，然后从对人本身的核心的本质理解出发。舍勒一开始便做了这样的规定，“人”这个词含

---

① *Phänomenologie als Methode der Wesenserkenntnis*, München, 1956（作为论文付印）.

② 比照随后的“Die Stellung des Menschen im Kosmos”，*GW* 9。

有“一种狡诈的两义性，如果不能识破它，我们便根本不可能触及人的特殊地位这一问题”（*GW* 9，11）：一方面，它描述了一些特殊标志，人作为哺乳动物种下面的一个子类在形态学上所拥有的正是这些标志——这个概念不仅归于动物概念，而且相对来说只构成了动物王国中的一个小小的角落。即使我们与林奈[①]一起把人置于“脊椎哺乳类动物序列的顶端”，也丝毫不能改变这一状况：一事物的顶端也还属于这一事物。可是，另一方面，同样这个词“人”在所有开化民族的日常语言中所描述的完全是另外的东西：就是说，它描述的是某种典范，这种典范不仅与“动物一般”这一概念尖锐对立，也与所有的哺乳动物以及单细胞生物尖锐对立——尽管这种被称作“人”的生物在形态学、生理学以及心理学上与黑猩猩的距离比黑猩猩与单细胞生物或者某种苍蝇之间的距离要无可比拟地近许多。很明显，第二个概念具有与第一个概念完全不同的起源。因此，人的这种**本质概念**必须对立于第一个概念即**自然系统的概念**。

为了表明人的特殊位置，舍勒追踪了生物物理世界的总体建构。这一世界被他看作不断自我分化着的统一性，这种统一性始终在一种心理物理力量和能力的阶梯式序列中得到展开。在这里，我们首先察觉的是一个精神史的事件：身心关系从那种由笛卡尔肇始并在19世纪和20世纪得到深化的二元论关系转变为某种一元论关系。生理过程与心理过程经过经验研究之手已经越来越被证明是彼此关联的了，结果使得我们可以从某种物理和心理的角度把它们看作一种活生生的统一性：生理过程——舍勒这样说——可以从“外在生物学”来把握，而心理过程可以从“内在生物学”来理解。比如说，我的物理意义上的心脏活动可以通过某种特定的表象而被激动起来，但另一方面，某些特定的表象也可以通过物理的影响而得以产生。因此，在这个意义上，心理之物的概念必须被扩展到生理事件的全部范围之上。舍勒根据经验的研究结果把生命哲学的出现看作对这种活的物体和心灵之统一化的趋近。也是在这里，精神的目光转向生命的统一性。他援引西美尔曾经说过的话，每一个世代都沉醉于一个自己的范畴：现在这个时代就是生命。在一篇关于生命哲学的早期论文中，舍勒自己已经谈到“深沉的金色声音”，它自尼采以来一直回荡在“生命”一词中（*GW* 3，314）。从这种新的视角出发，舍勒获得了他对生物心理世界的阶

① 林奈，瑞典生物学家，创林奈氏生物分类法。——译者

梯式构造的认识。

"生命"这一范畴现在又必须被置于与一个新的范畴的对立面上，这个范畴就是"精神"，其目的是以一种变化的方式达到一种新的二元论。对人的抵达将会对此作出证明。

舍勒描述了在生物心理之物的建构中的四个阶段（参见 *GW* 9，13ff.）：第一阶段，作为最低的阶段，我们在所有生物那里都可以发现一种无意识、无感觉和无表象的生命张力。舍勒把这种张力称为"**感受张力**"（Gefühlsdrang）（不是很好，但对他来说却很有特色），因为在这种张力下"感觉"作为内在状态和"冲动"尚未得到分化，尽管冲动本身已经具有某种特定的对某物——比如说对食物——的朝向；在这里只有单纯的趋近或抽离（譬如，对光的趋近）以及无对象的愉快和痛苦。这种"感受张力"为全部生命——正如它后来表明的那样，也为精神生命——提供活动能量。植物已经拥有了这种张力，而植物恰恰区别于一切无机物。我们可能无法把这样一种领会以及由此而来的生命归于无机物。如果植物"生长"，那么我们便可以说，在这背后存在着"感受张力"。与此相对，动物的冲动已经被内在化而且被定向化了。可是，第二阶段在最低层次的动物行为上——舍勒把这一层次称为"**本能**"（Instinkt）——虽然行为面对环境已经具有一定的主动的目标朝向性，但这种朝向作为一个完整的活动形式似乎脱离了动物的头脑，就此而言，它仿佛不是来源于其个体本身，以至于它也没有回溯地与个体本身联系在一起。我们可以这样说，在与动物的个体本身的反馈中所发生的不是行为本身，而仅仅是对行为的解释。因此，这里的行为图示本身是"僵化的"，它无法通过个体的学习而得到改变。与此不同的是第三阶段的**联想记忆**（assoziatives Gedächtnis），它使适应和学习成为可能，可它也让它们变得不可或缺。在这里，没有任何行为的进行图式从一开始就被固定下来，而是当行为渗透到由本能结构所照亮的环境时，它的发生便带有其可爱和讨厌的意义内容以及由此而来的回音。只有通过相对地与本能解除关系，这一点才成为可能。舍勒把第四阶段即**实践的理智行为**（praktische Intelligenzhandlung）看作对这一点的修正。在这里，单个的环境因素可以在一种彼此全新的关系中自发地被体验到，以至于一个新的情况在没有此前的试验时也能引发合目的的反应。舍勒在此处援引了 W. 科勒（Wolfgang Köhler）的著名的类人猿实验，这样的行为我们可以在这里观察到——像科勒所说的那样，它始于“噢——这种体验”。

现在这里出现了这个问题：心理物理功能在人那里是否存在着一个新的本质阶段。舍勒一开始做了否定的回答。虽然在人那里所有的心理物理功能都进入一种新的关系中，但那种崭新的东西，那种决定这种关系的东西，其特征不能又被描述为生机勃勃的生命的一个阶段。从这儿看，我们可以确定，人与高等动物之间仅仅存在着程度上的差别，尽管这种差别意义重大。然而，有一种崭新的东西，它对生命领域展示了一个全新的原则，舍勒把这样的 X 称为“精神”。因此，这种精神必定在本质上区别于一切作为心灵功能的实践理智。

由于精神，人的世界便代替了动物环境的位置，从此以后，世界的实在性便表现为其对象性的特质。可以假定，作为对象的世界结构的框架就是康德意义上的先验直观形式与知性形式之总体。不仅如此，人根据他通过精神所获得的奇特的立场能以一种自身反思的方式把自己的生命——这种生命，动物只是经历而已——同时也变成“对象性的”；人具有自身意识，他能根据他的精神自我把自己置于其本己的生命自身的对立面。唯有这样，人才能从根本上有可能也“把握到自己的生命”；可是也唯有从这里出发，才会出现幽默和反讽：只有当我把我自己“置于我面前”，我才能够取笑我自己。心理技术也是在这里成为可能的，因为正是通过它，我们的主题才再一次表现出来。我的精神核心本身绝不可能以这样一种方式被对象化。在舍勒看来，人的人格在于某种纯粹的行为结构，这种结构只有在共同的实施过程中才能得到开启。这一点不仅适用于本己的人格，而且对他人的人格也有效；在舍勒眼里，它还适用于超个体的精神，因为在精神中他看见了通过自身而存在之物所具有的而且我们可以达到的两个性质中的一个。这是由于，对舍勒来说，就像人在微观世界中的情况那样，精神和生命在宏观世界中也是彼此对立的。

生命与精神是两个大的极，舍勒的全部的人类学和形而上学就在这两极之间摆动。上文已经指出，舍勒在一种新的二元论即精神和生命的二元论出现的同时发现了对生命中的身体维度和心灵维度的扬弃。在对精神的经验方面，我们现在站在了这个二元性的另一面。我们在此所具有的是传统的第二条线索，舍勒即发源于此：康德的哲学、奥伊肯的哲学以及胡塞尔的哲学。尤其是在康德和胡塞尔这里，舍勒发现，在近代哲学中仿佛已经沦没的精神原则，即西方传统中的古典理性原则在与心理之物的纠缠中

被崭新地凸显了出来。根据舍勒的看法，心灵与精神的区分首先是在康德的先验统觉的学说中被铺平道路的，然后，特别是自胡塞尔（《逻辑研究》）以来，得到了进一步的研究。经过“生命哲学”（尼采—狄尔泰—柏格森）和“先验哲学”这样的两重起源，舍勒仿佛注定要进行综合了。

现在，这里也是“现象学还原”在舍勒的人类学中有其位置的地方。到目前为止，精神仅仅在它与世界的关系中、在它的偶然的如在（Sosein）中被考察。先验哲学已经把这个现实世界的形式存在论的结构发掘出来了。可是，还缺少一个纯粹的、现实的此在和一个自为的世界中的偶然的如在。每一个实际的此在都与一个**本质性的**如在联系在一起。在这个意义上，实存与本质彼此永远共属。作为世间之物的“此在”只有在本质性的埃多斯以及先天质料的背景前才能得到把握。这种先天质料或者根本的本质结构是与所有现实的被给予性联系在一起的，对它们本身的把握只能通过观念化的行为，因为这种行为所导向的是一种必定要把关于现实世界的认识置于一边的本质认识。对舍勒来说，通向这一领域的大门的开关就是“现象学还原”。

七、作为精神技术的现象学还原

为了看见本质性，我们需要一种特别的技术，以便摆脱似乎是来自世界的实在性的束缚。观念化行为或观念化抽象——正如胡塞尔为了取消来自经验性推理式思考的一般化抽象行为而给出这个名称一样——也是从世界的被给予性出发的。可是，它的目的并不在于对其偶然的如在的突出，不在于从一些事件出发所进行的归纳，而在于它把被给予物看作某种本质类型的样本、看作仿佛是向对某种根本的本质性之把握的跳跃——这种本质性，我们可以说，把被给予物与一种客观的意向性联系在一起。这里所涉及的并不是对一个孤悬在外的另一个世界的揭示，而是在**同一个**存在的宇宙之内——就这一点而言，这个宇宙具有“实存的”方面和“本质的”方面——从前者向后者的目光转向。它使我们可以理解本质性，否则，它始终只是被遮蔽着的东西，尽管它一同奠定了我们对世界的自然认识的基础。在这里我们便再次获得了我们在开始时所谈到的还原的双面特征：我们必须好像是把位于我们眼前的存在的半球排除掉，以便让另一个半球从黑暗中显露出来。人们在这里可以看到一个与微观物理学中那个著名的波粒二象性的类比，在那里，一个过程也只能要么作为波动要么作为粒动才能显现出来。①

在这层关系上舍勒明确地否定了“共相之争”中的全部三个立场：我们既不能在事物**之前**（ante rem）或**之后**（post rem），也不能在**事物之中**（in re）找到本质：只能**通过事物**（cum re）。② 为了理解这一点，也是为了从这里开始进一步展开舍勒的“现象学还原”理论，我们还必须再一次明确地考察他的实在性概念。实在性并不是在任何一种接受性的感知中被给予我们的，而是在这样一种一直已经作为对在我们之中的生命的原法则的阻抗而存在的感知中被给予我们的：即我们前文谈到的生命张力或“感觉张力”。正如舍勒也曾说过的那样，实在性是相对于作为生物本身的我们的存在，它并不相对于我们具体的感官组织。正是在我们之中始终发挥作用的生命张力才总已把作为阻抗物的实在世界带入显现。这种生命张力的持续“介入”仿佛让实在世界为我们显现出来。与这一世界相关的是我们全部的关于世界的科学。这些科学既涉及人，也涉及作为自然科学的人类学——这门科学正是通过自然系统中的人的概念而展开的。为了达到人的**本质**概念的源头，我们必须对这一领域进行排除。我们必须实施现象学还原。可是，要想做到这一点，我们必须仿佛在精神上摆脱了生命张力的领域连同通过这种张力而持续地被强加于我们的世界的实在性。为此我们需要一种作为纯粹意志的精神活动本身。

在这里需要补充说明的是，舍勒也认识到一种方向相反、但同样通过我们的纯粹意志才得以可能的精神性的排除。他把这种排除称作“酒神还原”③：通过它我们放弃了现实世界，但这并不是为了上升至纯粹本质的

---

① 尼尔斯·波尔的互补性思想与舍勒的互补还原学说之间的亲缘关系作为一种平行发展之物很值得注意。

② 参见现已根据遗稿出版的“Idealismus-Realismus”的第四部分，*GW* 9，245ff. 。

③ 在“Philosophische Weltanschauung”（*GW* 9，83）中已有提及。舍勒在一份纲要式的手稿中用“Die drei Reduktionen”这个标题（遗稿 B Ⅱ 61 S. 70 – 71，1927）明确地描述了还原的性质。他在那里让实证科学还原、现象学还原和狄奥尼索斯还原比肩并立。

精神领域之中，而是为了让我们下降到前实在生命的领域之内[1]。对动物而言，这种还原也是锁闭着的，因为为此也需要一种精神活动，而动物并不具备这一点。这样，我们在这里便达到了一个似乎是——用布尔特曼的神学来说——“三层的”宇宙，这样，提出下面的问题就是一个引人入胜的任务了：从这里出发，哪一种光芒有可能洒在相应的古老的世界图式上?

八、舍勒现象学还原的特征和意义

因此，在舍勒看来，现象学还原为我们开启了存在之宇宙的一个半球。这个半球虽然也一同属于存在之宇宙，可在通常的生活——正如我们今天已经习以为常地过着的生活——中，它对我们而言并没有成为对象。我们朝向的是世界，准确地说，是外部世界；这也适用于所有的实证科学。可是，哲学必须始终关注存在之整体，它不能一直囿于实在领域。对哲学来说，正是通过这种“囿于”才出现了那些认识论的问题，而这些问题又促使哲学进行彻底的认识批判。

舍勒在这里的意思绝不是指，迄今为止，他所说的这种还原在哲学中事实上还没有被实施过。可作为有意识的方法，它首先是由现象学带入眼帘的。“只要不知道，”舍勒在一份至今尚未出版的手稿中写道[2]，“必然存在一门完全确定的却必定很难学会的技术——可是，一旦其独特性得到

---

① 对于生命的前实在性，舍勒在“Idealismus-Realismus”的第五部分（同样也在新近出版的 *GW* 9 中）中做了明确的强调。在那里有一处这样写道：“实在的存在因之而成为一种存在方式的东西，其本身不可能是实在的；如果像所有的‘批判实在论’非常素朴地认为的那样，实在的存在不可能通过实在之物以及它们之间的因果关系而得到‘阐明’，那么它必定具有另一种存在方式……此外，实在的存在隶属于具有对象可能性的存在，我把这种存在与不具有对象可能性的行为存在和自身存在……相对立；我进一步把这种存在与‘生命’的存在方式相对立，因为生命始终能够处于与其存在的直接性之中：1. 变成存在（不是存在的转变，这在实在领域中也是有的），2. 非对象的可能性，这只有在‘领会’中才能发现，3. 区别于一切实在之物、处于绝对时间之中的存在。如果我在实在存在论的意义上把实在存在规定为通过冲动而设定的图像存在，那么我就不会想到，再次赋予冲动所变成的存在本身以实在性。对实在存在的‘狂热’和‘渴望’，其本身绝不是实在的，因为它没有能力成为对象，它恰恰要‘追求’成为实在存在。”（*GW* 9，259–260）对我来说，这些论述似乎澄清了舍勒的实在性概念。这一概念在他晚期的上帝学说中起着重要作用，具有重大的意义。此外，关于对“生命”的经验方式，可参见1923年“同情书”（现见 *GW* 7）中的新的整理。

② 现见 *GW* 9，250.

把握，它就可以为每个人所达及——那些想把人类限制在推理认识上的人便能轻易地反对说，坚持那种真正的本质认识所表达的只是一种不可信赖的天才崇拜而已，这种人以骄狂的口吻要求这样一种自为的知识，同他们是没有什么好谈的。如果达到这样一种知识的技术被准确地勾勒出来，那么事情自然就完全不同了。这里的问题不再是偶然的直觉了——对于这种直觉，有人可能会多些才华，有人可能会少些才华（天赋差异到处都存在，即使在推理认识中也是如此）——而是这样一种认识：虽然这种认识如果缺乏一种完全确定的技术以及人的生活方式是不存在的，可它仍有可能为每一个人所获得。可是，这个问题因此也具有了非同一般的意义，因为没有什么东西比形而上学的可能性更依赖于它了。”

我们不可以这样来理解现象学还原，好像可以说是通过某种一时的意志行为一举抵达它。这里涉及的是“为了哲学的本质认识而从技术上对情绪**倾向**和精神**倾向**的建立”，舍勒在另一处写道。认识到这一问题的是所有伟大的形而上学家，“从佛陀、柏拉图和奥古斯丁到柏格森为了直观到‘绵延’而作的‘痛苦的努力’再到胡塞尔关于‘现象学还原’的学说。这一学说所意味的是一个在胡塞尔那里仅仅以表面的逻辑方法论伪装起来的认识**技术**问题。这是一个关于特殊意义上的哲学知识立场和哲学认识立场本身的问题，虽然至今还没有得到完善的解决”。问题始终在于这样一个事实：“通过一种对赋予对象以实在性（实在性永远既是最高又是最后的‘个体化原则’）的行为和本能冲动进行排除的行为从而建立起对真正的观念和原现象的**纯粹的**沉思以及——在这两者相合情况下的——无此在的‘本质’。可是这些行为和冲动——正如贝克莱、曼恩·德·比朗(Maine de Biran)、布特韦克（Bouterwek)、后期谢林、叔本华、狄尔泰、柏格森、弗里莎森-科勒（Frischeisen-Köhler)、杨施（Jaensch)、舍勒共同认识到的那样——永远是本能的自然。唯有作为对不断冲动着的注意力的‘抵抗’，实在性才被赋予所有的感知模式和回忆模式。可是，此处**实施排除**的这些行为——不仅仅是如胡塞尔所指的‘撇开’此在模式或把此在‘加括号’的逻辑程序——也是那种控制性**意志**以及控制性价值评估的实在之根，它们……同时还是实证科学以及控制性技术的前逻辑的根之一。”（*GW* 8，138f.）

我们在这里遭遇到的是不同知识形式在人类学上的基本状况，而这些形式又与特定的社会形态相关联。舍勒在他的分析中对此做了详尽的展

开。舍勒在哲学的意识态度和实证科学的意识态度中看到了两个既相互对立又相互补充的可能性，它们将会共同利用“蕴藏在人的精神－自然中的**全部的认识可能性**”（“严格地打个比方”，“凌驾于外在自然**和**内在自然之上的可能力量，其程度沉睡在人的精神的本质状况中”）。西方人和东方人——舍勒眼里的东方人在此处主要是指印度人——应该相互学习，“对这**两种**相互对立的意识状态进行有意识的吸纳和排除，这些行为**马上**就能很容易地并且肯定以相互交替的方式得到实施”（*GW* 8，139）[1]。

每一次既有排除**也有介入**：因为对实证科学的认识态度而言，重要的不仅在于“坚决地把一切**本质**问题**排除掉**，以便认识现象在时空上同时发生的法则（即‘此时此地’的如在）”，而且同时也在于“有意识地**吸纳**技术的意图”（*GW* 8，139）；同样，“本质认识的技术”“不仅”要求“排除赋予实在性要素的行为，它同时也要求**吸纳**那种对一切事物之存在以及价值存在的无欲望的**爱**，因为正是这种爱通过一种新的、与世界在**精神上的**基本关系取代了那种控制关系（理智之爱）”（*GW* 8，282）。更进一步，本质认识的技术在这里意味着，“同时通过精神技术和心灵技术把曾经锚定在与自然的控制关系中的**活力**（这种活力最终总是本能的能量，因为行为和功能本身并不是可以分等级的活动，它们只有与本能冲动相连才获得了分级的能量或‘活动’）转渡到与自然的**爱的关系**中来。这就是每一种纯粹客观的、献身于实事本身的关系的最高条件，首先也是‘纯粹’理论关系的最高条件”（*GW* 8，282）。从这里我们听得出舍勒的**升华**论。他依据弗洛伊德对这一论点做了展开：尽管精神绝不可能从带有梯级生命的自然领域中被推导出来，但没有这一领域精神就什么也实现不了。因此，本质认识的进行需要生命能量“绕道”到为其奠基的心理功能之上，因为正是在这里，这些功能在技术上和实践上（也包括在科学上）对世界的克服必须被取消掉——今天，在欧洲文化中，这些功能已经片面地走到了这一点。

在舍勒看来，哲学的认识观是“这样的认识，它通过对实践立场的有意识的扬弃从而挣脱偶然的图像以及由此而来的吸引物和排斥物，以便在对这个图像世界进行有意识的展开的立场上朝另外两个方向探望：一个是朝向本质性的领域，即原现象和观念的领域——对它们而言，这些图像只

---

① 对此也可参见“Der Mensch im Weltalter des Ausgleichs”，*GW* 9.

不过是‘例子’，或多或少好的‘例子’而已；另一个是朝向冲动、欲望和力量之流，它们仅仅表现在这些图像中。导致这样的认识可能性的并不是对世界的‘作用’：导致前者的是惊讶、谦卑和对本质之物的精神之爱，而本质之物是可以通过现象学还原而获得的；导致后者的是狄奥尼索斯式地投身于与欲望的合而为一以及一体同情之中，因为欲望的部分也是我们的欲望、愿望和冲动的整体。唯有在这两个立场之间的巨大的张力中，唯有在个体的统一性中克服这种张力……真正的哲学认识才会诞生。”（*GW* 8，362）然而，这对舍勒而言意味着具体的形而上学知识。

九、作为形而上学之前提的还原

这样，我们便处于现象学还原与舍勒的形而上学之间的关系中了。在这里，现象学还原具有决定性的地位。我们可以说，舍勒最后的哲学兴趣始终朝向绝对之物：一开始主要是从伦理和宗教哲学的视角，后来在晚期哲学中他表现为形而上学家。[①] 从20年代起，舍勒全身心地致力于对形而上学的批判性重建和完善。自1922年以来，他多次预告这门形而上学即将分两卷出版。如果他不再能够完成这项事业，他是不会做这种空洞的许诺的。对此，他的科隆讲座的听众可以证明，这一点也将表现在新近开始出版的遗作中[②]。

据说在第1卷中，根据一种批判性的形而上学世界观学说，在与相近领域[③]做了比较并对形而上学进行了本质规定之后，一种详尽的**形而上学认识学说**得以展开。舍勒在这里试图详细地展示现象学还原。

舍勒对现象学相对于认识学说的地位的分析早在1911年左右的哥廷根讲座中就已得到阐明，然而大多数尚未发表。[④] 对他来说，现象学本质

---

① “当我成为形而上学家时”，在1924年一个很短的遗著笔记（B Ⅰ 160 S. 15 – 16）中就是这样富有特色地开始的。很明显，这个转变是与1926年 *Wissensformen* 的出版同时发生的，也就是已经发生在舍勒两年前就已写就的、更为基础性的第一版中。可是，必须坚持的是，舍勒在宗教知识与形而上学知识之间始终明确地进行了区分，而且不允许一方消融到另一方之中。

② 参见该卷附录。

③ 关于“Metaphysik und Kunst”一章已由马里雅·舍勒（Maria Scheler）先行于1947年发表于 *Deutsche Beiträge* Ⅰ，München，103ff.。

④ “Lehre von den drei Tatsachen”（1911/12）以及“Phänomenologie und Erkenntnistheorie”（1913/14）首先于1933年从遗稿中出版（现收于 *GW* 10）。在形而上学认识学说的语境中舍勒重新采纳了这一主题；对此可参见 *GW* 8 和 9。

上首先是一门“立场的艺术”，因为通过它一个原本的经验领域——现象学的或“纯粹的”事实——便显现出来。现象学的出发点不是开始于某种实证科学的经验领域，而是开始于**天然的世界观**的领域。舍勒强调，**实证科学**自身以一种特殊的观点为基础，而这种观点本身又以天然的世界经验为出发点，但它朝向的目标与现象学正好完全相反。后来，舍勒直截了当地谈到两种不同的**还原**，通过对它们的实施，我们一方面开启了实证科学领域，另一方面开启了现象学领域。过去，这一领域的各门科学对它们的起源以及由此而来的特殊本质并不自觉，今天，基本上还是这样。这一点使对它们的评判成为必要——既在对它们的肯定认可的意义上，也在对它们植根于那种尚未得到阐明的状态而在实践上和世界观上所具有的越界倾向加以拒绝的意义上。[①] 科学——在这里，首先映入舍勒眼帘的是实证科学以及说明性的心理学——把世间人类的特殊的感性组织和运动组织排除在外，就是说，它脱离了它的前提并把这些前提本身变成其解释的对象。因此，在具体经验的意义上，它的认识不再具有属人的形式，可是，相对而言，它还是与感性和心理物理**本身**相关，与任何一种“同理性精神相连的生物”相关。所以，正如舍勒在接受了胡塞尔的术语之后所说的那样，它让“自然态度的总论题”保留了下来。像自然世界观的总论题一样，它的认识目标**在实践上**也一同被决定了：如果通过一种具有控制愿望的生物它原则上在其实际的此在和如在中是可控制、可操纵的，只要这样，它便让现实性显现出来。通过对实证科学的还原，关于控制的纯粹知识就会被构造出来。

一旦**现象学**作为一门与实证科学互补的认识领域和研究领域而出现，这一点一定会变得很明了。构造性地开启其领地的现象学还原恰恰让那种原则上完全位于各别科学领域之外的东西显现出来：这就是本质和本质关联的半球，它通过现象学的立场才头一次成为直接的经验。这样，通过对设定实在性的生命冲动的排除，人与世界的一种纯粹**理论的**关系被建立起来了，对精神而言，存在宇宙的本质方面、“纯粹对象性的”半球正是出现在这里。在这个领域里也存在着直观和思维，可它并不与感性“图像”和“概念”相关，而是与原现象和观念相关；当这两者相符合时，现象学的本质认识才会脱颖而出。舍勒强调，本质绝不会与其样本一起被给予。

---

① 对此尤可参见 *GW* 8。

"只有当实在因素以及与其必然连在一起的此时此地的偶然如在由于还原而消失时，本质性才会现出自身。"[①] 在这种情境中，他发展了一门关于排除的完整的阶段说。[②] 这让我们想起胡塞尔在《观念Ⅰ》（第56节以下）中的阶段说，我们在此无法做进一步的探讨。

在《形而上学》中，舍勒重新采纳了他的早期表述，现在把它作为过渡阶段与对存在的绝对认识这一哲学的最终目标联系起来（"第二哲学"）。在1923年至1924年的形而上学讲座中，他对形而上学、科学、自然的世界观和现象学做了这样的论述。这里说的是："绝对自然的世界观、科学和在现象学上被还原后的世界提供了三种世界图景，其中的每一个对于另一个都不具有认识上的优势或缺陷。因此出现了对它们的综合——形而上学。""形而上学必须与自然的世界观一道提供：绝对的此在，可是所依据的不仅仅是形式，也是内容；这种内容通过本质直观而来；不再是相对于作为身体性存在和生命的人来说的此在。必须与科学一道提供：完整的和实在的世界，可是，不再是象征性的，而是为内容所充实；纯粹沉思的——不具有相对的生命目的——只是仍然相对于'纯粹意志'。必须与现象学一道提供：绝对形式中的绝对内容——可是，不再是无此在的；重新引入了对意志的抵抗——可是不再是以生物学为前提的意志，而是'纯粹'的意志。"[③] 在这里，现象学认识的优势和局限变得一目了然：它可以提供明见的、相即的和先天的绝对知识，这种知识也适用于无法感知的实在性。可它提供的仅仅是无此在的本质，"尽管每一个真正的本质都**包含**了此在"[④]。形而上学"提供……关于绝对实在的相即的知识——可仅仅是可能的、假说性的知识；更进一步的知识，它就不再与生命有关了。可是存在于自然世界观的此在形式中"[⑤]。我们在此只得在这些前瞻式的勾勒处打住。

在这种将现象学及其入口——现象学还原，嵌入到形而上学的基础中去的过程中，在我看来，存在着一种对未来的哲学而言尚欠斟酌的可能性。可以期待，随着现在舍勒遗稿的出版已经准备就绪，这方面的讨论将

---

① "Idealismus-Realismus" Ⅳ, *GW* 9, 251.

② 位于遗稿中；此外，有一些也见于"Idealismus-Realismus" Ⅳ。

③ 手稿 B Ⅰ 151, A 1 – 3.

④ Ebd. B 1 – 4.

⑤ Ebd. A 1 – 3. 此外，也可参见"Philosophische Weltanschauung"。

会重新开始。在这里首先必须重新着手分析舍勒和胡塞尔的开端，从他们的构思的基础出发展开双方在还原上的意义对立。（除了上面提到的内容之外，在舍勒的遗稿中还有对此的批评性论述。）可是，也有可能出现一些与其他现象学家的构思的有趣的关系。

十、对舍勒现象学还原技术的评价

因此，舍勒意义上的现象学还原表现为与一个更大的关联体的牵连，而这个关联体必定会开启整个可能的认识和存在的王国；它只是哲学认识乃至人类存在本身的前提条件之一。

在结束前，对此还有一个说明：与通过现象学还原而赢得本质领域这一点相关联的还不必然是对这一领域的评价。像舍勒把佛陀对这一领域的评价看作众所周知的那样，它可以为其本身之故而被寻求：上升至对本质的直观以及下降到生命的冲动，这对必须追求的目标而言是终极的东西。无论对佛陀的这种解释是否有道理，舍勒都不会赞同这样一种精神立场。正如他所说的那样，他站在柏拉图的比喻这一边，因为在这种比喻中，心灵把观念提升至天国，但然后又必须再一次下降到人间，以便在那里从观念出发发挥作用。[①]

---

① 显而易见，在全部细节上的区别方面，舍勒的与康拉德－马蒂乌斯（Hedwig Conrad-Martius）的构想非常精确地对应。他们同样都要求三个步骤：经验研究、现象学的本质分析和“沉思”（参见“Sinn und Recht philosophischer Spekulation”，*Schriften zur Philosophie*，Bd. 3，München 1965，357ff.）。值得注意的是，在这条道路上也出现了他们向先验领域和形而上学领域所做的具体的推进。

存在的问题与存在论差异[①]

让-吕克·马里翁[②]

一、突破与差异："存在与时间"

随着胡塞尔《逻辑研究》对第一个突破——即为了达到实事本身对与意向交互作用的直观的突破——的实现，现象学便完成了。然而，当海德格尔就实事而言不仅把意向性规定为向存在者的返回，而且规定为向存在者的存在的返回时，现象学便实现了第二次突破。存在与存在者之间的差异便和直观与意向之间的区分叠加在一起，如果不是取而代之的话。存在论差异完全说明了由海德格尔所实现（如果不是终结的话）的突破的特征；第一是由于存在论差异先是根据基础存在论，然后又根据本然（*l'Ereignis*），把现象学从对存在者的认知转移到对存在的思考；第二是由于单单存在论差异便使我们有可能在形而上学——它被专门束缚在作为存在者之存在的存在上且着眼于存在者——与对存在本身的思考之间作出区分，这就是说，使我们有可能实施一种"对存在论历史的拆解"，而这种拆解事实上允许我们且要求我们把形而上学的历史当作存在的遗忘史、当作存在的未思史来重写。简言之，存在论差异既对为海德格尔所独有的现

---

① 关于本文所引胡塞尔和海德格尔文献的出处，马里翁有过专门的说明，兹录如下：对胡塞尔著作的引用所依据的是《胡塞尔全集》（*Husserliana*，*Edmund Husserl Gesammelte Werke*）（缩写为*Hua*），负责编辑的是卢汶胡塞尔档案馆（由S. 耶瑟林指导），版本为海牙尼耶霍夫版。然而，对于《逻辑研究》（缩写为*LU*），我使用的是它的第二版，这个版本在尼迈耶尔出版社那里以三卷本的方式发行（图宾根，1913年，1968年重印）。对海德格尔的文本的引用所根据的是《海德格尔全集》的各个分卷，这些分卷由F.-W. 冯·赫尔曼（F.-W. von Herrmann）指导，以克劳斯特曼（Vittorio Klostermann）版本（法兰克福，1975年—）发行（缩写为*GA*）。《存在与时间》是个例外，我们对它的引用，包括页码和行号，所依据的是它的第十版（图宾根：尼迈耶尔出版社，1963年）。除了改动之外，我们采用的都是通用的译文。这样，我们对《存在与时间》的引用所依据的便总是E. Martineau的（内部流通的）勘校译本（巴黎，1985年）。——译者

② 让-吕克·马里翁（Jean-Luc Marion），法国当代思想家，法兰西科学院院士，巴黎索邦大学荣休教授。——译者

象学思想又对此前的全部形而上学的地基起着决定性的作用。于是，只要这一概念没有得到完全的证明，或者，它的出现还是含糊不清的，那么，为海德格尔所独有的突破以及他对形而上学的存在论史的重新解释都会受到削弱。存在论差异使形而上学的历史诠释学成为可能，这是由于唯有它是为了存在而从事一种存在者的诠释学：实际上，唯有这第二个诠释学才使第一个成为可能——而不是相反；作为间接后果，唯有现象学的突破才使历史的拆解成为可能——而不是相反。[①] 因此，头等大事便是对海德格尔如何理解和表述存在论差异这一概念做出规定。在这里，一丝丝的不精确，一丝丝的迟疑，一丝丝的含混，都具有相当大的重要性：这里涉及的不再是对海德格尔思想的这一概念或那一概念、这一方面或那一方面的削弱，而是对现象学的**根本突破**（Durchbruch）——海德格尔的全部进展恰恰依赖于这一突破——的削弱。显然，存在论差异与思想航道之间的任何间距，存在论差异与突破的实施之间的任何延迟，都会被算作全部事业在本质上的不连贯的征候。在海德格尔的作品中，存在论差异是在哪里、在什么时候出现的？——这一问题的关键之处并不限于某个特定的观点，而是影响到海德格尔思想的整体，因为这一问题对海德格尔思想的特点以及突破与否都起着决定性的作用。

存在论差异的这种近乎无限的重要性由于几乎无与伦比的困难而得到了双倍的增强。实际上，由于在全部形而上学的历史过程中存在论差异始终处于潜在的——如果不是致命的——状态，所以它越发应该显现出来，而不是越发不能显现。事实上，形而上学的本己特点在于，只有在任其本身处于不思之中时才思存在与存在者之间的差距："形而上学之思始终处于**其本身未得到思考的差异之中**（die als solche ungedachte Differenz）。"[②] 由于存在论差异不是缺席的，而是以隐性的方式运作着，这样，它就越发

---

① 此外，这也说明为什么像海德格尔那样所实施的拆解显得如此缺少否定性或解构性：这种拆解把形而上学对存在者所说的话语置于（当然有时是强行地）存在的光照下："这种拆解工作也没有要摆脱存在论传统的**消极**意义。这种拆解工作倒是要标明存在论传统的各种积极的可能性，而这意思总是说：要标明存在论传统的**限度**（……）。但这一拆解工作并不想把过去埋葬在虚无中，它有**积极的**目的；它的否定作用始终是隐而不露的，是间接的"，*Sein und Zeit*，§6，p. 22，第35行；p. 23，第5行（中译文参见［德］海德格尔《存在与时间》，陈嘉映、王庆节译，生活·读书·新知三联书店1999年版，第27页。本文以下仅标书名与页码。——译者）。

② *Identität und Differenz*，Pfullingen，1957，p. 69，由 A. Préau 译成法文，载于 *Questions* Ⅰ，Paris，1968，p. 305（有改动）。

滑落了：恰恰因为存在者的存在只是在为了存在者的时候才运作起来，因此，**存在者**的存在便错失了自身。我们绝不会在存在论差异之外或之前思考，因为，甚至在我们忽略它的时候，我们仍然是在它的遮蔽中思考，尽管这个遮蔽已由重复的遮蔽所覆盖。因此，向存在论的突破不可能意味着从与存在论差异完全相异的领域或立场出发向它的最终抵达，而仅仅意味着从它的隐性状态过渡到显性状态。这个突破是从存在论差异的一个状态向另一个状态的突破，这个差异无论如何还是此前的差异。可是，这样一来，这就完全是一个从形而上学（作为未经思考的存在论差异的形而上学）那里退回来并走向新的开端的问题："我们说的是存在与存在者之间的**差异**（Differenz）。我们从未经思考之物，从差异本身退回到必须思考的东西，这就是对差异的**遗忘**。我们这里要思考的遗忘是对差异本身的掩盖。对于这个掩盖，我们可以从遮蔽出发进行思考，但就其本身而言，它从源头处就把自己隐藏起来了。遗忘属于差异，因为差异属于遗忘。"[①] 从形而上学（即未思的存在论差异）中退回——以便能够实现自身——完全等于向存在论差异的突破。因此，海德格尔凭借一种运动把自己从形而上学中——即从《存在与时间》中——摆脱（或试图摆脱）出来。从定义上说，这一运动必定也完成了向存在论差异、向已思的存在论差异本身的突破。如果通向存在论差异的明确道路没有以同样的运动同时被清理出来，那么，对存在论的历史进行拆解就没有任何意义，也丝毫不会成功。这一要求事实上可以得到满足吗？看来有两个困难必定会引起我们的怀疑。(1) 向存在论差异的突破是在这同一个差异的未经思考的状态中选取其偶然的出发点的，于是它的全部过程是在隐性状态的内部、在原初的未思状态中、最终在不确定的状态中展开的。因此，突破的冲动必然诞生于悬而未决的存在论的内部。突破通过什么样的不确定的和临时性的缺口才能显现出来呢？显现无疑是一种进展，但它究竟是否与突破相宜？(2) 一旦对存在论的历史进行拆解的任务势在必行，那种典型意义上的存在论差异必定会显现。既然这一任务在《存在与时间》第6节中已经得到明确的

---

① *Identität und Differenz*, Pfullingen, 1957, p. 46 – 47 = p. 285（有改动）。类似的："在途中的思迈出了向后的步法。这一步法把形而上学带回到形而上学的本质之中，把差异本身的遗忘带回到发送之中，因为正是这种发送在自身隐藏中向我们把调和掩盖了起来。"（p. 71 = p. 307，有改动）

表述，那么，存在论差异必然也被明确地表述出来了。现在，准确地说，《存在与时间》难道没有忽视存在论差异吗？

二、显现与延迟

那么，存在论差异是在什么地方、在什么时候显现出来的呢？在海德格尔本人看来，存在论差异，既作为未思状态又作为已思状态，在《存在与时间》中始终被忽视了。这是第一个悖论。实际上，在1949年为论文《论根据的本质》第三版——这是海德格尔为了一本1929年出版的献给胡塞尔的书而在1928年撰写的一篇文章——所写的前言中，海德格尔明确指出："《论根据的本质》这篇论文发表于1928年，同时作了'形而上学是什么？'的演讲。后者思考的是虚无，前者**对存在论差异做了命名**（jene nennt die ontologische Differenz）。"[1] 乍一看，这个判断似乎非常精确。事实上，"形而上学是什么？"这个演讲所思考的是虚无及其生成、显现和地位。至于《论根据的本质》这篇文章，它只有从无出发才能对这一差异命名，因为"存在论差异是存在者与存在之间的不"，而且这个不（作为**不着的不**）与"差异的**不着的不**""诚然并非同一个东西，但却是相似物"。实际上，在这个文本本身中，存在论差异已经明确地出现了："存在者层次上的真理与存在论上的真理**各各不同地**（je verschieden）涉及**在**其存在**中**的**存在者**与存在者**之存在**。根据它们与**存在和存在者之区分**（即存在论差异）的关联［*...zum Unterschied von Sein und Seiendem*（*ontologische Differenz*）］，它们本质上是共属一体的。如此必然地在存在者层次上和存在论上分开的真理之本质，只有与这种区分的出现相一致才是可能的。"[2] 真理在这里走向存在论差异；或者毋宁说，真理的二元性，不管是存在者的真理也好，还是存在者的存在的真理也好，是从此前在独一无二的存在者的存在中所发生的存在与存在者的差异出发才获得它自己的可能性的。因此，根据海德格尔的说法，特别是根据文本的事实证据，我们将会得出这样的结论：存在论差异只是到1928/1929年才得以命名，也就是说**在《存在与时间》之后**。这样看来，《存在与时间》便成了海德格尔主要作品中唯一一本与存在论差异了无相干的著作了。

---

① *Wegmarken*, *GA*, 9, p. 123.

② *Wegmarken*, *GA*, 9, p. 134.

然而，经过考查，这个结论却显得极其脆弱，尽管它已得到广泛的接受。这一点出于以下几个方面的原因。(1) 如果1929年的文本"对存在论差异作了**命名**(nennt)"[①]，那么我们一定不能把命名与思考混淆起来；这里的问题只能是"已被命名但尚未得到思考的差异"[②]。简言之，此处对存在论差异的命名是否足以对差异本身进行思考呢？也就是说，是否足以从未思状态——正是这一状态在形而上学的意义上标识着差异的特征——中解脱出来呢？(2) 人们也许会回答说，1929年的文本就它所命名的存在论差异进行思考，因为这个文本正是基于对在存在者层次上和存在论层次上分开的真理的思考才获得这个差异的，也因为正是在这里存在的绽露与存在者的显现区别开来了："Enthülltheit des Seins ermöglicht erst Offenbarkeit des Seienden. [存在的绽露才使得存在者的显现成为可能。]"这种绽露，作为关于存在的真理，被命名为"存在论真理"[③]。但是，差异的这样一种在去蔽意义上的起源可以回溯到在1928/1929年之前的年代。1927年夏季学期课程就建立了一个几乎一模一样的区分："这就是我们为什么不仅在术语上，而且还出于与实事本身相关的理由，在**存在者的被揭示状态**(Entdecktheit eines Seienden) 与**其存在的被敞开状态**(Erschlossenheit seines Seins) 之间作出**区分**(scheiden)。"再者，真理在这里的两个形象也已很明确地回溯到存在论差异之上："换言之，我们必须开始以概念的方式在其可能性和必然性中把握在**被揭示状态与被敞开状态之间的差异**(den Unterschied von Entdecktheit und Erschlossenheit)，但也必须开始理解这两者可能的统一。这一点同时意味着对在被揭示状态中被揭示的存在者与在被敞开状态中被敞开的存在之间的**差异**(Unterscheidung) 进行把握的可能性，也就是说，意味着**对存在与存在者之间的区分即存在论差异**(die Unterscheidung zwischen Sein und Seienden, die ontologische Differenz) 进行确定的可能性。这样，当我们联系到康德的问题时，

---

① *Wegmarken*, *GA*, 9, p. 123.

② *Identität und Differenz*, p. 52，法译本见，*Questions* Ⅰ, p. 295（有改动）。

③ *Wegmarken*, *GA*, 9, p. 131.

我们便达到了**存在论差异**的（der ontologischen Differenz）问题。"① 不仅如此，《存在与时间》还对这同一个对立的主题进行了有力的强化，直至建议对其术语进行区分："存在作为问之所问要求一种本己的**展示方式**（Aufweisungsart），这种展示方式本质上**有别**（unterscheidet）于对存在者的揭示。"② 这样，这种比较性的分析在《存在与时间》第44节中便获得了它的全部成果。因此，如果存在论差异一定是从研究并争得一分为二的真理出发才得以显现的话，那么，这就必然意味着，一旦真理被分裂为两个不可还原的含义，存在论差异就会出现，也就是说，存在论差异完全在《论根据的本质》之前就已出现了。（3）这一结论与海德格尔在1949年的表态几乎不矛盾（让我们作个强调，这个表态谈到了一次命名，但不是指1928/1929年对存在论差异的**第一次**命名）：正是他本人于1929年在他文本的一个按语中针对"**存在与存在者的差异（存在论差异）**"这一表述做过明确的说明："参见1927年夏季学期课程中关于这一主题的第一次公开的学术报告，即《现象学基本问题》第22节。其结论又回到了开端。在开端处，对康德关于**存在**的论题——存在不是实在的谓词——的阐明便带有这样的意图，即**第一次让存在论差异本身映入眼帘**（die ontologische Differenz als solche erst einmal in den Blick zu fassen），同时，这种阐明还从存在论出发，然而其本身却是以基础存在论的方式得到检验的。这里的课程全部属于《存在与时间》第一部分第三篇'时间与存在'。"③ 这样，我们便有了一个明确的表态：如果说存在论差异只是在1928/1929年直接发表的那些文本中才出现，那么存在论差异其实在1927年夏季的公开讲座中，即在《现象学基本问题》中就已经出现了，也就是说，在紧随着《存在与时间》之后的著作中就已出现了。于是，由于这种非常明显的权威性的说明，《存在与时间》便成了**那个**典型的忽略了存在论差异的文

① *Grundprobleme der Phänomenologie*，§9，p.102，这里依据 J.-F. Courtine 的法译本，*Problèmes fondamentaux de la phénoménologie*，Paris，1985，p.98. 我们也可以像 P. Jaeger 所强调的那样（参见 *GA*，20，p.349 和 p.444. 针对的是相互对立的术语的变化），把它与 *Prolegomena zur Geschichte des Zeitbegriffs*［§20，a），*GA*，20，p.348-349］做个比较（而无须回溯到存在论差异）。在《海德格尔全集》第24卷中我们还可以指出**存在论差异**（*GA*，24，p.22，p.102，p.106，p.109，p.170 以及 p.321 以下）。

② *Sein und Zeit*，§2，p.6，第23-25行（中译文参见《存在与时间》，第8页。——译者）。

③ *Wegmarken*，*GA*，9，p.134，注释b。

本——至少在其已经发表的部分中。然而，这样一种明确的排除却打上双重困难的烙印。第一，《存在与时间》确实像其他文本一样看出了两种真理形式并做了**区分**（unterscheiden）[①]；我们该如何理解，在所有这些文本中，唯独《存在与时间》没有从中推出存在论差异？第二，如果说1927年夏季的讲座是存在论差异的“首创者”而且“隶属于《存在与时间》及其总体计划，那么，我们该如何理解，在它的已经发表的部分中，尤其是在长篇导论（第1-8节）——这篇导论是对整体的介绍，其包括尚未发表的部分（特别是1929年提到的第一部分第三篇“时间与存在”）——中，我们却找不到任何存在论差异的踪影？在《存在与时间》与存在论差异之间存在着由海德格尔所倡导的如此彻底的断裂——难道这一断裂不会显得**过于**明晰以至于似乎无法让人接受吗？

在讨论这一论题之前，恰当的做法是先核实一下对海德格尔本人来说为什么这个论题是不可避免的。这个核查需要两个步骤。（1）1927年的讲座是在哪里以何种方式谈到存在论差异的？答案是：在第22节。实际上，海德格尔在第21节中在分析了康德关于存在的论题并临时做出结论把它归结为设定之后，他在第22节a小节中强调指出，在通常的用法中，“在涉及何谓**作为**存在者的存在者时，存在被看作存在者”。此在当然以某种方式领会了**存在**（否则，它就根本不是处于此在的样式之上），但它只是模糊地、潜在地领会到存在：“在此在本身及其生存中，存在与存在者的**差异**（Unterschied）已经以某种潜在的方式**在此**了（ist…da），即使这一点并不明确地为人所知。**差异**（Unterschied）**在此**，就是说，差异具有此在的存在方式，它属于**生存**（l’existence）。生存几乎就等于说：在这种区分的实现中去存在。”这一成就是不可磨灭的，因为它在存在者层次上把此在规定为存在论意义上的存在者，但它绝不等于所谓的差异思想本身。相反，此在逗留于这一差异之中而不知，不知道差异。在这里，这个意义上的“存在与存在者之间的**差异**（Unterschied）是**以前存在论的方式**（pré-ontologiquement）在那里存在着，换言之，这一差异**潜在地处于此在的生存之中**而不具有明确的存在概念。可是，差异作为差异本身有可能变成一种**明确地得到理解的差异**”。为了从隐含过渡到显明，差异必须借助于此在的时间性把自身理解为两个差异之物的**在此**（da）。这样，当差异

---

① *Sein und Zeit*，§2，p.6，第25行（中译文参见《存在与时间》，第8页。——译者）。

得以明确地实现出来时，就有了一个经过修订的命名："于是，我们把存在与存在者之间明确地被实现出来的**差异**（Unterschied）命名为**存在论差异**（die ontologische Differenz）。"① 因此，这个文本的确引入了存在论差异；但它给出存在论差异的方式却是很成问题的。实际上，虽然差异首先是通过其潜在性而得以指明的，但这种潜在性是如此之深，以至于海德格尔被迫采用了两个术语：Unterschied——根据差异是否被遮蔽；Differenz/ontologische Differenz——根据差异最终是否显现（这是更为罕见的）。我们甚至可以追问：存在论差异在这里当然已经被命名了，但这一差异是否因此就真的被夺得了呢？这里涉及的是现象学凯旋的记录还是尚待完成的突破计划？对存在论差异的第一次"公开的报告"是宣告了一次夺得，还是一个尚待克服的困难？1927 年讲座的"未完成的性质"证明了这个困境：讲座的第二部分确实曾预告要审查"存在一般的含义这一基础存在论问题。存在的基础结构和基础样式"，但只有第一章"成了报告"，题目是"存在论差异的问题"。然而，这一章本身只包含四节，其中只有最后一节（§22）而且只是在一个小节（§22 a）中才涉及差异——这一节首先而且在大部分时间里**并不**是明确意义上的存在论。从海德格尔接近他所宣称的目标的程度来看，他的打算降低了。这样一种降低不禁让我们设想，并没有一种突破解放了思想，而是有一种困境减缓了他，有一种疑难阻挡了他。于是，所有的事情似乎是这样发生的：存在论差异在 1927 年夏季"第一次"得到标明和命名就是为了让人认识到一个尚无答案的问题的疑难性。（2）因此，第二阶段：这个文本维持着一种特殊的与《存在与时间》的关系吗？它标志着一种连续性还是一个断裂？很明显，它与 1927 年冬季的这部书始终处于一种紧密的连续性中。这首先是因为《现象学基本问题》属于《存在与时间》第一部分第三篇，正如《论根据的本质》② 和第 8 节③所提供的总体构思所确证过的那样；其次是因为，在这里，从隐含的**差异**（Unterschied）向显明的、真正意义上的存在论**差异**（Differenz）的过渡依赖于此在的**时间性**（la temporalité）：仅当此在达到了在自身中展开存在者的存在的程度并且以时间性的方式理解自身的时

---

① *Grundprobleme der Phänomenologie*，§22，p. 454.

② *Wegmarken*，*GA*，p. 134.

③ *Sein und Zeit*，§8，p. 39，第 39 行（中译文参见《存在与时间》，第 46 页。——译者）。

候，**差异**（Differenz）才在**此**（da）。这样，对此在的分析不仅没有构成达到存在论差异的（有待通过转向加以克服的）障碍，而且单单这个分析，作为从**操心**（cura，Sorge）出发对时间性的实施，就有可能让我们对**存在一般**（l'être überhaupt）的原初意义上的时间特性进行明确的思考。因此，如果此在表现为存在论差异在时间上的唯一的实施者，那么，我们怎么能假定，在他的"第一次公开的学术报告"中，存在论差异就超越了或拒绝了此在呢？尽管对此在来说，这一差异至少始终是隐性的，可是，我们怎么能不因此而假定，从《存在与时间》开始，此在在其分析论中恰恰活动在对存在论差异的阐明中呢？悖谬的是，我们颠倒了最初的问题——存在论差异与《存在与时间》有多远？——，以便追问：从根本上讲，在《存在与时间》中，此在的分析论从一开始就没有用于对存在论差异进行阐明吗？我们可以这样设想吗？

三、出现与按语

对这一问题，我们可以做出两种回答。一方面，我们可以简单地否认，《存在与时间》曾经命名过存在论差异，我们可以把它的出现归于《论根据的本质》；韦尔（L. M. Vail）就是这样说的："**存在论差异**这一术语本身并没有出现在《存在与时间》中"，因为恰恰是"1928 年的论文才首次使用了**存在论差异**这一术语"。[1] 另一方面，我们可以坚持认为，尽管这个词肯定没有出现，但这个实事在 1927 年的文本中已经发挥作用；有一些人就是这样论证的，例如，塞利斯（John C. Sallis）说，"甚至海德格尔第一部鸿篇巨制《存在与时间》就已运行在存在论差异的框架之内了"[2]；再如，格拉内尔（G. Granel）认为，"海德格尔 1929 年就'已经'

---

① Ley M. Vail, *Heidegger and the Ontological Difference*, Pennsylvania State University, 1972, p. 5, 47. 当然，如果考虑到《现象学基本问题》，那么这种年代推定便受到削弱，但 J. Grondin（"Réflexions sur la difference ontologique", *Les Etudes philosophiques*, 1984/3, p. 338，注 5）和 J. Greisch（"如果说存在论差异构成《存在与时间》中一切分析的基础，可它本身在那里还没有得到指明，也没有被视为存在论思考的核心课题"。*La parole heureuse*, Paris, 1987, p. 68）仍坚持这一年代推定。

② John C. Sallis, "La difference ontologique et l'unité de la pensée de Heidegger", *Revue philosophique de Louvain*, 1967/2, p. 194. 可是，如果这个框架在它形成时恰恰是无可名状的，那么我们该如何来理解这样一种"框架"呢？发现了"差异的存在者方面的一极"（p. 195）难道恰好足以在真正意义上发现存在论差异？

作过‘本己思考’的东西［是］die Differenz［**差异**］”①。这种极端悖谬的存在论差异，恰恰由于它从未出现在《存在与时间》中，反而更加活跃于这部著作中。此说法在波弗莱（Jean Beaufret）处可找到最完善的表达：“因此，我们必须承认，对海德格尔来说，存在与存在者之间的差异和**参与**（participation）在其中出现的形式就是《存在与时间》。因此我们可从中得出结论，《存在与时间》是关于存在与存在者之差异的著作。值得注意的是，海德格尔经常使用的‘差异’这个词其实并没有正面出现在他的第一部名著即《存在与时间》之中，而‘存在论差异’这一词组——我们用它来指与存在和存在者之区分相关的差异——或者说存在论差异这一短语只是在《存在与时间》出版之后的几个月内才出现在他的教学中，即是说，出现在马堡大学夏季学期他所开的课程“现象学基本问题”中——他那时已是教授，而《存在与时间》已于二月问世。因此我们可以说，《存在与时间》就是那本关于存在与存在者之差异的著作，可结果却使得‘差异’这一词尚未走到前台。”② 这样一种说明本身需要一种说明：该如何理解“那本关于存在与存在者之差异的著作”——这一差异源于它并回归于它——恰恰是这本对“这一短语”和这个“词”完全保持沉默的著作？怎样才能承认，（第二次）现象学突破竟无法说出且也不能理解它自己的

---

① G. Granel, “Remarques sur le rapporte de *Sein und Zeit* et de la phénoménologie husserlienne”, *Durchblicke*, *Martin Heidegger zum* 80. *Geburtstag*, Frankfurt a. M. , 1970，在 *Traditionis traditio*（Paris, 1972）中重印。如果不是为了引入一个（正确的）论题——尽管这一论题（明显）缺乏文字上的证明，为什么要引入这些引号？在 T. Langan 的精确然而缺乏文本论证的判断中存在着同样的模棱两可：“... that ontic-ontological distinction, so strongly emphasized in *Sein und Zeit*, which will play an important role throughout Heidegger's works.［……在《存在与时间》中得到如此高度强调的存在者层次上－存在论上的区分将会在海德格尔的全部著作中发挥重要作用。］”（*The meaning of Heidegger*, New York, 1959, p. 74）。即使 J. Grondian 回溯到 1927 年的讲座，即使他认为存在论差异在 1925 年“还没有被命名”，但他始终承认“1929 年的第一次公开报告”并把它认作标准（同上书，p. 338）。A. Rosales 也始终处于同样的模棱两可之中：“Da das Problem der Differenz z. B. in *Sein und Zeit*, wenn auch nicht ausdrücklich, *entfaltet wird*...［因为，比如说在《存在与时间》中的差异问题，虽然不明显，但仍然得到了展开……］”，*Transzendenz und Differenz. Ein Beitrag zum Problem der ontologischen Defferenz beim frühen Heidegger*, La Haye, 1970, p. Ⅻ，参见 p. 246。还有 C. Esposito 也是这样（*Il Fenomeno dell'essere. Fenomenologia e ontologia in Heidegger*, §16, Bari, 1984, p. 185－195）。

② J. Beaufret, *Entretiens*, Paris, 1984, p. 11－12. Fr. -W. von Herrmann 同样以隐含和草率的方式，未经文本的论证，把存在论差异归于《存在与时间》，参见 *Subjekt und Dasein—Interpretationen zu*《*Sein und Zeit*》, Frankfurt, 1974，第一版，1985，第二版。

词汇？如果不是波弗莱的权威性——也包括其他人的权威性，但首先是他的——支持了这一解释，这一悖谬性的、甚至前后不一的解释无疑不会把自己强加给绝大多数读者。我们能对这一点提出异议吗？无疑是可以的，但首先要通过对其中两个主题做出区分：（1）《存在与时间》从未使用过“存在论差异”这一短语（事实断言），（2）《存在与时间》运行在被如此看待的存在论差异之中（理论断言）。我们想表明，这两个断言不仅经受不住检验，且尤其有助于掩盖存在论差异在《存在与时间》中的真正地位——或毋宁说，《存在与时间》在存在论差异中的真正地位。

第一点：据我们所知，无一例外，海德格尔在《存在与时间》中已使用了“存在论差异”这个表述，——这一点与评论家们意见相反。让我们看看文本。（1）第 12 节：“第一步就应当看到作为生存论……的‘在之中’与作为范畴的现成东西的一个对另一个的‘在里面’这两者之间的**存在论区别**（den ontologischen Unterschied）。”① 类似表述（不过没有形容词 ontologisch）在第 40 节又出现了：“最初从现象上揭示此在的基本建构之时，在澄清‘在之中’的存在论意义从而与‘在里面’的范畴含义加以**区别**（im Unterschied）之时，此在曾被规定为缘……而居，熟悉于……”②在“在之中”（它恰恰是生存论的，因为它为此在的存在方式所

---

① §12，p. 56，第 12 – 14 行（中译文参见《存在与时间》，第 66 页。——译者）。E. Martineau（我们在引用他的时候做了改动）的确用“différence ontoloqique”来翻译它（同上书，第 63 页）；同样，R. Boehm 和 A. de Waelhens 在 *L'Etre et le temps*（Paris，1965）的一个注释中很可惜未经讨论便返回到通行的意见：“这一短语所说的‘存在论差异’不能混同于著名的存在与存在者的差异，因为后者只是在 1929 年《论根据的本质》中才会第一次作为‘存在论差异’而被挑选出来”（p. 287）。全部问题恰恰在于弄明白，这同一个表述是否可以以及为什么可以在这么短的时间内改变含义，因为这里所涉及的既不是像第 20 节所说的纯粹存在者层次上的**存在者之存在的区别**（p. 92，第 28 行以下），也不是像第 5 节所说的“对存在者的种种不同领域的素朴区分”（中译文参见《存在与时间》，第 21 页，略有改动。——译者）。F. Vezin 在用“存在论区别”（distinction ontoloqique）来翻译时是犯了错误的（*Etre et temps*，Paris，1986，p. 90）。奇怪的是，A. Rosales 在意译这段文字时既没有援引这个术语，也没有发现它与通常的主题背道而驰（*Transzendenz und Differenz*，S. 3）。

② §40，p. 188，第 30 – 34 行（中译文参见《存在与时间》，第 218 页，有改动。——译者）。像 F. Vezin 一样（*Etre et temps*，Paris，1986，p. 239），E. Martineau 也把这里说成是“opposition”（对立）（上引书，p. 147）；由于海德格尔本人在这里的按语中所援引的恰恰是第 12 节中的段落（注释 20）（中文版参见《存在与时间》，第 218 页，注 2），而正是这一节引入了存在论差异本身，因此上面的选择就更站不住脚了。R. Boehm 和 A. de Waelhens（*Etre et temps*，Paris，1986，p. 231）使用的是 différencier（区分），更好些，但尚不充分。

固有）与（一个现成东西在另一个之内的）“在里面”之间，不仅存在着差异，而且这种差异还具有存在论地位：它划分了两种存在方式，最终一方面涉及此在，另一方面涉及现成在手状态。任何借口在此都不可能弱化**差异**（différence），也不可能削弱其存在论特征。因此，这里其实便是“存在论差异”的第一次出现。（2）第63节：“操心的结构的界说则为生存与实在之间的第一个**存在论差异**（ontologische Unterscheidung/différence ontoloqique）提供了基地。由此导出的命题是：人的实体是生存。”[①] 这里的第二次出现也必须被理解为“存在论差异”。这个存在论差异，像它第一次出现时一样，把此在的存在方式（生存，生存论的）与同此在不一样的存在者的存在方式（实在，范畴性的）分隔开来。意味深长的是，在《存在与时间》的最后一页，这个差异又出现了。在这里，尽管缺乏形容词，但这些区分性的术语仍然像在上述两个完整的情况中出现的一样：

---

① §63，p. 314，第5-7行（中译文见《存在与时间》，第358页，略有改动。——译者）。E. Martineau用différenciation（区分）来翻译这里的Unterscheidung（上引书，p. 223）（此外，D. Franck也追随此译法，参见D. Franck，*Heidegger et le problème de l'espace*，p. 29）。对我们来说，从下面几个理由来看似乎是站不住脚的：（1）E. Martineau本人在下面的几行（p. 314，第13行）用“La distinction entre existence et réalité”（生存与实在之间的差别）来译“Die Unterscheidung zwischen Existenz und Realität”；为何一开始不用distinction呢？为什么不因此而使用différence呢？（2）在海德格尔的文本中，对Unterscheidung（区分）和Unterschied（区别）做出分别是不恰当的：译者并没有尊重他自己的选择；还是在第63节（p. 313，第33行以下），第二个字眼代替了第一个，这使我们分辨出它们的相同性：“Mag der Unterschied von Existenz und Realität noch so weit von einem ontologischen Begriff entfernt sein...［尽管区别出生存与实在还远不算达到一种存在论上的概念把握……］”（中译文见《存在与时间》，第357页。——译者）（E. Martineau在这里译成différence，同上书，p. 222）。这两个德语术语的等价性有时变成了一种完全的同一性：“... die Unterscheidung innerhalb des Seienden zu gewinnen，den Fundamentalunterschied innerhalb des Seienden zu fixieren，das heisst，im Grunde，die Seinsfrage zu beantworten［为了赢得存在者之内的区分，为了规定存在者之内的基本区别，即是说，为了从根本上回答存在问题……”（*GA*，20，p. 157）；还有：“... die Möglichkeit，den Unterschied zwischen dem in der Entdecktheit entdeckten Seienden und dem in der Erschlossenheit erschlossenen Sein zu fassen，d. h. die Unterscheidung zwischen Sein und Seienden，die ontologische Differenz zu fixieren...［这种对在解蔽状态中被解蔽的存在者与在敞开状态中被敞开的存在之间的区别进行把握的可能性，也就是说，对存在与存在者之间的区分也即存在论差异进行规定的可能性……］”（*GA*，24，p. 102）。虽然海德格尔有时正面地探讨过Unterschied（区别）与Differenz（差异）之间的差距，但他并没有从根本上对Unterschied（区别）和Unterscheidung（区分）做过分辨。因此，这里涉及的是**差异**（différence）（尽管受到E. Martineau的弱化）和**存在论**差异（尽管F. Vezin完全忽略了对形容词的翻译，同上书，p. 374）。J. McQuarrie和E. Robinson也避开了这个完整的表达式：“... to distinguish ontologically between existence and Reality［从存在论上区分生存与实在］”（*Being and Time*，Oxford，1967，p. 362）。

"生存着的此在的存在与非此在式的存在者的存在……的**差异**(Unterschied)";以及"'意识'与'物'的'**差异**'('Unterschied')。"[①] 于是,一个清楚明白的课题呈现出来:在此在的存在与其他存在者的存在之间,一个实际上被称为存在论差异的关系显露出来。[②] 这里涉及的是一个文本上的事实,不论是相近的表达式[③]还是此处的形容词"ontologique"所引发的不确定性,都不能削弱这一事实。毫无疑问,译者和评论家们之所以不情愿用"存在论差异"这一合适的名字来命名这里的 l' ontologischer Unterschied 以及 l' ontologische Unterscheidung,是出于对认识到下面这一事实的顾虑:这种(精确意义上的存在论)地位仍然悬而未决。实际上,这种不情愿只有在下面的情况下才会得到克服:"存在论差异"的事实断言通过其理论断言而得到正当证明,就是说,在某种意义上,这里被命名的差异可以被思为存在论差异。为了尝试做出这种正当性证明,我们最好更为细腻地追踪"存在论差异"在《存在与时间》中的轨迹;实际上,除了几次可由名词明确地加以甄别的现身之外,它还以动词的形式更加审慎地出现在事情本身的活动中。这样,下面的两次现身便具有了决定性的意义。

1. 第一次出现在第 2 节,正值存在问题第一次郑重其事地构造之际。奇特的是,这一问题要求的不是两个术语而是三个;它首先涉及的是人们**所问的东西**(das Befragte),这里的角色由存在者所担任,更准确地说,由构成此在的那个独一无二的存在者所担任;其次,它涉及人们为了回答而**要求的东西**(das Gefragte),在这种情况下即是存在者的存在;最后,

---

① *Sein und Zeit*, §83,分别参见 p. 436,第 36 – 37 行以及 p. 437,第 11 行(中译文参见《存在与时间》,第 493 页,略有改动。——译者)。

② 这一课题在 §26,p. 118,第 15 – 17 行;§31,p. 143,第 31 – 34 行;§57,p. 276,第 12 – 13 行(Die Faktizität des Daseins aber unterscheidet sich wesenhaft von der Tatsächlichkeit eines Vorhandenen [但是,此在的实际性在本质上不同于现成事物的事实性])以及 §58,p. 283,第 21 – 24 行;§69,p. 364,第 6 – 9 行中(仅仅通过动词 unterscheiden 而)得到确证。

③ 同样,生命在狄尔泰那里有"存在论的非差异性"(ontologische Indifferenz) (§43,p. 209,第 33 行),它通过广延而影响到"在存在者层次与历史层次之间的差异",Yorck 对此做过讨论。可是,这种差异不仅是假定的,而且还受到了批判,它恰恰不关涉存在者的存在方式,它与存在问题也没有共同之处。参见 §77,p. 309,31;p. 400,第 8 – 9 行;p. 403,第 15 行以及第 19 行(Unterschied);p. 403,第 35 – 36 行。即使也能找到实在与生存之间的 l'Unterschied(差异),可这"还远不算达到一种存在论上的概念把握……"(§63,p. 313,第 33 – 34 行。中译文参见《存在与时间》,第 357 页。——译者)

它尤其涉及的是人们在提出这一问题时**想知道的东西**（das Erfragte），而这一点与人们所要求的并不一致，它就是**存在的意义**（Sinn des Seins），也即去存在的意义。海德格尔恰恰在区分存在问题的这三个术语的过程中走向了对一个重要之处的确定："所以，存在作为人们在回答这一问题时所**要求的东西**（das Gefragte）需要一种本己的展示方式，这种展示方式**本质上异于**（sich…wesenhaft unterscheidet）对存在者的揭示。"一种本质性的差异已经在这里出现，而且，在现象学的意义上讲，这一差异把在其本己的展示中的存在与处于通常的揭示状态中的存在者对立起来；如果我们没有忘记，单单现象学就配享有存在论的名称，那么我们在这里就必须从在场模式的差异出发推论出存在与存在者之间同样本质性的差异。不仅如此，为了区分前两个术语，这种本质性的差异在构造**存在问题**（la Seinsfrage）本身之际并且通过这一构造的推动就已展现出来，以便它完全配得上"存在论的"这一称号：一种通过存在问题且为了存在问题而被建立起来的差异可以非常严格地被称为"存在论差异"。差异的存在论活动出现在对存在问题的第一次"重述"中，这是在统领整个《存在与时间》的地方（即导论），这里包含尚未出版和尚未写成的章节。只要考虑到这一点，差异的存在论活动在这里就显得更加醒目了。

2. 也是在这个特别敏感的地方，差异的存在论活动发出了第二次出现的信号：实际上，它就在第一篇（"准备性的此在基础分析"）的最后一页，在这里，扼要的重述与向第二篇（"此在与时间性"）的过渡同时进行。完全就像在第2节那里一样，这里涉及的还是存在的问题以及在这一问题中的三个术语之间的关系："唯当真理在，才'有'存在——而非才有存在者。而唯当此在在，真理才**在**。存在和真理同样源始地'在'。存在'在'，这意味着什么？**存在同一切存在者的差异首先究竟在哪里**（wo es doch von allem Seienden unterschieden sein soll）？只有先澄清了存在的意义和存在之领会的全部范围，才可能具体地问及上面的问题。"[①] 这是一个基本的宣告，因为存在者、存在以及最后，存在的意义，明确地重复了一开始（第2节）就提出来的存在问题；这里涉及的还不是打算对存在问题做出回答，因为第三个术语还没有从中得到理解（这一任务留待第

---

① *Sein und Zeit*，分别参见§2，p.6，第23－25行以及§44，p.230，第5－10行（中译文分别参见《存在与时间》，第8页和第264页，略有改动。——译者）。

二篇，至少原则上如此）；而自此以后所——几乎——完成的此在的分析论让我们有可能从具有存在论特征的存在者出发，在完全严格的现象学意义上，对处于存在者之存在中的存在与存在者之间的差距和关系进行标明。然而，为了描述这个始终不变的差距的特点，海德格尔在这里（像在第 2 节里那样）恰恰利用了动词“unterscheiden”（异于）。[1] 如果存在异于存在者，那我们为何不做出结论说，这确实是一个存在论差异问题呢？人们不能反驳说，解释者们在这里歪曲了文本的字面意思，也不能说，海德格尔实际上并没有使用过“存在论差异”，因为在他的一本私人藏书中，就在“...unterschieden sein soll”这个片段之后，他写有一个简单的按语：“存在论差异。”[2] 因此，从《存在与时间》开始，存在论差异就已经推动了存在与存在者之间无法磨灭的差距的出现——文本中给出了这些差距的出现之处，海德格尔本人也确认了这些差距的意义。

此外，我们还应该强调海德格尔私人藏书中的那些按语出现的频率和收敛性的特征，因为那些按语借助于“存在论差异”这一短语并且着眼于它的概念对《存在与时间》进行了评论。除了已经提到的第 44 节，还有四个文本尤其值得一引。(1) 在把现象学建立为唯一可能的存在论时，海德格尔重复了存在问题的三重维度：“…基础存在论的必要性。基础存在论把存在论上及存在者层次上的与众不同的存在者即此在作为课题，这样它就把自己带到了关键的问题即一般存在的意义这个问题面前来了”（第 7 节）。实际上，这里涉及的是存在问题的三个术语，这些术语以两个为一组，分成两组：首先是与众不同的存在者（此在）与其存在，其次是面对第一组的存在意义。海德格尔现在对 Sinn des Seins überhaupt（存在意

---

① *Sein und Zeit*, p. 230，第 8 行。E. Martineau 通常是无可指责的，但看来在这里他在引入一个保守的说法（“... si tant est qu’il doit être distingué de tout étant”［……如果它必须与所有存在者区分开来］）时犯了错误，因为在这里，德文强调的是一种反断言（doch，soll）［德文原文是：“Was es bedeutet：Sein‘ist’，wo es doch von allem Seienden unterschieden sein soll”。中译文见正文。——译者］；不仅如此，在这里，像在其他地方一样，“distinguer”还弱化了“unterschei-den”（同上书，p. 169）。R. Boehm 和 A. de Waelhens 虽然保留了“distinguer”，但错失了其中肯定的东西［“... tout en devant（首先）”］（*L’Etre et le temps*, p. 275 以下）。F. Vezin 对整个这句话的理解有错误（*Etre et temps*, p. 281）。J. MacQuarrie 和 E. Robinson 给出了正确的翻译：“What does it signify that Being‘is’, where Being is to be distinguished from every entity?”（*Being and Time*, p. 272）。

② *Sein und Zeit*, §44, *GA*, 2, p. 304.

义一般）做出评论，他通过一个按语明确地指出："存在——不是类，不是对存在者一般而言的那个存在；这个'一般' = καθόλου = 存在者**之存在**的总体性；差异的意义。"[①] 这样，只有**存在**，甚至是**存在者的存在**中的存在，已经从存在的角度而不是从存在者的角度得到强调，存在的意义才达到其彻底性；因此，随着存在 - 存在者这个对子，已经涉及存在论（而不是存在者层次上的）差异了。从这里看来，**存在问题**（le Seinsfrage）从其第一次构造开始就确实包藏着存在论差异（至少可以说，与其认为存在论差异包藏着存在问题，倒不如这样看）。（2）海德格尔在第20节谴责笛卡尔存在论规定的典型的不充分时，指出了**实体**（substantia）的两义性，因为它忽而处在存在者层次上，又忽而处在存在论意义上。海德格尔由此得出结论："在这种含义的细微区别后面隐藏着的却是：未曾掌握根本性的存在问题。"看来，这种含义的 Unterschied（区别）由于涉及的是"存在者层次上 - 存在论上的含义"，因而也是存在与存在者之间的嬉戏，就更不应该受到忽视了。不止如此，海德格尔还在按语中对这一段做了明确的评论："**存在论差异**"（ontologische Differenz）。从 substantia（实体）这一概念的不确定性来看，笛卡尔的形而上学（实际上就像**一切**形而上学那样）所未思的东西恰恰是存在论差异本身。这样，在《存在与时间》中，即使"对存在论历史的拆解"也从存在论差异出发才得以实行——就像对存在问题的构造那样。[②]（3）在分析伊始，为了不听凭"此在的存在未经规定"（第39节），海德格尔重新谈到存在与存在者之间的对立："存在者不依赖于它借以展开、揭示和规定的经验、认识与把捉而**存在**。存在却只有在某种存在者的领会中才'存在'——而存在之领会之类的东西原本就属于这种存在者的存在。"当然，这里涉及的是**区分**（unterscheiden，在第2节已经提出的意义上）存在者的揭示状态与存在的显示状态，这与存在问题的第一个要求是一致的；海德格尔在按语中坚持了

---

① *Sein und Zeit*，§7，p. 37，第23－27行（中译文参见《存在与时间》，第44页。——译者），接下来是增加的按语，同上书，*GA*，2，p. 50.

② *Sein und Zeit*，§20，分别参见 p. 94，第31－33行；p. 94，第31行（中译文参见《存在与时间》，第111页。——译者）和按语（*GA*，2，p. 127）。同样在§20中，我们还应该考虑到一种收敛性的迹象，即 Unterschied des Seins（存在的差异）（p. 93，第12－13行）以及类似表述（p. 92，第28行；p. 93，第18行）的出现。关于对笛卡尔的解释方法，参见上文，第三章，§4，p. 137以下。

这一点："可是这种领会［必须理解］为一种倾听。然而，这绝不意味着：'存在'只是'主体性的'，而是［意味着］存在（**作为**存在者之存在）**作为**差异'处于'作为（抛）之被抛的**此－在**（Da-sein）之中。"①此在，作为存在者，在其所是之物方面是别具一格的，于是，在存在论的意义上，它就活动在存在与存在者的铰合处和折叠处，或者毋宁说，它本身就**是**这个褶子和铰链。（4）最后，海德格尔再次重复了这个经典的表述"存在绝不能由存在者得到澄清"，因为与之相反，存在只有通过此在对它所具有的领会才能显现出来。海德格尔再一次评论道："存在论差异。"②

无疑，人们可以有理由指出，对一篇文本的解读不应从旁注或按语出发，特别是当它们在时间上远远落后于这篇文本时；人们还可以指出，海德格尔的回溯性的自我解释常常带来的与其说是澄清不如说是费解（况且，我们甚至在这里也可以看到这一点）。可是，在正确地对待这些合理的审慎说法时，我们不能否认这个事实：在出现的这些场合，海德格尔没有必要为了从中读出存在论差异而过度解释他自己的文本。存在论差异在别的地方的出现是显而易见的，因此在这里的一些地方（存在问题、拆解、存在的别具一格的特征）反而显得更加隐晦。如果不是《存在与时间》本身从一开始就运行在已经由存在论差异所敞开的境域中，那么，任何暴力举动，即使由海德格尔本人所为，也不可能不合时宜地把存在论差异引入到《存在与时间》之中。因此，让我们做个结论："存在论差异"完全出现在《存在与时间》本身之中，因为1927年的突破就发生在存在论差异的核心处。

四、最根本的不可思议之处

因此，有**某种**存在论差异贯穿了《存在与时间》，从一端（第2节）

---

① *Sein und Zeit*，§39，分别参见p.183，第21－22行；p.183，第28－31行；§2，p.6，第25行（中译文参见《存在与时间》，第212页、第212页、第8页。——译者）和*GA*，2，p.244.

② *Sein und Zeit*，§43，分别参见p.208，第4－5行（中译文参见《存在与时间》，第239页。——译者）（类似的还可参见§2，p.6，第18－23行；§7，p.35，第26－29行；§41，p.106，第15－18行；§43，p.207，第34行，等等）和*GA*，2，p.275。

经过其中心（第44节）再到另一端（第83节）。[①] 然而，建立起这一事实并不等于证明，《存在与时间》已经开始发挥后来**那个**经典的存在论差异了。相反，从这以后，所有的问题都不过是对意义的考证以及对《存在与时间》在“存在论差异”这一标题下所展现之物的范围的估量，而没有像在1927年之后那样，从这同一个短语所表明的东西出发事先对差异做出理解。因此，比较合适的做法是，在所有的解释之前，重新发现那条可能使得《存在与时间》引入这样一种“存在论差异”（毋宁说，把自己引入到存在论差异之中）的主线。我们提出下面的假说：通达那种推动着《存在与时间》的存在论差异这条主线，在胡塞尔那里有其根源。

首先，让我们指出一个巧合：胡塞尔本人也使用过“存在论差异”这一术语，而且是在1913年，在《逻辑研究》第二版里。实际上，在专门讨论关于整体与部分的学说的“第三研究”的第一章——题为“独立对象与不独立对象的**差异**（Unterschied）”——中，有三处用形容词“ontoloqique”（存在论的）来称呼这同一个差异：首先一处是，“在具体内容与抽象内容之间的……一般**存在论差异**（ontologischen Unterschied）”；其次是，“在‘具体’和‘抽象’之间的**存在论差异**（des ontologischen Unterschiedes）之本质”；最后是，“揭示**存在论差异**（des ontologischen Unterschiedes）的本质”[②]。上述情况至少表明，海德格尔在1927年没有必要走得很远就能为他自己的表达式找到依据。我们在这里甚至还可以指出另外一处很有意思的巧合：《存在与时间》第39节把作为“**不依赖于**（unabhängig）经验、认识和把捉”的存在者与依赖于“存在者的领会”（而此在就是这种领会）的存在对立起来；恰恰是这一段，在他后来的私人藏书里的按语中，他用差异这一术语对其作了评注：“……存在（**作为**

① 分别参见§2，p. 6，第25行；§44，p. 230，第8行和§83，p. 436，第38行；437，第11行。

② *Logische Untersuchungen*，*t. 2. Untersuchungen zur Phänomenologie und Theorie der Erkenntnis*，Ⅲ，§9，同上书，p. 248－249，法译本，t. 2，2，同上书，p. 30－31（中译文参见《逻辑研究》第二卷第一部分，倪梁康译，上海译文出版社1998年版，第262页，略有改动。——译者）。正如法译本所指出的那样，1901年的第一版从未使用过 *ontologisch*（存在论的），而是分别使用了不带形容词的“……根本上客观性地……”“……差异……”以及“……客观性地……”（同上书，p. 327，328）。出于什么样的动机，甚至由于什么样的影响，胡塞尔于1913年用 ontologisch 修正了他最初的表述方式？我们对此一无所知。

存在者之存在）**作为**差异‘处于’……**此－在**（Da-sein）之中。”[①] 这种双重的相遇还不能证明任何理论上的亲缘关系；至少不能得出这种不可思议的亲缘关系。可是，从另外的意义上说，《存在与时间》中两次出现了“存在论差异”，胡塞尔至少有一次确凿无疑地表现为一个未曾言明的对话者。事实上，当海德格尔建立起“生存与实在之间的**存在论差异**（ontologische Unterscheidung）”（第 63 节）[②] 时，他重新发现了《观念Ⅰ》第 42 节于 1913 年在意识与实在之间所确定下来的经典的区分：“作为意识的存在与作为实在的存在。在直观模式之间的原则性**差异**（Unterschied）……一种根本的、本质性的**差异**（Unterschied）被引入到作为意识的存在与作为物的存在之间……由此表现出存在方式的**原则性差异**（prinzipielle Unterschiedenheit）。这种最关键的差异是**意识**与**实在**之间的差异，它具有普遍性……一种给予方式上的原则性**差异**（Unterschied）。”[③] 很明显，如果海德格尔保留了实在这个术语，那么，他便用此在代替了意识这个术语；可是，此在并没有取消胡塞尔的差异，这是因为，在通过轻微的修正而重复这一差异的过程中，此在在其全部相关性中恰恰认可了这一差异；此外，这就是为什么海德格尔有时在与自己的术语等价的意义上重新采纳恰恰是胡塞尔用过的术语，——就像放在引文中或留在引号中那样；这虽然让人想起，“生存着的此在的存在与非此在式的存在者的存在（例如实在性）的**差异**（Unterschied）”，可也同样立即让人想起，“‘意识’与‘物’

---

① *Sein und Zeit*，§39，分别参见 p. 183，第 28－31 行（中译文参见《存在与时间》，第 212 页。——译者）以及 *GA*，2，p. 244。还可参见上文，p. 181－182。

② *Sein und Zeit*，§63，p. 314，第 6 行（中译文参见《存在与时间》，第 358 页，略有改动。——译者）。让我们注意，这种“在作为生存论环节的‘在之中’与作为范畴的现成东西的一个对另一个的‘在里面’这两者之间的**存在论差异**（ontologischen Unterschied）”（§12，p. 56，第 12－14 行.）（中译文参见《存在与时间》，第 66 页，略有改动。——译者）很容易导向此在与非存在式的存在者之间的差异，于是也容易导向由此而引发的生存与实在之间的**差异**（l'Unterschied）。

③ *Ideen*，Ⅰ，*Hua*，Ⅲ，p. 95，第 16－18 行；p. 95，第 25－27 行；p. 96，第 18－21 行；p. 96，第 24－25 行，法译本，P. Ricceur，Paris，1950，p. 135－136（有改动）。这最后对 kardinalste（“最关键的”）的使用须与海德格尔的使用比较起来看：“... das Kardinal-Problem，die Frage nach dem Sinn von Sein überhaupt... ［关键的问题，即存在一般的意义这个问题］”（*Sein und Zeit*，§7，p. 37，第 25－26 行）（中译文参见《存在与时间》，第 44 页。——译者）。可参见上文，第二章，第 2 节，p. 77 以下以及第三章，第 2 节，p. 126 以下；还可参见下文，第五章，第 6 节，p. 238 以下。

的‘**差异**’（‘Unterschied’）。”[1] 可以说，胡塞尔的差异渗透到海德格尔的差异之中，直至《存在与时间》的最后一页。1913 年的其他文本无可置疑地证明，胡塞尔确实已经充分地规定了这样一种最为关键的原则性差异。《观念 I》第 43 节在一方面的知觉与另一方面的符号表象之间发现了一种“**无法沟通的本质差异**”（Wesensunterschied）；其次是第 49 节：“内在的或绝对的存在和超越的存在虽然都被称作‘存在者’‘对象’，而且尤其是都具有各自对象的规定内容，但是显然，被称作对象和对象规定的东西，在各自情况下只有对照于空的逻辑范畴才被这样命名。在意识和实在之间存在着真正的**意义深渊**（Abgrund des Sinnes）。”可是，在“存在者”的两种词义之间的意义深渊，如果不是存在**方式**的差异，因而已经是存在论差异的话，那它是什么呢？最后，为了在意识的**原区域**（Urregion）——**作为存在一般的原范畴**（Urkategorie des Seins überhaupt）——与其他的**存在区域**（Seinsregionen）之间建立起差别，第 79 节明确地指出：“范畴理论必须完全**从一切存在差异中最基本的差异**（von dieser radikalsten aller Seinsunterscheidungen）——作为**意识**的存在和作为在意识中‘**显示的**’、超越的存在——开始”[2]；在这里，我们怎么还会不认为，存在的差异——它超越了诸存在者之间的区分（它本身在逻辑上恰恰是未区分的）——不就等于是存在论差异？让我们扼要地做个概述：胡塞尔在被称为“**意识和物**”（res，Realität）这两种存在者的存在方式之间引入了**准－存在论的**（quasi ontologique）本质差异，于是，他从 1913 年起就不仅为海德格尔提供了“存在论差异”这一短语（在《逻辑研究》第二版中），而且尤其是提供了对这两种存在者及其存在方式的规定，正是这种规定使得这一短语可以现象学地运作（在《观念 I》中）；而海德格尔本人也使用了他的老师向他推荐的这些术语，他在这样做的时候对这一起源供认不讳，当然，这种承认是很吝啬的，但是，由于牵涉到《存在与时间》的目的，这种供认就显得越发意味深长了。从这一点出发，我们怎么能不推想，存在论差异在 1927 年的出发点（于是，预先地）已由胡塞尔

---

[1] *Sein und Zeit*，§83，参见 p. 436，第 39 行至 p. 437，第 1 行，接着参见 p. 437，第 11 行（中译文分别参见《存在与时间》，第 493 页、第 493 页，略有改动。——译者）。

[2] *Ideen*，I，分别参见 §43，p. 99，第 6－7 行；§49，p. 116，第 37 行至 p. 117，第 2 行；最后是 §76，p. 174，第 9－12 行。（中译文分别参见［德］胡塞尔《纯粹现象学通论》，李幼蒸译，商务印书馆 1996 年版，第 120 页、第 134 页和第 183 页。——译者）

于1913年给出了？

我们甚至有必要更深入一些。也许有人建议说，早在1927年以前，胡塞尔与海德格尔之间在理论上的断裂恰恰已经表现在对“意识”（或生存）与“物”（或实在）之间的（不管是否被命名为“存在论的”）差异的解释上了。海德格尔不仅引入了胡塞尔所忽视的“存在论差异”，而且把胡塞尔听凭其本身未经规定的本质差异以及存在方式差异彻底地深化为存在论，但他这样做时并没有脱离胡塞尔。至少有两个主题可以证明，这种争论先于《存在与时间》的写作。(1) 在1925年的课程《时间概念历史导论》中，海德格尔在引用了我们此前提到的《观念Ⅰ》的那些章节（第49节和第76节）之后，在承认了胡塞尔因此而确实声称已经建立起“**基本的差异**”（Grundunterschied，fundamentaler Seinsunterschied）之后，明确地指出，胡塞尔无论如何没有达到这一点：“可是，现在我们看到了令人称奇的事情：这里所要求的是对最彻底的**存在差异**（Seinsunterschied）的赢得，然而对进入**差异**（Unterschied）之中的存在者的存在这一问题并没有被真正地提出来……在赢得这一基本的存在**差异**（Seinsunterschiedes）的过程中，不仅意识的存在方式没有得到追问，而且那种支配着**存在差异一般的全部差异**（die ganze Unterscheidung des Seinsunterschiedes überhaupt）的东西，即存在的意义，也没有从根本上得到追问，甚至连**差异**（der Unterschiedenen）的存在方式也没有被追问过。因此，很明显，在现象学本身最本己的意义上，**存在问题不是一个任意的、仅仅可能的问题，而是最紧迫的问题**——这种紧迫性是在比我们到目前为止在意向之物方面所进行的研究要彻底得多的意义上说的。”① 胡塞尔的确从诸存在方式之间的本质差异这一称号出发命名了（意向性的）意识与（实在的）物的差异，但他没有继续向前走：他从未思考过他所命名的东西，他从未思考过**去存在**的各种方式的差别意味着什么，因为他缺乏通达这一问题——**存在的意义**（Sinn des Seins）——的可能性条件。因此，胡塞尔犯了双重的**错失**（Versäumnis）：首先是关于他所命名的差异这方面的，这是由于他从来没有认真对待过这样一个事实，即这里涉及的是关于各种存在者的不同存在的问题，以至于人们不得不说，胡塞尔恰恰止步于

① *Prolegomena zur Geschichte des Zeitbegriffs*，§13，*GA*，20，p. 158（中译文据德文版《纯粹现象学通论》译出，略有改动——译者）。

根本的困难开始之时——这时的问题是如何把诸种存在方式的差异真正地思考为存在论的；其次，由于胡塞尔没有从存在论上追问存在者－意识的存在方式，他便错失了意向之物的存在方式并因此而犯了一个严格现象学意义上的错误："实际上，这种现象学研究是如此地**非现象学**（unphänomenologisch），以至于它把现象学的问题排除在它的本己的领域之外吗?"① 为了从（存在的诸种存在方式的）**差异**过渡到本己意义上的**存在论**差异，胡塞尔缺少了什么？他自始至终都没有停留在现象学上。为了停留在现象学上，他还欠缺什么？胡塞尔并没有错失**存在的意义**（Sinn des Seins）——因为唯有存在的意义才使我们有可能先行地提出一个知道着眼于其存在而对意识和意向之物进行追问的问题。那种阻止胡塞尔以现象学的方式思考差异的东西，就是那种抑制他以存在论的方式思考差异的东西，也就是存在意义的境域。与胡塞尔的决裂涉及以下两个方面的交集：意识和物的存在方式的差异、现象学方法与存在问题在要求上的差异。于是，在这两种模棱两可中的差异便表现为路径上的交叉性。(2) 不仅如此，这样一种对抗还直接表现在胡塞尔和海德格尔之间；实际上，在海德格尔写于 1927 年 10 月 27 日的一封闻名遐迩的信中，他向胡塞尔阐述了他的不同意见。这些意见不仅涉及他们共同为《大英百科全书》撰写的条目这一项目，而且还涉及《存在与时间》通过胡塞尔的"非现象学的"现象学而标明的差异。在信的内容中，值得注意的是，海德格尔有两处提到差异而且正是通过这一点介绍了他的最本己的突破；首先是关于世界的："那个直接提出来的**问题**是想知道，'世界'在其中得以构造的存在者的存在方式是什么。这是《存在与时间》的核心问题，即此在的基础存在论。它的问题在于表明，人类的此在的存在方式**完全不同于**（total verschieden）所有其他的存在方式，而且恰恰是由于这种特定的属于自己

① *Prolegomena*，§13，p. 159. 同样的指责（unphänomenologisch）可参见 p. 118，178 和 p. 183（widerphänomenologisch［反现象学的］）；还可参见上文，第二章第 2 节，p. 74－79。

的存在方式，它才在自身中包含着超越论的构造的可能性。”[①] 由于涉及的是存在者 = 世界/存在者 = 对世界的构造这个对子，因此这里的问题直接就在于实在的事物与非实在的、意向性的意识（也被称为“人类的”此在）之间的关系；这样，它们的“全部差异”不仅仅是两个存在者之间的对立，而且还是存在者的两种“**存在方式**（Seinsarte）”之间的对立；因此，我们在这里必须认可一种存在论的差异。把这种差异建立起来，构成了《存在与时间》的根本筹划，实际上，这就是说，《存在与时间》因此便实现了胡塞尔既不能也不愿从事的事情。接下来，就存在者的可（否）理解性而言，同样的问题又出现了：“通过向什么的回溯才能获得这种理解？/通过**不同于**（im Unterschied）纯粹心理自我的绝对**本我**［当它映入眼帘的时候］，我们想说什么？/这种绝对**本我**（ego）的**存在方式**（Seinsart）是什么——在什么意义上它与总是事实性的**自我**（le moi）是**一回事**，在什么意义上**不**是一回事？”[②] 当然，海德格尔在这里通过绝对本我想说的是此在本身，恰恰是此在的存在方式不同于其他所有存在者的存在方式，甚至不同于本身被看作**内世界性的**（intra-mondain）纯粹心理现象的存在方式（难道它与处于失落状态中的**我**［Je］相符吗？抑或与**人们**［On］相符？）。这样，问题还是此在的存在方式与所有非此在式的存在者的存在方式之间的**差异**（Unterschied），这种差异类似于《存在与时间》中所描述的存在论差异。于是，与胡塞尔的交锋双重地针对着差异（不管是不是存在论差异）：一次是间接的，借助的是1925年的讲课，另一次是直接的，可以说是面对面的，通过的是1927年的那封信，这无疑是对他们此前的口头交流的反映。无论差异作为存在论差异是否得到深

---

① 海德格尔致胡塞尔的信，1927年10月27日，载于 E. Husserl，*Phänomenologische Psychologie. Hua*，Ⅸ，p. 601，法译文参见 J. -F. Courtine，载于 *Martin Heidegger*，Paris，L'Herne，1983，p. 45（有改动，可参见上文，第二章第3节，注66，p. 102以下）。可比较《存在与时间》，§61，p. 303，第28－29行：“Das Dasein ist ontologisch grundsätzlich von allem Vorhandenen und Realen verschieden［从存在论着眼，此在原则上有别于一切现成事物与实在事物］”。（中译文参见《存在与时间》，第346页。——译者），甚至可比较§59，p. 294，第24－25行（*völlig anderes sein*［是截然不同的］）（中译文参见《存在与时间》，第336页。——译者）

② 海德格尔致胡塞尔的信，*Hua*，Ⅸ，p. 602，法译本，p. 46（有改动）。我们赞同 J. -F. Courtine 的结论：“这些文本不仅表明与胡塞尔短暂的合作以及公开的争论，而且也表明海德格尔参与其中的与**这门现象学**的争论。”（同上书，p. 43）我们在这里还可以加上 J. Grondin 的判断：“所有这些都促使我们相信，存在论差异可以……被解读为对胡塞尔的回答。”（同上书，p. 338）

化，差异据此便出现在这些路径的交汇点上。

于是，随着对作为“意识”（变成了此在）的存在者的存在方式与其他存在者或实在事物的存在方式之间的差异状态的解释，我们便抵达了胡塞尔与海德格尔之间的决裂点。我们可以把上述内容组织为三个结论。（1）千真万确，胡塞尔早在1913年就为海德格尔提供了他走向《存在与时间》中真正的“存在论差异”的出发点，因为胡塞尔在《逻辑研究》第二版中向海德格尔给出了这个短语（尽管没有给出这个概念），在《观念Ⅰ》中给出了这个概念（尽管没有在存在论上对它进行规定）。（2）与胡塞尔相反，海德格尔迈出了决定性的一步，他从《观念Ⅰ》始终错失的东西即存在的意义——唯有存在的意义才赋予此在对存在的理解——出发，果断地把“意识”与“物”这些存在者的存在方式的差异解释为存在论的差异。简言之，胡塞尔带来了关键性的差异这一结果，但并没有理解它，尤其没有对它本身进行思考，就是说，没有把它思考为存在论差异：他恰恰止步于真正的困难开始的地方，止步于现象学的方法应该展示自身的地方（因此，《存在与时间》第7节开始着手把存在者的存在恰恰当作现象来探讨）。从字面意义上说，胡塞尔并不理解在他对“最关键的差异”进行命名的时候所说的东西；海德格尔理解这一点，因为他第一次把它思考为存在论意义上的东西。（3）这种差异（无论是否是存在论意义上的）不仅推动着《存在与时间》，而且先行于它并使之成为可能，因为胡塞尔先于所有其他人揭示出两种存在方式之间的差异，虽然他没有对其本身进行思考，就是说，没有把它思考为存在论的。至少从1925年开始，既与胡塞尔相对立又多亏了胡塞尔，海德格尔就已经遭遇到其本身未经思考的存在论差异了。唯有胡塞尔的这种未思之处才能激发起海德格尔的思想努力。在胡塞尔和海德格尔之间，一开始的问题就是对差异的未思之处进行思考，——这种差异被称为“存在论差异”。

五、“存在问题”无法还原到“存在论差异”

因此，如果《存在与时间》并没有发现差异，海德格尔也没有开始着手把这种差异第一次解释为存在论差异，那么，撇开“存在论差异”这一短语的出现（不论是否是决定性的出现）不谈，我们必须具体地证明，这一概念在其中是如何运作的。换言之，《存在与时间》在其概念中是否让存在论差异发挥作用了，以至于这一差异在“转向”之中和之后以一种规范的形式决定着海德格尔思想的整体？看来，首先，《存在与时间》对存在与存在者做了决定性的区分，这种区分具有毫不含糊的力度，后来再也没有被超越过。“‘存在’不是某种类似于存在者的东西”；“存在者的存在本身不‘是’一种存在者”；“存在不能从存在者方面来‘说明’”；“存在不能由存在者来解释”；“存在不能由存在者得到解释”；[①]“存在绝不能由存在者得到澄清，对于任何存在者，存在总已经是‘超越的东西’了”[②]。可是，这种在形式上毋庸置疑的区分足以赢得存在论差异本身吗？肯定不行，因为这样的表述方式禁不住让人设想，存在像存在者一样可以为我们所抵达，它敞开自身以便为我们所认识，它像是算作存在者的另一项，或者是使存在者翻倍，或者把存在者分为两半，这样做的危险在于掩盖了恰恰要思考的东西——差异，这种差异不是诸存在者的差异，而是**去存在**（d’être）的诸种方式的差异。存在者的存在与存在者的区分，并不像一个存在者区别于另一个存在者那样，而是像存在方式区别于它所是的东西那样。于是，存在者身处其中的方式（本身不是存在者）即存在始终与存在者、与事物的外表不可分离地联结在一起，——存在必须从这一外表出发被“解读”。存在与存在者的差异意味着一个处于另一个之中：“存在总是某种存在者的存在”；“存在总意味着存在者的存在”；“因为现象学所领会的现象只是**构成**（ausmacht）存在的东西，而存在又向来是存在者的存在……”；“存在者不依赖于它借以展开、揭示和规定的经验、认

---

① *Sein und Zeit*，分别参见§1，p. 4，第9行；§2，p. 6，第18－19行；§41，p. 196，第17－18行；§43，p. 207，第34行（也见第30行）（中译文参见《存在与时间》，第5页、第8页、第226页、第239页、第239页，略有改动。——译者）。

② *Sein und Zeit*，§43，p. 208，第4行（中译文参见《存在与时间》，第239页。——译者）。对这最后一段，海德格尔在一个注释中恰恰用“存在论差异”这个按语做了评论（*GA*，2，p. 275，上文已引，参见§3，p. 181）。当然，所有这些类似的说法都具有这种等价性：存在在存在者层次上无法得到澄清，这里涉及的其实就是经典的存在论差异。我们还可以通过1927年夏季课程的一系列说法（还有其他系列的说法）来确证这句话：“存在本身不是存在者”；“存在不是什么存在者的东西”；“存在本身不是什么存在者的东西”。（*Grundprobleme der Phänomenologie*，*GA*，24，分别参见p. 58，77，109）

识与把捉而存在。存在却只有在某种存在者的领会中才‘存在’。”① 存在与存在者之间的差异——作为严格意义上的存在论差异——确实必不可少，这恰恰是因为，在存在者层次上，存在混同于存在者，而且首先，存在与存在者**没有**区分开来；或者，在同样的意义上说，存在本身不能被通达。在存在与存在者之间不做区分，这限制了我们仅当通过存在论的区分而非通过实在的、形式的、质料的和理性的区分才能通达存在。这恰恰是由于，在存在者层次上空无一物的存在，只有在我们必须从存在论上把它与存在者区分开来的时候，才能通过存在者的外表并在这一外表的内部和上部而为我们所通达。通达存在——把它作为现象揭示出来——只能在存在论差异的模式上进行，因为这种差异着眼于存在来解释存在者。在这个意义上，存在论差异表现为在这样一种——绝对独特的——情况下对现象学方法的使用，即需要加以揭示的现象在其被给予性中不是任何一种存在者，因此它不“est”（“**存在**”），因为它先于存在者而“est”（“**是**”/“**存在**”）。于是，我们在《存在与时间》中便确实看到存在与存在者之间的存在论差异在活动。

可是，如果不提出两个困难，就不可能看到这一点。第一，如何理解存在论差异这一概念的活动与“存在论差异”这一短语在任何一种情况下的出现都不一致？第二，尤其是，如何理解这一概念对存在与存在者的区分，而这一短语在任何情况下的出现实际上所区分的都是两种存在者（此在与物）或这些存在者的两种存在方式（生存与实在）？这里涉及的不仅是这一短语与其概念的活动之间的不一致性，而且还涉及无法从一对区分性的术语向另一对进行还原：如何调和两种存在者之间的差异与存在与存在者之间的差异？要回答这个问题，需要重建存在论差异这一话题。对于这一话题，海德格尔曾于1927年做过描述，其复杂性程度远甚于后来的

---

① *Sein und Zeit*，分别参见§2，p.7，第4行（*ablesen*，掇取）；§3，p.9，第7行；§2，p.6，第29－30行；§7，p.37，第12－13行；§39，p.183，第29－32行（中译文分别参见《存在与时间》，第11页、第8页、第43页、第212页。——译者）。我们可以通过1928年在说明上的进展来补充这一点：“这样，一般说来，存在……总是存在者的存在。存在一般地、在其全部含义上都是存在者的存在。存在**不同**（unterscheiden）于存在者——它仅仅是这种**差异**（Unterschied）、这种差异的可能性，而正是这种可能性担保着对存在的领会。换言之，存在与存在者之间的**区分**（des Unterscheidens）体现在对存在的领会之中。”（*Metaphysische Anfangsgründe der Logik im Ausgang von Leibniz*，*GA*，26，p.193）还可参看，“我们总是只知道存在者，但从来不知道它是存在［似乎它是一个存在者］”（同上书，p.195）。

描述。在这里，有三个差异形象至少部分地重叠在一起。(1) 严格意义上存在者层次上的差异，——胡塞尔已经把这一差异划在“意识”与“实在”之间。(2) 两种存在者的存在方式之间（一方面是生存，另一方面是实在或现成在手状态）的差异，——这一差异由于以存在者层次上的差异为基础，因此声称达到了一种涉及存在［方式］的差异；根据此前（上文，第 3 节）指出的各种出现情况，《存在与时间》命名为“存在论差异”的正是指这一差异。(3) 最后，在一方面的存在与另一方面的存在者之间的差异，——这一差异，海德格尔将在 1927 年之后把它命名为“存在论的”；这一差异，虽然对《存在与时间》具有明确的开创作用，然而，它在存在与存在者之间直接建立起来的关系并没有获得“存在论的”差异这一限定词。从理论上说，在这三种差异形象中，其中的两种没有任何含混不清之处：第一种绝对没有存在论上的东西，第三种完全实现了其存在论功用。剩下的是第二种，我们只有在《存在与时间》中才能遇见它，它以一种复杂和两可的方式把两个参数结合在一起，可这两个参数——存在者层次上的东西和存在论上的东西——恰恰需要加以区分。至少在这里，一切似乎是这样发生的：唯有在配备了我们在类比（比例）——即只有在把一个存在者与其存在方式之间的关系比作另一个存在者与其存在方式之间的关系时才可以理解——这一名义下所认识的装置时，海德格尔才突破了胡塞尔所放任的根本的未思之处。这种类比首先是在**存在者层次上-存在论上**（ontico-ontoloqique）的两种关系之间的类比：

1. $\dfrac{\text{事物 res（物）}}{\text{实在性/在手状态}} = \dfrac{\text{此在/自我}}{\text{生存}}$

可是，根据换算，我们可以接着做出下面两者之间的类比：

2. $\dfrac{\text{事物/res（物）}}{\text{此在/自我}} = \dfrac{\text{作为在手状态的存在}}{\text{作为生存的存在}}$

《存在与时间》中命名为“存在论差异”的正是具有两种形象的同一个类比的这种复杂的运作。与后来的存在论差异相反，在这里，存在者与存在的关系被一分为二：它涉及的总是两种类型的存在者之中的一种存在者的存在方式，从未涉及面向存在一般的存在者一般；存在者与存在之间的关系因而变得复杂了：这种或那种存在者所涉及的存在给出的是**这个**存在本身呢，还是仅仅是走向一般意义上的存在本身的指征？简而言之，存在者层次上-存在论上的类比为存在者敞开了存在本身呢，还是仅仅敞开

了存在者的两种存在方式之间的差异？存在问题经过了存在者层次上的中介，这是《存在与时间》的一大特色；然而，其主题和结论的两可性让我们不可避免地发生这样的疑问，它在存在论差异的方向上是否的确作出突破，或者，它是否就没有由于要求一种在现象学上毋庸置疑的必要性反而设立了一个更加难以逾越的障碍。

因此，在现象学上该如何证明此在冒着掩盖“存在论差异”这一主题的危险而突入其中的正当性？此在出现在“存在论差异”的核心处，这是由于在 1927 年它表现为存在问题的别具一格的首始者，而存在问题恰恰标明了存在与一切存在者的差距；还由于在《存在与时间》时期，**存在问题**（la *Seinsfarge*）只有首先被置入其“形式结构”中才能被提出来：“去存在的意义问题必须被**构造出来**（gestellt）。”这样一种构造蕴涵着三个要素而不是（像在单纯的差异中那样的）两个；这一问题首先发问的是它所追问的人或物——所探问者，**所质询者**（das Befragte）——存在者；可是，这一问题对存在者的追问仅仅是为了让存在者说出，在**问题中就其自身而言所是的东西**（das Gefragte），仅仅是为了让存在者对探问做出回应，因为它**是**这一探问的担保人，它作为存在者恰恰必须为这种探问负责——这就是这种存在者的存在；让我们暂时中止这种枚举，以便强调一个根本之处：如果《存在与时间》第 2 节并没有向前迈出一步，那么，我们便**已经**拥有了经典意义上的存在论差异——这种差异活动在存在者与存在者的存在之间；如果我们注意到，同一个第 2 节恰恰在这两个术语之间建立起一种**差异**，那么，这种等价性会显得更加精确：“所以，存在作为人们在回答这一问题时**所要求的东西**（das Gefragte）需要一种展示方式，这种展示方式**本质上异于**（sich. . . wesenhaft unterscheidet）对存在者的揭示。”①如果存在问题在 1927 年的构造仅限于这一差异，那么，在它的前两个术语中，它便与在其经典词义上所理解的存在论差异完全一致了，我们在前面为了保持这些术语的协调一致而指出的困难甚至都不可能出现了。可是，关键之处在于，从《存在与时间》第 2 节来看，存在问题的构造走得更远：它引入了第三个术语，对于这个术语，经典的存在论差异完全不知

---

① *Sein und Zeit*，§2，分别参见 p. 5，第 2 行；p. 6，第 30 行；p. 6，第 23 – 25 行（中译文参见《存在与时间》，第 6 页、第 8 页，略有改动。——译者）。还可参见上文，第二章，第 6 节，p. 105 以下。

晓，因此，从这一事实出发，经典的存在论差异不可能调和这两个事件——一个明显是三重的，另一个肯定是双重的。这里讲的第三个术语是什么？问题所探问的是**被质询者**（Befragte）即存在者，所关涉的是问题之中**所是的东西**（Gefragte）即存在者的存在；不管是存在者还是存在者的存在都没有穷尽这一追问；尚待知道的东西是连存在者自己也不知道的东西——即使存在者毫无保留地对它的存在做出了回答——；尚待知道的东西正是那个人——那个在对明确的问题作出明确的回答的过程中听到事情的底细和问题的奥秘的人——所猜度和寻找的东西，也就是**它想知道的东西**（das Erfragte），即**存在的意义**（Sinn von Sein）。① 存在的意义标志着对存在进行追问的最终的目标：这里的问题不仅在于，从某一存在者出发并似乎通过这一存在者而回溯到它的存在（第一个差别，存在论差异），而且在于，借助于**这一**存在者**的**存在直达存在的意义，从而直达存在**一般**（schlechthin，überhaupt），以至最终从此在的时间性出发抵达存在的时间性。通过存在的意义对存在问题的头两个术语所作的重复，可以在两个方向上得到解释。一方面，如果着眼于经典的存在论差异，那么就可以解释为一个死胡同；另一方面，如果着眼于此在，那么就可以解释为一个现象学突破。与两个术语（即存在和存在者）的存在论差异相比，存在问题用三个术语给出了两个差别：第一个差别在存在者与存在者的存在之间，第二个差别在存在者的存在与存在的意义之间。这两个差异中的哪一个可以容纳经典的存在论差异呢？表面上看来是第一个：它已经运行在存在与存在者之间了；然而，这样一来，如果它涉及的不是**这一**存在者的存在，那它涉及的是哪一种存在呢？我们如何才能避免下面的情况：第一个差别所涵盖的存在论跳跃实际上仅仅是从事物跳到 ουσία（实体），甚至是从事物跳到其存在者状态（τὸ ὄ υ）？很明显是通过对下面这一点的强调，即在存

---

① *Sein und Zeit*，§2，p. 6，第25行（中译文参见《存在与时间》，第8页。——译者）。关于被构造出来的存在问题（Seinsfrage）所具有的不可还原的三重特征，除了参见《存在与时间》，§2，尤其是 p. 7，第37－40行以及§7，p. 37，第22－36行，还可参见 *Prolegomena zur Geschichte des Zeitbegriffs*，§15（*GA*，20，p. 193以下；§16，p. 195以下）；这里涉及的正是三重之物即 das Dreifache 的问题（p. 195，197）。1927年之后这种三重之物就会消失。关于存在意义的特殊性质，在 J. Beaufret 那里有一些较好的说明，参见 *Entretiens*，p. 40－41和103。

在与存在者的差异中被追问的存在者具有此在的头衔，因此，这一存在者不仅与自身一道推动着自身的存在，而且推动着**这一**存在[1]本身。这个回答尽管看起来没错，然而只有在《存在与时间》为存在问题所规定的条件下才是有效的：即有一个唯一的存在者可以支撑起对其存在作为**这一**存在（*l'*être）本身的追问，它就是此在。可是，在存在问题上对存在者领域的这种限制难道没有强烈地表露出下面的迹象吗：或者存在者一般尚未被抵达，或者存在尚在过于狭窄的限度内被问及？简言之，1927 年构造的存在问题所提供的第一个差别在存在者层次上始终过于局限，而在存在论上又过于表面，以至于无法容纳哪怕是对经典存在论差异的预期。那么，为了达到这一点，我们是否必须诉诸第二个差别即存在者的存在与存在的意义之间的差别呢？无疑是这样，因为这看起来的确是此在分析论的最终“目标”：“在从存在论的任务出发所已经给予的解释中，基础存在论的必要性已经被开辟出来了，这一存在论把存在者层次上－存在论上的存在者即此在看作主题”——这里涉及的就是带有缺陷的第一个差别——“……以这样的方式，以至于它使自身面对关键的问题，即**对存在一般的意义**（Sinn von Sein überhaupt）的追问”。[2] 海德格尔本人在第二个差别中似乎的确认识到经典的存在论差异，他在此处曾做过批语：“存在者**的存在**；差异的意义。”[3] 然而，几点论证就会使这样一种比较成为问题且不堪一击。第一，《存在与时间》并没有抵达存在一般的意义；于是，如果存在一般的意义在 1927 年就相当于差异的存在了，那么我们必须从中得出这样的结论：存在论差异本身同样也会缺席的；然而，这里所证明的是相反的东西。第二，我们可以把差异的存在等同于存在的意义并因此等同于时间性吗？存在实际上必须在时间的境域中得到理解吗？不仅《存在与时间》将会在怀疑中收场[4]，而且对时间境域的放弃反过来一直挺进到把时

---

① 马里翁特意将“存在”前面的冠词用斜体表示：*l'*être. ——译者

② *Sein und Zeit*，分别参见 §2，p. 5，第 17 行和 §7，p. 37，第 22－27 行（中译文参见《存在与时间》，第 6 页和第 44 页。有改动。——译者）。

③ *Sein und Zeit*，*GA*，2，p. 50. 相应地，还可参见对这些差别所做的相同的重复：“存在者满可以在它的存在中被规定，而同时却不必已经有存在意义的明确概念可以利用”（*Sein und Zeit*，§2，p. 7，第 37－41 行）（中译文参见《存在与时间》，第 9 页。——译者）。

④ *Sein und Zeit*，§83，p. 437，第 40－41 行（中文本参见《存在与时间》，第 494 页——译者）。

间本身置于l'Ereignis（本然）之下。第三，第二个比较——把存在者的存在比之于差异的存在者——显得几乎站不住脚。如此一来，由存在问题的三个术语所设置的两个差别——就像《存在与时间》构造出来的那样——哪一个也不能容纳经典的存在论差异，甚至都无法对它作出预期。于是，存在问题这一主题并没有导向存在论差异的主题，看起来，前者甚至离开了后者而且事先就取代了后者。

这个结论带来了一个悖论。首先是因为，当我们已经得出在源初的问题——存在与存在者之间的明确的关系——中被把握到的短语之后，这个结论却把任何一种存在论差异排除在《存在与时间》之外。但这个悖论恰恰是表面的：很明显，《存在与时间》的确面临着在这之后不久将要在存在论差异这个独一无二的名称下课题化的东西；只是没有正面地遭遇到这个东西；它对这个东西做了添加并且偏爱对存在问题的构造；因此，它必然要把自身置于此在的中介之下。然而，存在论差异作为关节点并未消失；只是由于存在问题的两个差别而显得变化多端且走了样；在存在问题控制下的存在论差异只有在它自身增殖为两个差异的时候才会消失，而这两个差异对存在论差异来说都同样是不充分的：从此在到此在的存在，从这一存在到时间性。从《存在与时间》中这样一种对差异的增殖过程到禁止把它称为“存在论差异”，海德格尔本人［致 M. 米勒（M. Müller）——正是他转述了这个批语——］的批语可以提供证明；在题为“时间与存在”的《存在与时间》第一篇第三章中，同样的三个差异还是必然地出现了：“(1)‘超越论的’差异或狭义上的存在论差异：存在者与其存在者性的差异；(2)‘依超越’而来的差异或广义上的存在论差异：存在者和其存在者性与存在本身的差异；(3)‘超越的’差异或狭义上的神学差异：上

帝与存在者、存在者性和存在的差异。"① 这样一种近乎量化的枚举所表明的与其说是严格的筹划，不如说是犹豫和迟疑；甚至可能是这样，这里涉及的确实是我们刚刚指明的对各种犹豫和迟疑的枚举：实际上，差异一，即存在者与存在者性的差异，难道不是指示着第一个差别（此在——这一存在者的存在）吗？差异二，即存在者（包括存在者性）与存在本身的差异，难道不是指示着第二个差别（存在者的存在——存在一般的意义）吗？在这两种情况下所涉及的都是或广义或狭义的存在论差异的问题，这一事实无论如何都是与1927年构造的存在问题强加给存在论差异的不确定性相一致的，因为这一差异虽然已经达到，但尚未得到规定；"存在问题"的三重课题——正如《存在与时间》在它并不忽视"存在论差异"时所构造的那样——必须把存在论差异一分为二，以便为这一差异腾出地方。这样，为了公正地对待业已达到的"存在论差异"，《存在与时间》所缺乏的仅仅是对缺乏本身的增添。

六、存在问题作为发问在存在者层次上的优先性

我们刚刚指出：从存在论差异的视角出发，存在问题通过第三个术语（存在的意义）对前两个术语（存在者/存在）的重复在多大程度上导向的是一个死胡同，从此在的视角出发，它就在多大程度上实现了突破。实际上，存在的意义只有通过对另外两个术语之一的同一性的确定才能把自身加之于这两个术语之上：在业已构造出来的存在问题中，如此这般被讨

---

① 由 Max Müller 所引，载于 *Existenzphilosophie im geistigen Leben der Gegenwart*，Heidelberg，1949[1]，1964[3]，p. 66 – 67："a. die 'transzendentale' oder ontologische Differenz im engeren Sinne: Den Unterschied des Seienden von seiner Seiendheit. b. die 'transzendenzhafte' oder ontologische Differenz im weiteren Sinn: Denn Unterschied des Seienden *und* seiner Seiendheit von Sein selbst. c. die 'transzendente' oder theologische Differenz im strengen Sinne: Den Unterschied des Gottes vom Seienden, von der Seiendheit und von Sein." ——在引用这个批语时，O. Pöggeler 想知道海德格尔是否并没有放弃"... die Aufgliederung der Differenz und die Gründung einer in der anderen, wie er sie im dritten Abschnitt von *Sein und Zeit* durchführen wollte [对差异的分节以及把一个奠基于另一个之中，——就像他打算在《存在与时间》第三章所做的那样]"，因为这里涉及的是一个"尚未得到证明的、而且仅仅以思辨的方式构造起来的"说法（O. Pöggeler，*Der Denkweg Martin Heideggers*，Pfullingen，1963[1]，1983[3]，p. 92 = 法译本，*La pensée de Heidegger*，Paris，1967，p. 215 以下）。还有一个假设：对诸差异的区分是以不足的或错误的方式对那个已经完全得到证明的东西的形式化。于是，与已经做出的证明相比，这里存在的就会是从这种表述方式上后退而不是对它的增添。A. Rosales 曾对这一文本做过很有教益的评论（同上书，p. 157，注 5）。

论的存在者必须唯一地被理解为别具一格的存在者即此在。《存在与时间》并不知道"存在论差异"这一短语，它同样也逃避了把存在与存在者区分开来的责任。可是——《存在与时间》的奇特的原创性即在于此——它仅仅从另一个与二元差异不同的主题出发，即从具有三个术语的存在问题这个主题出发，便在现象学的意义上发挥了存在论差异。通过这种扭曲，它回到了此在，结果恰恰实现了这个差异——它虽然使这个差异发生了紊乱，但同时仍然使之成为可能。实际上，存在问题于1927年的建立正是由于它认可了此在的特殊地位及其在存在者层次上的优先性。因此，如果像我们所断言的那样，在1927年，实际上已经发挥作用的存在论差异仅仅是在存在问题的不恰当的提法中才得到实施，那么，我们必须以确定的方式证明，《存在与时间》把存在论差异本身所带有的有偏差的实现置于同一个具有特殊地位的此在之下。这样，也许我们也能理解，为什么"存在论差异"这一短语的出现与《存在与时间》在事实上所推动的存在论差异并不一致。

此在对存在论差异的实施首先是作为超越者而进行的。——胡塞尔曾经把超越性仅仅赋予"外在"于意识的客体和事物，而意识自这以后一直被局限于内在性之中。在这里，通过这样的方式，胡塞尔再一次提供了一个否定的出发点。海德格尔彻底颠倒了这种分类，当然不是为了意识，而是为了那种在展现意识的过程中把意识清除掉的东西，即为了此在："客体并不超越——物绝不可能超越，也不可能成为超越之物——**超越的**（transzendierend）是在此在的存在论意义上的'主体'，就是说，正是'主体'本身才会**越界与超出**（durch-und überschreitend）。"[①] 此在超越着自身，且通过自身而超越。可是，为了超越自身，此在一方面要超越存在者，另一方面要超越到存在的维度之中去："存在与存在的结构位于每一个存在者以及存在者的每一个可能的规定之外。**存在地地道道是**超越者。"[②] 此在的超越性，可以说，只有在对绝对的超越性的向往中，也就是在对存在本身的向往中才建立起来（与胡塞尔相反）：此在只有依据存

---

① *Grundprobleme der Phänomenologie*，§20，*GA*，25，p. 425. 可参见1928年在*Metaphysisiche Anfangsgründe der Logik im Ausgang von Leibniz*，§11（*GA*，26，p. 203－253）中对这一主题极为明晰的展开，不仅如此，这部著作还把Urtranszendenz（原超越）归于此在（*GA*，26，p. 20）。

② *Sein und Zeit*，§7，p. 38，第10－12行（中译文参见《存在与时间》，第44页。——译者）。

在通过其自身的敞开才进入超越之中——此在的超越，但它通过的是存在，是“此在的存在的超越……”如果“**此在必须超越**已经得到课题化的存在者”，那是出于下面的事实，即，第一，“存在绝不可能通过存在者而得到阐明，而是对于每一个存在者来说总已是‘超越论的’了”。这里的表达式“世界的超越”或“世界的时间”① 不应该把我们引入歧途：世界及其时间性这两者本身并不属于世内存在者，可它们在某一个维度上敞开了自身，——使这一维度成为可能的仅仅是在－世界－中－存在，因此也就是此在。这样一来，单单此在通过它们便超越了诸存在者。存在者与存在之间的差异通过存在者是不可能得到解释的，这一点是无法克服的，但这个差异在现象学上通过一个差距得到了证明，这是一个需要加以跨越的差距，因此也是某一事物对另一事物的超越——或者，更恰当地说，是某一事物的超越性，因为正是这一事物才第一次使另一事物显现出来。这种超越只有从存在者出发——因而也就是通过某一存在者——直至挣脱所有存在者——因此也就是通过一个摆脱了存在者特性的存在者——才能完成。一个摆脱了存在者特性的存在者自己越过自己的边界，以便在自身之内和之外实施这种超越——如此一来，此在的特性便是：因此而成为存在论差异的推动者。它没有命名这种差异，那是因为它造就了这种差异。

可是，——这是第二点——更本质地说，如果此在本身不是这种差异，那么，它便不可能以这样的方式通过自身超越来实施存在论差异。实际上，如何换个角度来理解对此在的悖论式的规定：“此在在存在者层次上的与众不同之处在于：它在存在论层次上**存在**？”② 此在超越存在者的资格——正是从存在的方向上或依据存在，所有的存在者才既不存在，也不能起到说明作用——并不取决于任何一种混合或妥协，而是取决于这样一个别具一格的事实，即此在是一个独一无二的存在者，因为对它来说，**存在**有意义。此在拥有存在的意义，就像音乐家拥有乐曲的意义，画家拥有色彩的意义，运动员拥有竞赛的意义。当且仅当对此在来说，存在才是

---

① *Sein und Zeit*，分别参见 §7，p.38，第 12 行；§69，p.363，第 29－30 行；§43，p.208，第3－5 行；§69，p.364，第20 行（＝p.363，第2 行）和 §80，p.419，第5－6 行（中译文分别参见《存在与时间》，第 44 页、第 412 页、第 239 页＝第 411 页、第 413 页和第 473 页）。

② *Sein und Zeit*，§4，p.12，第 11－12 行（中译文参见《存在与时间》，第 14 页。——译者）。

需要理解的：**这一**存在者把对存在的理解包含在其存在者层次上的简单规定之中；反之，存在**什么也没有**包含——根本不包含存在者——，因为它独一无二地寓居于领会之中——正是存在的意义使此在有可能获得这种领会："存在却只有在某种存在者的领会中才'存在'——而存在之领会之类的东西原本就属于这种存在者的存在。"[1] 此在以这样一种方式存在，以至于它只有通过在其存在的意义中对存在本身的理解才能把自身看作存在者。它作为从存在者层次向存在论状态的永恒的过渡而存在，或者毋宁说，作为通过存在论状态而从它之中的存在者层次出发而进行的过渡。[2] 这种过渡实际上是如何完成的呢？因为此在是由可能性和筹划来规定的存在者，而且它的规定方式是如此的极端（向死而在、操心、预见性的决断），以至于实际上在筹划中不仅涉及在存在者层次上对此在的规定，而且涉及此在的存在自身："从存在者层次上来看，其与众不同之处在于：这个存在者在它的存在中**与**这个存在本身发生交涉。"[3] 此在根据其筹划（甚至根据其对一切可能的筹划的拒斥）而本己地或非本己地生存，就是说，它决定它自己去存在的方式，即它自己的存在方式。可是，还不止于此：此在所推动的存在不可能被还原为一个存在者。这首先是由于存在不接受任何一种无论来自哪个存在者的规定，其次是由于存在问题从一开始所瞄向的就是存在一般的意义，而不单单是存在者的存在。先前的说法也再次出现，它不时地追问着存在本身："此在以如下方式**存在**：它以存在者的方式领会着存在这样的东西"；"对这种存在者来说，关键全在于**存在**"——我们必须根据后面的注释来理解的那个东西："哪一个呢（即存

---

① *Sein und Zeit*，§39，p. 183，第 30 – 32 行（中译文参见《存在与时间》，第 212 页。——译者）。

② 参见 *Sein und Zeit*，§63，p. 311 以及其它地方，还可参见 *Prolegomena zur Geschichte des Zeitbegriffs*，§17："这样，对问题之设定的实际制作便是一门**此在的现象学**，可是，这种对问题的制作只有在关涉到那种在自身中包含着一种对存在的别具一格的理解的存在者的情况下才是真正地已经发现了答案并且完全把它看作对这一研究的回答。在这里，此在不仅在存在者层次上是决定性的，而且同时，对我们这些现象学家来说，它在存在论上也是决定性的。"（*GA*，20，p. 200）此在在对存在的领会模式中存在［§4，p. 12，第 11 – 12 行："对存在的领会本身就是此在的存在的规定"（中译文参见《存在与时间》，第 14 页。——译者）；还可参见 *GA*，9，p. 134；*GA*，24，p. 322 – 323，444，453；*GA*，26，p. 20，等等］。

③ *Sein und Zeit*，§4，p. 12，第 4 – 5 行（中译文参见《存在与时间》，第 14 页。——译者）。关于同样的表达方式，参见 §9，p. 42，第 23 – 24 行；§30，p. 141，第 19 – 30 行；§41，p. 191，第 28 – 29 行；§45，p. 231，第 13 – 14 行，等等。

在)？在那儿存在并因此支撑着存在一般（das Seyn überhaupt zu bestehen)。”① 由于此在自身表现为非空间性的链接，于是此在便在自身中实现了从存在者向存在的过渡。它以存在论差异的方式**存在**，因为在存在者层次上它是那种在存在论上别具一格的东西。

然而，在1927年，海德格尔并没有把此在等同于存在论差异，而是反过来把它等同于存在问题："提问本身是一个存在者，它是在对存在者的存在进行追问中被给予的——不管这种存在是否被明察到。"② 也许有两个理由允许我们做出这样的设想。第一是因为，此处的（带有两个术语的）存在论差异还被囊括在（在三个术语中被构造起来的）存在问题中并在其中重新得到了解释。第二——尤其是这一点——是因为，存在问题作为第三个术语为存在论差异——存在与存在者之间的双重差异——所增加的东西与此在本身所增加的是一模一样的。实际上，这个补充的术语并不是存在的意义——因为这又回到存在一般——，而是此在，因为此在所面对的不是与它不相称的存在者（而是存在），它所推动的是存在一般本身。此外，与其说此在引入了第三个术语，不如说它为我们所讨论的存在与存在者的差异提供了别具一格的可能的链接（Da-)。无论如何，此在作为在存在者层次上的存在论意义上的存在者，它的介入使存在论的（双重）差异运作起来，但这只有通过把这种差异混同于（在三个术语中被构造起来的）存在问题并归属于它才能做到。这样，在《存在与时间》中，存在论差异就不得不消逝在存在问题的后面——不得不听任自己被单单此在的存在方式与其他存在者的存在方式之间的“存在论差异”所掩盖——这恰恰是由于存在问题**正是**此在自身。

七、通过“存在论差异”无法认清存在论差异

如此一来，我们便得出了一个双重的悖谬性的结论。一方面，与正统的阐释相反，《存在与时间》认识到一种“存在论差异”。另一方面，根

---

① *Sein und Zeit*，分别参见§5，p.17，第30－31行；§9，p.42，第1－2行（中译文参见《存在与时间》，第21页、第49页。——译者）以及那条即兴的注释，*GA*，2，p.56。在这个意义上也可参见§12，p.56，第8－11行（就在出现ontologischer Unterschied［存在论差异］之前)；§4，p.12，第4－5行（在这样一个说明性的注释之前："可是在这里，存在不仅仅是在人的存在［生存］的意义上"，*GA*，2，p.16)；§28，p.133，第11－14行，等等。

② *Prolegomena zur Geschichte des Zeitbegriffs*，§17，*GA*，20，p.199.

据公认的阐释，《存在与时间》还没有对这种存在论差异进行思考，原因很简单，它只对“存在论差异”做了命名。对于这种悖谬，我们自信能够指出原因：《存在与时间》中的“存在论差异”服从于存在问题的三重构造，结果使得自己阻挡了自己进入严格意义上二元维度的未来存在论差异的道路。第三个术语随此在一起被引入这里来了，而处于存在与存在者之间的此在则引发了对存在者之存在的中介——也许是不透明的中介：这是由于，不管我们怎样审慎地强调这一点，即，与其说作为纯粹的绽出性之da（在此）的Dasein（此在）强行提出了第三个要求，不如说它敞开了存在与存在者之间绝对平滑的过渡，下面这一点仍然是不变的，即《存在与时间》公开完成的所有东西全都是明确地集中在此在上面的——无论是直接的也好（第一篇“对此在的分析”）还是间接的也好（第二篇“此在与时间性”）——而在绝对的、本己的意义上对存在一般的思考，严格说来，只得到了一些纲领性的提示。于是，以假设的形式提出下面的问题就是合法的，甚至是不可避免的了：如果正是此在本身阻碍了我们过渡到（双重性的）存在论差异并因此而过渡到存在自身的意义——因为恰恰是此在使我们有可能构造出（三重性的）存在问题，那么，是不是要把《存在与时间》的未完成性，换言之即它对绝对的存在一般的思考的无能为力，与此在所构成的障碍挂钩？简言之，我们必须把此在不仅视为存在问题出现在《存在与时间》中的动力，而且还要视为阻挡《存在与时间》进入存在论差异的障碍？或者说，此在——通过所命名的“存在论差异”——使存在问题得以可能是不是仅仅为了阻止——通过所思的存在论差异——对这一问题的回答？如果这个疑问至少可以在海德格尔的文本中找到，那么它就对直到目前为止的全部分析提供了一个有趣的证实。可是，如果《存在与时间》本身的确在文字上把它的未完成性归于此在的功能，那么这种证实便会变成几乎无可争辩的证明。

现在，我们必须注意一个事实：《存在与时间》公开发表的最后两页，也就是第83节的最后两页，准确地提出了这个问题；不仅如此，这两页还做出了明确的回答。

1. 这一问题的提出是在海德格尔首先对所取得的成果进行回顾的时候：根据本真和非本真的双重可能性，我们已经在此在的存在论基础和生存论基础中得出了此在的实际上的总体性。这个基础从此在的存在即**操心**（souci）出发已经自我显示出来了；依次地，操心在时间性中已经认识到

它的（存在的）意义。可是，这个结果尽管很重要，但就像此在的分析论那样，仍然是“准备性的”[①]。我们所涉及的仍然是单纯的“道路”，是一个“临时性的目标”，因为“对此在的分析不仅尚未完成，而且也是临时目标”[②]。另一方面，“目标在于对存在**一般**（überhaupt）的问题的建构”，在于对“存在**一般**（überhaupt）的观念”的建构，在于“对存在**一般**（überhaupt）的绽出性的筹划”。[③] 如此这般被指出来的差别便在作为一方的随其存在（操心）一道出现的此在与作为另一方的存在（一般）的意义之间形成了；于是我们便涉及第二个差别。这个差别由存在问题的三重结构所设置，它被明确地提及并被看作尚待跨越的——只要第一个差别还没有被克服。换言之，哲学只有从此在的分析论**出发**（ausgehen）才能作为“**普遍的**现象学存在论”而得到实现。[④] 很明显，从此在的分析论出发并不意味着对它进行否定、非难或把它遗忘，因为源自这种分析论的现象学步伐绝不会停止；可是，这种起源仍然蕴涵着同样决定性的跨越，因为从原初提出的存在问题来看，这决不是一个自为地对第一个差别进行思考的问题；由于对第二个差别的克服最后显得很成问题，因此从一个差别向另一个差别进行过渡的紧迫性最终便越发增长起来。第83节有很多特点，但其不同寻常之处在于这一点：它没有把第二个差别仅仅看作在这部著作的总体规划的纲领性框架中尚未完成的计划，相反，它把这种未完成性视为当前的困难，视为实际上尚未克服而且原则上可能无法克服的困难。困难被加倍地强化了：我们不仅必须从此在的分析论出发以便达到存在一般，而且此在可能无法提供从一个差别过渡到另一个差别的方法。于是，一个问题被恰当地提了出来：此在有可能让我们抵达存在本身吗？

2. 第83节给出了什么答案？在其他所有的思考之前，我们必须指出一个关键之点：此在（恰恰作为对第一个差异即存在者与存在者的存在之

---

① *Sein und Zeit*，§83，p. 436，第18行以及§45，p. 231，第3行和第6行，等等（还可参见 p. 41，6，8，26等）。

② *Sein und Zeit*，分别参见§83，p. 436，第24行 = p. 437，第19行（ein Weg［一条道路］）；p. 1，第16行（vorläufiger Ziel［临时性的目标］）以及§5，p. 17，第14－15行（vorläufig［临时性的］）。

③ *Sein und Zeit*，§83，分别参见 p. 436，24－25（überhaupt）；p. 436，27（überhaupt = p. 437，第16行）；p. 437，第38行。

④ *Sein und Zeit*，分别参见§83，p. 436，第29－30行（=§7，p. 38，第21行）以及 p. 436，第30行或 p. 437，第1行。

间的差异的逾越）有两次受到了“存在论差异”的规定，或者至少为在整个《存在与时间》中构成这一差异之特征的对立所规定。一次是“生存着的此在的存在与非此在式的存在者的存在（例如现成性）之间的差异”；另一次是“‘意识’与‘物’之间的‘差异’”。此在，就其本身而言，即是说，就其本己的存在方式而言，其标志在于它不同于所有其他的存在方式——在于一种“存在论差异”。这种等同尽管在《存在与时间》中很普通，但**在这里**仍然显得不同寻常：这首先是由于它涉及的是这部著作的最后一页。海德格尔在这里着手标示出不能完成的理由，甚至对这里的疑难进行诊断；然而，尤其是如此这般被等同于此在的“存在论差异”之所以出现，其目的仅仅是为了引起公开的批判：它所提供的“只是存在论问题讨论的出发点［必须从这里**出发**，即 Ausgang］，而不是哲学借以安然高枕的东西”；我们甚至必须追问：“要源始地铺开存在论问题的讨论，‘意识’与‘物’的‘区别’究竟够不够?”此在，因此也包括它所推动的（受到限制的）“存在论差异”，它们所提供的走向存在一般的道路是不是**一条**道路？这条路究竟是不是**唯一的**路?①

这里讨论的是哪一条道路？是在局限性意义上的“存在论差异”，因此也就是那个单独就能推动这个差异运作起来的此在。这样，问题便落实在一个唯一的点上：《存在与时间》的所作所为有没有可能是想通过对那个独一无二的此在——这个此在在其自身中跨越了第一个差别（即存在者与存在者的存在之间的差别）——的倚赖而跨越第二个差别（即存在者的存在与存在的意义之间的差别)？或者还可以说：进入存在**一般**的通道能否奠基在一个存在者上面，即使这是一个别具一格的存在者而且作为进入**存在者之**存在的通道而存在？简言之，存在问题本身（存在论差异：存在/存在者）容许有一种存在者层次上的（在其存在中的此在，“存在论差异”）奠基吗？海德格尔明确地宣称：此在的分析论“不可被当作教条，而要当作那个仍然‘遮蔽着的’原则问题的表述——存在论可以**从存在论上**加以论证吗？或，存在论为此还需要一种**存在者层次上的**基础吗？

---

① *Sein und Zeit*，§83，分别参见 p. 436，第 38 行至 p. 437，第 1 行；p. 437，第 10－11 行；p. 437，第 1－3 行；p. 437，第 10－12 行以及最后，p. 437，第 19 行（中译文分别参见《存在与时间》，第 493 页等处。——译者）。还可参见 *GA*，2，p. 576 的注释：“不是唯一的‘那条’”。

若是，则必须由**何种**存在者承担这种奠基的作用?”[①] 这个问题在《存在与时间》行将结束时公开地爆发出来，很明显，这不是向某个不确定的或未来的对话者提出来的问题：它以回溯的方式瞄向《存在与时间》本身最源初的一个现象学决断。存在问题的形式结构一被详尽地制作出来，《存在与时间》就问道：“我们应当从**哪种存在者掇取**（abgelesen）存在的意义？我们应当把哪种存在者作为出发点，好让存在开展出来?”在具体构造存在问题时，这个问题通过对那种**别具一格的**（ausgezeichnet）存在者——它被命名为此在——的关注和倚赖而要求其“在存在者层次上的优先地位”并对此做了确证。此在按照其本己的优先性对存在问题的“优先地位”做出了担保——这种优先性实际上是三重的：“由此可见，同其他一切存在者相比，此在具有几层优先地位。第一层是**存在者层次上的**优先地位：这种存在者在它的存在中是通过生存得到规定的。第二层是**存在论上的**优先地位：此在由于以生存为其规定性，故就它本身而言就是‘存在论的’。而作为生存之领会的受托者，此在却又同样源始地包含有对一切非此在式的存在者的存在的领会。因而此在的第三层优先地位就在于：它是使一切存在论在存在者层次上及存在论上都得以可能的条件。于是此在就摆明它是先于其他一切存在者而从存在论上**首须问及的东西**了（das primär zu Befragende）。”[②] 于是，存在问题的优先地位便的确倚赖于此在的优先地位；不仅如此，此在的优先地位被分化成存在者层次上的和存在论上的优先地位，以便最终推动存在论差异（即存在者层次上的及存在论上的优先地位）的运作。这样一来，在第83节受到质疑的存在问题“在存在者层次上的基础”便与此在完全一致了，——这个此在的建立不仅在其“存在者层次上的优先地位”中，而且在其存在论上的优先地位中，因此也就是在第4节以及整个《存在与时间》的导论中所说的存在者层次上及存在论上的优先地位中。因此，如果此在的角色（存在者层次上的基础，存在者层次上的优先地位）变得很成问题，以至于要把它与存在论在存在论意义上的直接基础（即无须存在者层次上的中介）对峙起来；如果

---

① *Sein und Zeit*，§83，p.436，第35－37行（中译文参见《存在与时间》，第493页。——译者）。

② *Sein und Zeit*，分别参见§2，p.7，第3－5行；§4，p.11，第29行和第37行；§4，p.13，第24－33行（中译文分别参见《存在与时间》，第8页、第14页和第16页。——译者）。

由于那些潜在的对手到目前为止还不能用此在这种独一无二的优先地位**武装**（Zurüstung）自己，所以对存在的争论甚至还没有能够爆发出来；如果我们甚至还须寻思"**对存在有所开展的领会对此在来说究竟如何是可能的**"[①]；那么，我们就必须接受这个结论：《存在与时间》最后的问题质疑了此在的优先地位——因而也质疑了此在对存在问题的诸术语进行中介的要求以及它对存在者的存在与存在一般之间的差别进行跨越的能力，还质疑了它把存在论差异还原为"存在论差异"的合法性。

这里涉及的确实是一种自我批评，第83节对为了构造存在问题而作出的最初的抉择进行了彻底的质疑。有好几处论据可以确证这一点。(1)存在问题的构造开始于这样的疑问："我们应当从哪种存在者**掇取**（abgelesen werden）存在的意义？"在私人藏书的注释中，海德格尔评论道："把两个问题放在一起；引起误解，对此在的角色而言尤其如此。"[②] 实际上，存在的意义（存在问题的第二个差别）不可能直接从任何一种存在者那儿掇取；一个存在者，即使是此在，也只能让我们掇取到存在者的存在（存在问题的第一个差别）；因此，把存在意义的直接显示归因于此在首先等于是混淆了存在问题的两个要素和差别，其次等于是任意地高估了此在的作用范围（像第83节的难题将要确证的那样）。(2)在存在问题的同一个构造之后，紧接着便是对这个作为范本的存在者的优先地位的质疑："我们应当把哪种存在者作为**出发点**（Ausgang），好让存在开展出来？**出发**（Ausgang）点是随意的吗？抑或在拟定存在问题的时候，某种确定的存在者就具有**优先地位**（Vorrang）？这种作为范本的存在者是什么？它在何种意义上具有**优先地位**（Ausgang[③]）？"海德格尔在这里的一个注释中指出："易致误解。此在是范例性的，因为此在就在回音中推动着'**对游戏的参与**'（Bei-spiel[④]），而存在**归根到底**（überhaupt）在其**此之在**（Da-sein）的本质中［在对存在之真理的关注中］面向此在并［像对一位伙伴

① *Sein und Zeit*，§83，p. 437，第25行及第32－33行（中译文参见《存在与时间》，第494页。——译者）。

② *Sein und Zeit*，分别参见§2，p. 7，第3－4行（中译文参见《存在与时间》，第8页。——译者）以及*GA*，2，p. 9，注释b）。

③ 疑为作者笔误。似应是"Vorrang"（优先地位）。——译者

④ 海德格尔在这里玩起了文字游戏。德语"Beispiel"意为"例证""范例"等，海德格尔此处把"Bei-spiel"拆开，寓"参与到嬉戏之中"的涵义。——译者

那样］向它吐露心声。”① 我们可以把这点理解如下：在存在问题的拟定中，此在并不具有内在的优先地位——就好像它把存在问题植根在自身之中一样；它仅仅具有范例性，这出自它在自身中对存在本身的嬉戏的推动（作为 Bei-spiel 的 Beispiel）；与其说此在根据一种先行的优先地位向着存在问题敞开，毋宁说它受到存在本身出现在它之中的影响。一言以蔽之，具有优先性资格的不再是（作为别具一格的存在者的）此在，而是存在本身，是在存在论上而不是在存在者层次上嬉戏着的存在。(3) 同样，存在问题在存在者层次上的基础在**沉沦**（Verfallen）的情况下反而受到了（回溯性的）批判：“沉沦着的存在……从存在者层次上遮蔽着此在的本真存在，结果使指向这一存在者的存在论不能获得适当的基地。”② 这里以否定的方式讨论了第 2 节所建立起来的情况——从别具一格的存在者（优先地位）身上掇取存在。海德格尔后来将会就此做一注释：“错了！好像存在论［甚至］可以从本真的存在者状态出发而被**掇取**（abgelesen werden könnte）一样。如果从前 - 存在论筹划出发的状态不是本真的——因为它已经预设了整体性必须寓于这种差异之中，那么，什么是本真的存在者状态呢。”此处有好几点值得注意。首先，明确地拒斥了任何一种从存在者出发，哪怕是从本真的此在出发，对存在的**掇取**（ablesen）。这与存在问题最初的构造在字面上是矛盾的。③ 其次，断言了（在极端意义上的）存在论并不倚赖于存在者层次上的东西，而存在者层次上的东西却倚赖于存在论的优先地位，甚至倚赖于在此之前更为源始的**发送**（envoi）。最后，也许真有可能，这种存在者层次上及存在论上的差异便成了存在问题的临时性的境域。这三点自我批评（这几点无疑不是在《存在与时间》的页边空白处仅有的几点）证明了，海德格尔事后已经完全意识到，1927 年所尝试的“突破”没有完成，这与其中的首要特征——即在存在问题的构

---

① *Sein und Zeit*，分别参见 § 2，p. 7，第 4 – 8 行（中译文参见《存在与时间》，第 8 – 9 页。——译者）和 *GA*，2，p. 9，注释 c)（马里翁此处的翻译与海德格尔的原文略有出入，这里依马里翁的译文译出。——译者）。此外，这个文本事实上无法翻译，因为“Beispiel”在这里与“Spiel”（游戏）、“spielen”（玩游戏）、“zuspielen”（在游戏中传递）等发生共振。即使像 F. Vezin 所建议的那样（同上书，p. 30），巧妙地用“al-lusion”（ad-lusio，ludere）（和……玩耍）来翻译“*Bei-spiel*”，我们也无法克服使其他的“*spielen*”和谐一致起来的困难。

② *Sein und Zeit*，§ 63，p. 311，第 12 – 16 行（中译文参见《存在与时间》，第 355 页。——译者）。

③ *Sein und Zeit*，分别参见 § 63，*GA*，2，p. 412，注释 a）和 § 2，p. 7，第 4 行。

造中所赋予此在的优先地位——没有受到追问紧密相关。[1] 然而，这种首要特征，由于它引入了一个中介性的术语，便阻止了存在问题直接得出经典的存在论差异（存在－存在者），并且用两个存在者及其存在方式之间的“存在论差异”取代了它。于是，看来我们可以合法地做出结论：《存在与时间》只有把它的未完成性归因于在其自身中的“存在论差异”——即此在本身——对存在论差异的遮蔽。这一点在其自身中确实增添了“重重迷雾”[2]。

---

① 对于这一点，我们必须对照后来针对第 83 节所做的异常明晰的诊断：“至于存在之真理的领域是不是一个死胡同（Sackgasse，盲管），或者它是不是一个自由的境域，——在这个境域里，自由呵护着它的本质。每个人在亲身尝试着走上这条已经指明的道路之后，最好甚至是，在开辟出更好的道路之后，即与这个问题更加一致之后，都可以作出判断。”（*Brief über den* 《*Humanismus*》，*GA*，9，p. 344；法译本，*Questions* Ⅲ，Paris，1966，p. 122）因此，正是海德格尔本人考虑到了对于《存在与时间》来说是一个死胡同的假定。此外，现在不能肯定的是，《存在与时间》在自身的展开中并没有为“挫折”甚至“失败”（scheitern）铺平道路（§31，p. 138，第 9－12 行；§45，p. 233，第 22－26 行；§64，p. 317，第 6－10 行），但至少有可能涉及到一种“真实的挫折”（§37，p. 174，第 15 行）（中译文参见《存在与时间》，第 202 页。——译者）。

② *Sein und Zeit*，§71，p. 371，第 20 行（中译文参见《存在与时间》，第 421 页，略有改动。——译者）。

第三部分

从德国到法国和美国

几何学的起源[1][2]

埃德蒙德·胡塞尔[3]

【173】在这部作品中，曾经激发过我们的关注使我们有必要开始进入一些反思之中，这些反思肯定与伽利略的很不一样。我们有权不把我们的目光仅仅置于流传给我们的完全现成的几何学之上以及几何学的意义在伽利略的思想中所具有的存在模式之上——在伽利略的思想中与在更加古老的几何学智慧的所有后来的继承者的思想中一样，几何学的含义具有相同的存在模式，不论他们是作为纯粹的几何学家进行工作还是对几何学作实践的应用。相反，这里也涉及，甚至首先涉及的是，以回溯的方式追问流传给我们的几何学的源初含义。几何学正是由于这一含义本身而从未失去其效用，它不仅没有失去其效用，同时也没有停止发展，而且在经过了一切新的形式之后仍然是“这个”几何学。【174】我们的考察必然会导向最深刻的含义问题、科学问题和科学史一般的问题，甚至最后会导向世界史一般的问题；因此，我们的问题以及我们关于伽利略的几何学的说明便获得了一种例证性的意义。

---

① 本文译自德里达的著作 *Edmund Husserl “l'origine de la géométrie”: traduction et introduction par Jacques Derrida*（法国大学出版社 1999 年 12 月第五版）中德里达本人对胡塞尔《几何学的起源》的法文翻译。胡塞尔《几何学的起源》已由王炳文先生译成中文（见《欧洲科学的危机与超越论的现象学》，商务印书馆 2001 年版，第 427 - 458 页），本书中的《几何学的起源》是从德里达的法文译本转译的，从德里达的译本中我们可以窥见现象学在法语中的形态。德里达的译文与胡塞尔原文之间的出入之处，中译者都一一做了说明。文中方括号【】里的数字为法文原著的页码。——译者

② 我们在译文中竭力保留了胡塞尔遣词造句的自发节奏，甚至当这种节奏的突出标志在于描述的未完成状态时。然而，为了明晰起见，我们不得不对原文的标点符号做了两三处的修改，并且把错位的词（代词或连词有时所指涉的正是这些词）放回到方括号［ ］之中。还有一些尖括号< >，出于一致性的考虑，指的是《危机》和增补文本的编者所添加的单词。圆括号以及页脚注是胡塞尔的（对此可参见译文末尾的考注）。

③ 埃德蒙德·胡塞尔（Edmund Husserl，1859—1938），德国哲学家，现象学奠基人。——译者

首先我们必须注意：在我们对近代哲学所进行的历史的沉思的过程中，由于揭示了涉及几何学意义之起源的基础问题以及以此为基础对伽利略的新物理学意义之起源的揭穿，所以，在这里，在伽利略这里，一道光芒闪耀在我们全部的事业之上：想以历史沉思的形式实现对我们自身的当下的哲学状况的思义，并希望我们因此而最终能够获得哲学的意义、方法和开端，获得我们愿意并应当将我们的生命奉献给它的**这一个**哲学的意义、方法和开端。在这里，有一个例证将明见地表明，我们的研究在一种非同寻常的意义上，即根据一种课题的方向来看，恰恰是历史的，这种课题方向打开了一些通常的历史学（Historie）完全不知道的基本问题，这些问题，就其类别而言，无疑也是历史的（historische）。当我们前后一贯地追随这些基本问题时，我们会被引向何处——这当然是在开始时我们还不能预见的事情。

几何学（为了简洁起见，我们把所有那些探讨在纯粹时空性中得到应用的数学存在形式的学科置于这一名称之下）起源的问题在这里不应该是【175】历史文献的问题，也不应该因此而成为对第一批提出真正意义上纯粹的几何学的命题、证明和理论的几何学家的调查，或者成为对他们所发现的特定的命题的研究，如此等等。与此相反，毋宁说，我们所关注的应该是回溯地追问最源初的意义，几何学正是根据这种意义才在某一天诞生，<并且>从那以后始终作为数千年的传统而存在，而且还是对我们而言的存在，它始终不停地发挥着活生生的作用[①]；我们追问这样一种意义，正是根据这种意义，几何学才第一次出现在历史中——应该出现在历史中，尽管我们对第一批创始者们一无所知，况且我们对此也不进行探讨。从我们所知道的东西出发，从我们的几何学出发，即从它的流传下来的古老形态（如欧式几何）出发，就有可能回溯地追问几何学被湮没的源初开端，就像这些开端作为“原创建”活动而曾经必然所是的那样。这种回溯的追问所坚持的不可避免的是一般之物，可是很快就会表明，这是一些可以做出各种解释的一般之物，随着这些解释，这样一些可能性得到了预先确定：抵达特殊的问题和作为回答的明见性规定。回问由之开始的所谓全部现成的几何学，是一种传统。【176】我们人类的存在正是运行在无数的

① 对于伽利略以及文艺复兴以来的所有时代来说，它也不停地发挥着活生生的作用，但同时又作为传统而存在。

传统之中。就其全部形态而言，文化世界恰恰作为来自传统之物而在其总体性中存在。这些形态作为这样的东西，并不是以纯粹的因果方式产生的，我们也总已知道，传统正是在我们人类的空间中、从人类的活动出发，因而也就是在精神的起源中所产生的传统——即使一般来说我们对于传统的确定来源以及在这里实际上已经运行的精神活动一无所知或几乎一无所知。然而，在这种无知中，本质上永远存在一种隐含的知识、一种因此也需要加以阐明的知识，可它的明见性是不容置疑的。这种知识开始于一些表面的、不言而喻的真理：如所有传统的东西都产生于人的创造；因此，存在过以前的人和人类，第一批创造者就属于他们，这些创造者根据现存的材料，不管是未加工的还是已经由精神赋予形式的，而构造出新事物的形式等。但是，我们从这种表面的真理出发被引向深层的东西。传统在这种一般性中受到持续的追问，如果我们一以贯之地保持提问的方向，那么我们就会看到无限多的问题的展开，这些问题根据其含义会导向一些确定的答案。然而，只要我们在单个之物上所规定的仅仅是可通过归类而把握的东西，那么，它们的一般性的形式，甚至——正如所认识到的那样——无条件的普遍有效性的形式也就当然可以应用于那些在单个的意义上得到确定的特殊情况之中。

因此，关于几何学，我们应该从最容易理解的不言而喻的真理开始，就像我们【177】在前面为了指出我们回问的含义而已经提出的情况那样。我们把由传统出发所提供给我们的几何学（我们学过这种几何学，我们的老师同样也学过）理解为精神成就的总体获得物，这种获得物在转化的过程中通过在新的精神活动中的新的获得物而得到扩展。从流传下来的较早的形态——正是这些形态构造了它的起源，但对于每一个形态来说，向较早形态的参照都被一再地重复——看，我们知道，几何学因此很显然一定来自**最早的**获得物，来自最早的创建活动。这样我们便理解了它的持续的存在方式：这里涉及的不仅是从一个获得物到另一个获得物的不停的运动，而且还涉及一种连续的综合，在这种综合中，所有获得物的效力继续存在，它们全体以这样一种方式形成了一个总体性，即在每一个当下中，总体的获得物，对下一个阶段的获得物而言，都可以说是一个总的前提。这种几何学，与同一式样的几何学的未来视域一起，必然地处于这种运动之中；对于几何学家来说，几何学正是这样的，因为每一个几何学家都意识到（即持续地、隐含地知道）他们处于连续的进程之中、处于作为在这一视域中进行活动的认知进程之中。对所有的科学来说都是这样。同样，[我们确信] 每一门科学都与研究者的开放的世代链条相连接，这些众所周知的或鲜为人知的研究者，作为为生动的科学总体性而进行构造的创建性的主体性，而相互协作、共同工作。由于这样一种存在的意义，这种科学，尤其是几何学，【178】必然曾有过一个历史的开端，而且这种意义本身必然曾有过在创建行为中的起源：首先是作为筹划，然后是在成功的实施之中。

很明显，这里的情况与所有发现的情况是一样的。每一种由最初的筹划到其实施的精神成就的第一次都是以现实成功的明见性而存在于此的。然而，如果我们考虑到，数学的存在方式是一种连续的活的运动，这种运动从作为前提的获得物出发，目的是到达新的获得物，这些新的获得物的存在意义整合了每一个前提的存在意义（而且以后也是如此），那么很明显，几何学（作为发展了的科学，就像对每一种科学而言的情况一样）的总体意义便不能在开始时作为筹划而已经存在于此了，也不能继续活动在充实的运动中了。作为预备阶段，在此之前必然存在一个最原始的意义构成（Sinnbildung），而且无疑是以这样一种方式，即它第一次出现在成功实现的明见性中。但是，说实话，这种说法有点同义迭用[①]。明见性绝不意味着其他任何东西，而只意味着在存在着的在此存在中以原本的和切身的方式对它的把握。由于成功地实现了筹划，因此这种实现对行为主体来说便是明见的；在这种明见性中，被实现的东西作为其本身是原本当下的。

但是，在这里出现了一些问题。这个筹划及其成功的实施毕竟仅仅发生在发明者的**主观性**之内，而且可以说，原本当下的意义及其总体性的内容也因此而仅仅存在于他的精神空间之中。可是，【179】几何学上的存在并不是心理上的存在，它不是个人的东西在个人意识领域之中的存在；它是对“任何人”（对现实的或可能的几何学家，或对任何懂得几何学的人）都客观地存在于此的存在。的确，正如我们所确信的那样，几何学从它的原创建时起就具有一种独特的超时间的存在、一种能为各个民族和各个时代的所有的人、首先是现实的和可能的数学家所理解的存在；所有它

① 胡塞尔的原文是“ueberfuellt”，根据其语境，这里可以译为“夸大的”。德里达译为“pléonastique”，似不妥。——译者

的特殊形态也是这样。而且，不论是谁以预先被给予的形式为基础重新构造出来的任何形式都会立即呈现出同样的客观性。正如我们所看到的，这里涉及的是“观念的”客观性。这种客观性为文化世界整个类别的精神产物所固有，属于这类精神产物的不仅有科学的构成物以及科学本身，而且也包括例如文学作品这种构成物。① 这一类作品不像工具（锤子、钳子）或建筑物以及类似的产品那样具有在许多彼此相似的事例中进行重复的可能性。毕达哥拉斯定理以及整个的几何学只存在唯一的一次，不管它如何经常地被表达，甚至也不管它在什么语言中被表达。在同一性的意义上，几何学在【180】欧几里得“原来的语言”中和所有的“译本”中都是相同的；不管它如何经常地从原本的口头言说及其书面记载出发，以感性的模式，在无数的口头表达或文字的以及其他的存贮物中得以表述出来，它在每种语言中依然是同一的。感性的表达在世界中具有一种时空的个体化过程，这就像所有的物体事件或所有那些在物体中得到具体化的东西一样；但是，我们在这里称之为“理念的对象”的精神形态本身却并非如此。然而，它们［理念客观性的形态］以某种方式在世界上具有一种客观的存在，可这仅仅依据双重层面的重复，并且最终依据感性的具体化过程。由于语言本身在其所有的特殊化了的词、句子和话语中，正如我们在语法态度中很容易看出的那样，完全是从理念对象性出发而被建构的；例如 Loewe［狮子］这个词仅仅在德语中出现过一次，它在其无论是谁所作的无论多少次的表达中，始终是同一东西。但是，几何学的词、句子和理论——在它们纯粹地被当作语言构成物时——的观念性并不是那种在几何学中构成被表达之物并且作为真理而有效的观念性：几何学的理念的对象和事态等。在任何一种陈述中，我们所言说的课题对象（它的含义）与陈述是不同的，在陈述过程中，陈述本身绝不是也不可能是课题。在这里，这种课题恰恰是观念的对象性，它与语言这个概念所涵盖的对象性是完全不一样的。【181】现在，我们的问题所涉及的正是几何学的观念的和课题化的对象性：几何学的观念性（正如所有科学的观念性一样）是如何从其

① 但是，最广义概念的文学包括所有这些方面，就是说，隶属于这个概念的客观存在的有：语言中的被表达之物以及总是可以一再地得到表达之物，更准确地说，只有当我们仅仅把它们当作含义、当作话语意义进行考察时，它们才具有客观性，具有对每一个人而言的存在；从客观的科学来看，这一点也适用于一种更加特殊的方式，即对客观科学而言，它们的著作的原文与外国语言的译文之间的差异并没有取消同一理解的可能性，也不会使它成为不明晰的间接的可理解性。

最初的个人之中的涌现（在这种涌现中，它表现为在第一个发明者的心灵意识空间中的构成物）达到它的观念客观性的？我们事先就看到：正是通过语言的中介，它才获得自身，可以说，正是借助于语言它才获得了它的语言的肉身；可是，语言的肉身化如何从纯粹内在的主观性出发产生出客观之物呢？这种客观之物，比如说作为几何学的概念或事态，实际上不仅对于所有的人，而且现在和永远都是在场的，它在其语言表达中作为几何学的话语、作为在其几何学的观念含义中的几何学命题已经具有有效性。

当然，尽管语言起源的一般问题在这里也已表现出来了，但我们不会在语言的观念存在中及其通过表达和记载而在现实世界里得到奠基的存在中探讨这一问题；可是，对于作为人性中人的功能的语言与作为人的存在的视域的世界之间的关系，我在这里必须说上几句。

当我们在清醒状态中生活于这个世界之中时，我们持续地意识到这个世界——不管我们是否注意到这一点，意识到这个作为我们生活的视域、作为“物体”（Dinge）（实在对象）的视域、作为我们现实和可能的兴趣和活动的视域的世界。我们周围的人（Mitmenschen）的视域总是在世界视域中被凸现出来，不管它们【182】是否在场。甚至在我们做出任何注意之前，我们便已经意识到了我们共在人类的开放的视域，这一视域带有一个有限的核心，即我们的亲属和我们在一般意义上所认识的人。与这一意识相关，我们还存在一种对处于我们的陌生人的视域中的人的意识，我们总是将这些人作为“他人”而意识到；我们总是“为我地”意识到他人，我们总是把他人作为“我的”他人而意识到，即我们总是把他人作为这样一种他人而意识到：我可以与他人一起进入现实的和可能的、直接的和间接的同感关系之中，我可以与他们一起进入自我与他人之间的相互理解之中，我可以与他们一起以这种同感关系为基础进入与他人的交往之中即与他人一起进入任何一种特殊的共同体模式之中，并且我因此而可以与他们一起进入对这一共同体化了的存在的习惯性的知晓之中。每一个人都完全像我一样具有自己的共在人类。正是这样，他才为我以及所有的人所理解，而且由于他总是把自己算在内，他便拥有了他知道自己生活于其中的一般意义上的人类。

普遍语言恰恰属于这种人类的视域。人类首先是作为直接和间接的语言共同体而被意识到的。很明显，只是由于作为潜在交流的语言及其广泛的记录，人类的视域才能像它对人们始终所是的那样成为无限的开放视

域。在意识的维度中，正常的成年人（不包括疯子和儿童的世界）作为人类的视域和语言的共同体享有优先地位。在这种意义上，对于每一个人【183】——对这个人而言，人类是他的我们－的－视域——来说，人类都是一个能够相互地、正常地和充分理解地进行自我表达的共同体；而且在这一共同体中，每一个人也都能够将所有那些在他的人类的周围世界中存在的东西当作客观存在者来谈论。一切东西都有自己的名字，或者毋宁说，在极为广泛的意义上，一切东西都是可命名的，就是说，可用语言表达的。客观的世界首先是对所有人而言的世界，是“每一个人”把它当作世界视域来拥有的世界。世界的客观存在以那些作为具有共同语言的人［主体］为前提。语言就其自身而言，是被行使的功能和权能，它与世界相关，与作为按照其存在和如在方式可在语言中得到表达之物的对象的整体相关。这样，一方面，人，作为人、作为共在的人类、作为世界——人们所谈论并总是能够谈论的世界、我们所谈论并总是能够谈论的世界——，另一方面，语言，这两者不可分割地交织在一起，而且人们总已确信它们的不可分割的相互关联的统一性，尽管这种确信通常只是隐性的并处于视域之中。

以此为前提，原创建的几何学家当然也能表述他的内在构成物。但又出现了这个问题：这种内在构成物在其“观念性”中是如何成为客观的？心理之物作为这个人的心理之物，由于能够得到理解和传诉，当然是客观的，这恰似他自己作为具体的个人，像处于事物世界一般之中的实在事物一样，是对每一个人而言可表达、可指称的对象。我们可以【184】对此取得一致意见，可以以共同的经验为基础提出得到证实的共同的陈述等。可是，以内在于心灵的方式所构成的构成物如何达到特殊的、作为观念对象性的交互主体性的存在呢？——而这种对象性恰恰作为“几何学的”对象性，它虽然有其心理上的起源，但绝不是一种心理上的实在物。让我们来反思一下。在最初的现实的创建活动中，因而也在源初的“明见性”中，本原的自身存在一般来说并不产生任何一种能够具有客观存在的持久的获得物。活生生的明见性转瞬即逝——当然是以这样的方式，即主动性立即转变为由对刚刚发生过的东西的逐渐暗淡的意识所组成的被动性[①]。这种“滞留”最终消逝了，但对于相关主体来说，这种“消逝了的”过程和过去并没有变成虚无，它们可以再度被唤醒。重新回忆的可能的主动性恰恰属于首先模糊地被唤醒之物的被动性，属于也许以越来越清晰的方式呈现出来的东西的被动性。在这种主动性中，过去了的体验是作为完全主动性的再体验。现在，如果正是源初明见的创建，作为对其意向的纯粹充实，才构成了被恢复之物（被重新回忆起的东西），那么，实际创建的主动性便必然表现为与过去了的主动的再回忆相一致，与此同时，同一性的明见性也在源初的“一致”中显现出来：现在源初地得到实现的东西与此前明见地存在过的东西是同一个东西。相应地，对构成物进行任意重复的能力也通过【185】重复的链条而奠基于同一性的明见性（同一性的一致）之中。然而，我们还没有超越主体及其明见的主观能力，我们因此也还没有产生出任何一种“客观性”。可是，一旦我们考虑到同感的功能以及作为同感共同体和语言共同体的共在人类，这种客观性就会以可理解的方式初步地显现出来。在通过语言而相互理解的联系中，一个主体的源初创建及其产物能够被另一个主体**主动地**再－理解。如同在回忆中一样，在对由他人所创建的东西的完全的再－理解中，必然会发生一种在当下化了的主动性中所进行的特有的和当下的共同活动，同时也会发生对在接受者和告知者的创建活动中的精神构成物之同一性的明见性意识，即使后来这两者成为交互性的。这些创建能够以相似的方式从一些人传播到人的共同体，而且明见性通过这些重复活动的理解链条进入他人的意识之中。在由众多个人所组成的统一的交往共同体中，这种以重复的方式被产生的构成物，不是作为相似的构成物而是作为唯一的普遍构成物而被意识到的。

现在，我们还必须考虑到，通过这样一种现实的传递，即从在某个人那里源初地被创建之物向对它进行源初地再造的另一个人的传递，观念构成物的客观性还没有被完全构造出来。这里所欠缺的是【186】“观念对象”的**持久的存在**，就是说，即使当发明者及其同伴不再清醒地处于这样

---

① 这句话的法文翻译有误（胡塞尔的原文是“... die Aktivitaet alsbald in die Passivitaet des stroemend verblassenden Bewusstseins vom Soeben-Gewesensein uebergeht”，法文译文是“... l’activité dégénère aussitŏt en passivité dans la conscience pălissante et fluente du ce-qui-vient-juste-de-passer”），故根据德文原文译出。——译者

的交往中的时候，或者一般来说当他们不再活着的时候，这些观念对象也会持存；这里所欠缺的是永恒的存在，就是说，即使没有任何人明见地实现过这些观念对象，它们依然存在。

书写的语言表述或记载的语言表述，其决定性的功能在于，它无需直接或间接的个人交谈便能够使传达成为可能，它可以说成了潜在样式上的传达。因此，人类的共同体化跃上一个新的阶段。文字符号，从其纯粹的物体性方面来看，是单纯感性经验的对象，并且以一种持久的可能性的方式成为共同体中交互主体的经验对象。但是，作为语言符号，它们完全像语言声音一样能够唤醒它们通常的含义。这种唤醒是一种被动性，因此被唤醒的含义是被动地被给予的，其方式类似于任何一种曾经沉入昏暗之中的主动性，这种主动性在以联想的方式被唤醒时，一开始是作为或多或少明晰的回忆而**被动地**呈现出来。正如在回忆的情况中那样，在这里所提到的被动性中，这种被动唤醒之物可以说也必须回溯地转变[①]成相应的主动性：这是每一个作为语言存在的人源初所固有的重新激活的能力。这样，通过书写符号，便实现了意义构成物之源初存在样式的转变，［例如］在几何学领域中，便实现了【187】以表述的方式而出现的几何学构成物之明见性的转变。可以说，这种构成物沉淀下来。但读者能够重新使它成为明见的，他能够重新激活这种明见性。[②]

因此，对表达的被动理解不同于通过重新激活意义而使它具有明见性。可是，也还存在主动性样式的可能性，存在这样一种思维的可能性：这种思维运行在以接受性的方式被采纳的纯粹的被动性之中，而且它仅仅处理被动地得到理解和接受的含义，缺乏源初主动性的明见性。被动性一般是联想的结合领域和融合领域，在这些结合和融合中，所有产生的意义都是被动的共同构成物（Zusammenbildung）。这样，常常与一种表面的统一性一起出现的是一种可能的含义，也就是说，是一种通过简单的激活而出现的处于明见性之中的含义，然而这种实际上的重新激活的尝试所激活的只能是这种结合中的个别成分，而那种在总体中将它们进行统一化的意

---

① 这是一种在自身中被意识为重塑（ré-forme/Nachgestalt）的转变。

② 但这绝不是必然的，事实上它也不表示一种常规。即使没有这一点，读者也能理解，他能在没有自己的主动性的情况下，由于共同有效性而“立即”获得他所理解的东西。这样他的态度便是纯粹被动的和纯粹接受性的。

向却没有得到实现，相反却落空了，也就是说，这种意向在对无意义性的源初意识中摧毁了存在的有效性。

我们很容易看出，在一般的人类生活中，首先是在每一个个人从童年到成年的生活中，这种源初直观的生活——它在其活动中以感性经验为基础创造出它的源初明见的构成物——由于**语言的误导**便很快地、在越来越大的程度上衰退下去。源初直观生活中【188】越来越大的部分衰退到纯粹由联想所支配的言谈和阅读之中，因此，就如此获得的有效性而言，后来的经验常常是失实的。

现在人们会说，在我们这里感兴趣的科学领域中，在被用来获得真理并避免错误的思维领域中，很明显，我们从一开始就会非常关注防止联想的构成物（Bildung）自由地发挥作用。由于精神产物在持续的语言获得物——这些获得物最初以一种纯粹被动的形式为任何他者所重新承担和接受——的形式中不可避免的沉淀过程，因此，这些联想的构成物仍然是一种经常的危险。我们对这种危险的预防不仅通过事后确信实际的可重新激活性，而且通过在明见的原创建之后立即确保它的重新激活及其永久保存的权能。当人们关注语言表达的单义性时，当人们关注通过对有关的词、句子以及句子关联进行精心的铸造而确保能单义性地进行表达的成果时，所发生的就是这种情况；每一个科学家——不仅指发明者，而且也指每一个作为科学共同体成员的科学家——在接受其他人必须接受的东西之后，都必然会这样做。因此这里所涉及的完全是特别意义上的处于与之相应的科学家共同体——作为生活在统一的共同责任之中的认识共同体——内部的科学传统。因此，根据科学的本质，科学工作者这一角色的持久的要求或个人的确信包括：所有由他们引入到【189】科学陈述之中的东西，都是被"一劳永逸地"说出的，它们是"被确立起来"的，可以在同一性中无限地再造出来，可以在明见性中得到使用，并可用于以后的理论目的和实践目的——因为按照其本真含义的同一性，它们可以毋庸置疑地被重新激活。①

---

① 当然，这首先涉及科学家在自身中为了获得可靠的重新激活能力而建立起来的坚定的意图指向。如果可重新激活性被赋予的目的只能以相对的方式得到实现，那么，根源于能够获得某物的意识之中的要求便同样具有相对性——这种相对性也是明见的，并且会继续存在（persiste）。对真理的客观的、绝对确定的认识最终是一种无限的理念。

然而，对我们来说，还存在一个双重意义上的重要问题。第一，我们还没有考虑到这样一个事实，即科学思维在业已获得的成果的基础上获得了新的成果，这些新的成果又为更新的成果奠基，如此等等——以一种确保含义传承这种增殖过程的统一性的方式。

从像几何学这样的科学的最终惊人的增长这一方面来看，可重新激活性及其要求和能力的情况如何呢？当每一个研究者在这个大厦中他所在的位置上工作时，那些在这里无法省掉的工作间隙和睡眠空隙的情况如何呢？当他重新开始他的现实的研究工作时，他必须首先穿越整个巨大的奠基性链条，直至原前提，并且现实地重新激活这个总体性吗？很明显，在这种情况下，一门像我们现代几何学这样的科学就是绝对不可能的。然而，蕴涵在每一阶段成果的本质之中的情况是：这些成果的观念存在的意义不仅是【190】事实上较后发生的意义，而且，由于意义奠基于意义之上，在先的意义在有效性的维度中将某种东西传给后来的意义，它甚至以某种方式被并入到后来的意义之中；因此，在精神建筑物的内部，没有任何一个部分是独立的，因而也没有任何一个部分能够直接地被激活。

有一些科学尤为如此。它们像几何学一样在观念产物中、在观念性中有其课题性的领域——正是从这些观念性出发，一些新的更高阶段的观念性总是一再地被产生出来。在所谓的描述科学中，情况就完全不同了，在这里，理论旨趣在进行分类和描述的全部过程中保持在感性直观性之中，而感性直观性在这里代表着明见性。至少一般来说，这一点使得每一个新的命题就其自身而言都能明见地得到兑现。

可是，与此相对，像几何学这样的科学何以可能呢？它作为等级观念性的建构、作为系统的、无限增长的建构，如何能在活生生的可激活性中保持其源初的含义性的效力呢？——而它的认知思维在没能激活以前的认识阶段（直至最底的层面）的情况下也一定能产生出新的东西。即使这一点在几何学的较为原始的阶段还是可行的，但最终这种权能一定会在获得明见性的努力中过分地耗尽自己，并且使更高阶段的创造力成为不可能。

在这里，我们必须在其原本性中考虑以特殊方式与语言连接在一起的“逻辑”活动，以及在这种活动中有其特殊源泉的观念的认知构成物。【191】从本质上说，任何一种出现在纯粹被动的理解中的句子构成物都包含一种特有的主动性，对于这种主动性，我们最好用“解释”来标明它。以被动形式（也许处于回忆的维度中）呈现的句子，或是通过听而被动地得到理解的句子，首先在我的被动参与中作为有效之物而得到单纯的接受，而且在这种形态中，它已经是我们的观点了。我们把这一点与对我们的观点进行解释的具有重要意义的特殊的主动性区分开来。如果说这个句子在第一种形式中是以不加区分的方式接受的、统一的意义，是单纯有效的意义，具体地说，是单纯有效的话语，那么现在，这个未加区分的模糊性本身通过一种主动的方式得到解释。如果我们反思一下，例如，我们在马马虎虎的读报过程中的理解方式以及单纯的接受“新闻”的方式，那么，我们就会看到，这里具有一种对存在有效性的被动接受，通过这种被动接受，被读过的东西首先变成了我们的观点。

现在，正如已经指出的那样，解释的意向和主动性恰恰是一种特殊的东西，因为这种主动性以一种不同的方式表达出所读过的东西（或其中一个有趣的句子），即把一个个的意义成分从以被动的和统一的方式接受下来的东西的模糊结构中分离出来，然后依据新的样式，以个别有效性为基础，把整体的有效性带入到它的主动的履行中。现在从被动的意义形态出发，出现了一种通过主动的生产而形成的形态。因此，这种主动性就是一种——特殊的——明见性，一种在主动性中通过【192】本原的创建样式而出现的构成物的明见性。在这种明见性方面，共同体化也是可能的。被解释、被说明的判断成为可传承的观念对象性。当我们谈到句子和判断时，逻辑学唯一所指的正是这种对象性。这样，由此就普遍地标明了**逻辑学的领域**，也即普遍地标明了逻辑学与之相关的存在领域——只要逻辑学是关于一般命题的形式理论。

幸赖这种主动性，更进一步的主动性才成为可能，如以对我们有效的判断为基础明见地[①]构成新的判断。这是逻辑思维及其纯粹逻辑明见性的特征。所有这些，即使当判断变成假设，也仍然不变，这时，不是我们自己进行判断，而是我们通过思想将自己置身于陈述和判断之中。

在这里，我们把我们的考察局限于我们被动地获得的以及只不过是接收到的语言学的句子。关于这一点，我们还必须注意到，句子本身在意识上表现为由源初的实际的主动性所产生的源初意义的再造性转变，因此本身指向这样一种生成。在逻辑明见性的领域，以前后一致的形式所进行的演绎和推论，经常起着本质的作用。另一方面，我们也必须注意到那些建

① 德里达在译文中漏掉了“evidente”一词。——译者

构性的主动性，这些主动性活动于虽然“已经得到解释”但并没有达到源初明见性的几何学的观念性之中。［源初的明见性【193】不可混同于“公理”的明见性；因为公理原则上已经是源初的意义构成（Sinnbildung）的结果，而且总是为这种意义构成本身所支持。］

现在，在几何学以及那些所谓的“演绎”科学——人们这样称呼它们，尽管它们绝不仅仅限于演绎——的认识论的宏伟大厦中，通过向原明见性的回溯而在十足的源初性中所进行的完整的和真正的重新激活的可能性的情况又是怎样的呢？在这里，下面这条基本的法则以绝对普遍的明见性发生作用：如果这些前提直至最源初的明见性实际上都能够得到重新激活，那么，它们的明见性的结论便也是如此。显然，由此可见，从原明见性出发，起源的本真性必定会通过如此之长的逻辑推论的链条而传播开来。然而，如果我们考虑到个人以及共同体在通过统一的行动把数百年来的逻辑链条实际地转变成真正源初的明见性链条的能力方面具有明显的有限性，那么我们就会注意到，这个法则本身遮蔽了一种理想化过程：解放了对我们能力的限制并以某种方式使之无限化。关于这样一种独特的理想化过程，我们以后还将讨论。

于是，在这里，正是这些对普遍的理性本质的洞见澄清了“演绎”科学整个的有条理的生成过程，并因此而澄清了对它们来说具有本质性的存在方式。

这些科学并不是以【194】记载下来的命题形式出现的完全现成的遗产，而是处于一种活生生的、以生产的方式进步的意义形成过程中，这种形成过程通过逻辑的应用总是支配着被记载下来的东西，即以前生产的沉淀物。可是，逻辑的应用从带有被沉淀下来的意义的命题出发只能产生具有同样性质的其他命题。所有新的获得物都表达了一种实际的几何学真理，这一点是先天地确定的，前提是，演绎大厦的基础在源初的明见性中得到实际上的产生和对象化并因此而在普遍可理解的获得物中得以构造出来。人与人之间以及时代与时代之间的连续性必定已经是可行的。很明显，源初的观念性从文化世界的前科学的所与物出发的制作方法必定在几何学的存在之前就已经通过稳定的命题而被记录并被固定下来；此外，很明显，这样一种能力，即让命题从具有语言理解上的模糊性转入对其明见性含义进行重新激活的明晰性，肯定已经以自己的方式得到了传承，而且总是能够得到传承。

只有当这一前提得到满足，或者只有当那种对这一条件是否在将来任何时候都能得到充实的关注始终存在时，几何学作为演绎科学，才能在逻辑构造（Bildungen）的进程中保持其本真的起源意义。换言之，唯其如此，每一个几何学家才能从每一个命题——这一命题不仅作为沉淀下来的（逻辑的）命题意义，而且【195】作为它的现实的意义、真理的意义——在自身中所包含的东西出发走向间接的明见性。整个几何学都是这样。

演绎法在其进程中遵循形式逻辑的明见性；可是，如果没有对包含在奠基性概念中的源初活动实际地进行激活的能力，如果因此也缺乏其前科学材料的对象和方式，那么几何学就会成为一种意义空乏的传统；如果我们缺乏这种能力，那么我们绝不可能知道，几何学是否具有一种本真的、实际上可兑现的意义。

可是，很遗憾，这正是我们的状况，这正是全部近代的状况。

前面所规定的“前提”事实上从未实现过。基本概念的意义构成（Sinnbildung）的活生生的传统实际上是如何发生的，我们会在几何学的初等教育及其教科书中看到；我们在那里实际上学到的东西就是在严格的方法论的内部对**完全现成的**概念和命题进行使用。通过画出的图形对概念所进行的感性图解代替了原观念性的实际产生过程。剩下的便是成功了——这种成功不是越出为逻辑方法所固有的明见性之外的实际的理性明见性，而是应用几何学的实践上的成功，是它的巨大的、虽然尚未得到理解的实践上的有用性。对此还要补充一点，即科学生活完全沉湎于逻辑活动的危险，以后我们对历史上的数学研究一定会表明这一点。这些危险在【196】于为这样一种科学性所推动的某些不断进行的意义改变。[①]

通过对本质前提——像几何学这样的诸科学的真正源初的传统的历史可能性正是以这些本质前提为基础的——的揭示，我们就会理解，几个世纪以来，这些科学如何能够生气勃勃地向前发展，但并没有因此而成为真正的科学。由对命题和方法的继承而来的传递，对于越来越新的命题的以及越来越新的观念性的逻辑建构来说是必要的。这种传递恰恰能够历经各个时代而不间断地持续下去，而对原开端进行重新激活的能力以及因此对

---

① 它们［这些改变］当然有利于逻辑方法，但它们使人们越来越远离起源，并使人们对于起源的问题以及同时对于所有科学的本真的存在意义和真理意义变得无动于衷。

所有后来阶段的意义之源泉进行重新激活的能力并没有被继承下来。于是，所缺少的正是那种曾经赋予或必定曾经赋予所有命题和理论以一种人们必须总是重新将其置于明见性之中的原－开端的意义的东西。

无论如何，具有语法上的统一性的命题以及命题构成物，无论它们以怎样的方式被产生出来并变得有效，——即使是通过单纯的联想，当然都有其自身的逻辑含义，即人们必须通过解释而将其置于明见性之中的含义；这一含义因此必须总是被一再地认作同一的命题，不管它在逻辑上是一致的还是矛盾的。在后一种情况下，它在现实判断的统一性中是无法实施的。在【197】与其领域内部相关的命题中，在人们可以以演绎的方式从这些命题所获得的体系中，我们具有一个观念同一性的领域，对于这些观念同一性来说，存在着一些容易理解的可以长期传递的可能性。但现在，一些命题表现为作为传统的过去了的文化构成物本身；可以说，它们提出了这样一种要求，即成为对人们必须以源初的方式将其置于明见性之中的真理意义所进行的沉淀过程，然而出于来自联想的歪曲，它们绝不是必然具有这样一种意义。因此，即使整个的预先被给予的演绎科学和处于统一的有效性之中的总体的命题体系，最初也只不过是一种只有通过重新激活的现实能力才能将自己证明为对它所声称的真理含义进行表达的要求。

正是从这一状况出发，我们才能理解这一要求——即在近代广泛传播并最终得到普遍贯彻的所谓对科学进行“认识论奠基”的要求——最深刻的理由，然而我们从未弄清楚①，这些如此令人钦佩的科学真正缺少的是什么。

现在，对于那些涉及真正源初的传统——它的标志因此在于在其实际上的最初开端中的原明见性——的断裂的更为详尽的情况，我们可以揭示出一些可能的并且完全可以理解的理由以便对它进行解释。在开端时期的几何学家的口头合作中，他们当然感觉不到这样一种需要，即对【198】前科学的原材料的描述，以及对几何学的观念性与这些原材料之间相关联的方式的描述，然后是对这些观念性的第一批“公理性的”命题的出现方式的描述，做出精确的规定。此外，逻辑上更高的构成物（Hoeherbildun-

① 休谟除了竭力回溯地追问已发生的观念以及科学观念一般的原印象之外，还做了其他的事情吗？

gen）还没有达到这样的高度，以至于我们不能一再地回溯到源初的意义。另一方面：对于源初的成果来说，对那些从这些成果中导出的法则的实际应用具有非常明显的可能性，这种可能性显然很快便在实践中导致一种由习惯教导给我们的方法，以便在需要的情况下借助于数学完成有用的任务。当然，这种方法即使在原明见性缺席的情况下也能得到继承。一般来说，正是这样，完全被抽空了意义的数学才能在连续的逻辑建构中得到传递，正如另一方面对技术应用的方法论情况一样。实践的有用性本身在其异乎寻常的领域中成为促进和评价这些科学的主要动机。因此，不言而喻的事情也就在于，源初真理的意义一旦丧失，我们便很难感觉到它了，以至于我们首先必须唤醒相应的回溯的追问这种需要本身，不仅如此，我们第一步还必须揭示出这种追问的真正意义。

我们的原理性的结果具有一般性，这种一般性延伸至所有所谓的演绎科学，甚至预示着所有科学所具有的那些相似的问题和相似的研究。所有科学肯定都具有这种从沉淀下来的传统出发所进行的运动性，处于传递之中的活动在产生出新的【199】意义构成物的过程中一再地运用这些沉淀下来的传统。它们［这些科学］以这种存在方式持续地穿越各个时代，因为所有新的获得物又沉淀下来，并重新变成使用的材料。在任何情况下，这些问题，这些澄清性的研究，以及这些原理上的理性明见性都是**历史的**（historisch）。我们处于人类的视域之中，处于我们自己现在就生活在其中的唯一的人类视域之中。对于这一视域，我们具有一种活生生的、持久的意识，而且我们把它作为蕴涵在我们每一个瞬间的当下视域之中的时间视域而意识到。对于这唯一的人类，本质上有一个唯一的文化世界与之相对应，这个文化世界作为处于自己的存在方式之中的生活环境，对于每一个历史时代和历史人类来说，每一次恰恰都是传统。因此，我们处于历史的视域之中，其中的一切都是历史的，不管我们所知道的确定的东西是多么的少。可是它［这种视域］具有自己的本质结构，这种结构能够通过有条不紊的询问而得以揭示。通过这种结构得到预先规定的是一般可能的特殊问题，例如在各门科学中对起源的回溯性追问，即由于它们所经过的历史的存在方式而为它们所固有的追问。在这里，可以说，我们被引回到第一次意义构成（Sinnbildung）的原材料上，引回到位于前科学的文化世界之中的原前提下。文化世界本身无疑也有自己的起源问题，但它暂时还没有成为问题。

当然，这些带有我们所赋予的特殊样式的问题立即就会引起【200】与人类和文化世界相关的存在方式的普遍历史性以及这种历史性的先天结构的总体性问题。然而，像对几何学的起源进行阐明这样的问题具有自己的封闭性，它规定追问不要越过前科学的材料。

我们所进行的补充说明是与在我们的哲学–历史状况下可以料到的两点反对意见联系在一起的。

第一点是：想把几何学的起源问题彻底地追溯到某个无法找到的、甚至连传说也不是的几何学上的泰勒斯，这是怎样的咄咄怪事？几何学存在于它的命题、它的理论中。当然，我们必须而且也能够以明见的方式彻底地为这个逻辑大厦承担责任。毫无疑问，这样我们便达到最初的公理，而从这些公理出发，我们便抵达使基本概念成为可能的源初的明见性。它所讲的如果不是“认识论”，特别是在这里，如果不是几何学的认识论，那它讲的还能是什么呢？人们不会想到要把认识论的问题一直引回到那个虚构的泰勒斯——再说，这完全是多余的。在像这样当下地立于我们面前的概念和命题本身中，它们的意义首先并不是表现为明见的意指，而是表现为带有被意指的但尚被遮蔽的真理的真命题，对于这种真理，我们当然能够通过对［这些概念和命题］本身［的运用］并将其置于明见性之中的方式而把它揭示出来。

我们的回答如下：的确，任何人【201】都没有想到这种历史的回溯；的确，认识论从未被看作一个特有的历史任务。但恰恰由于这一点，我们才对过去进行质疑。对于这样一种万能的教条——即在认识论的阐明与历史的说明以及精神科学范畴意义上的心理学说明之间存在根本上的断裂，在认识论的起源与发生学的起源之间存在根本上的断裂，只要我们不以通常无法接受的方式对“历史”“历史说明”以及“生成”等概念进行限制，它就会从根本上被推翻。或者毋宁说，这样被推翻的东西恰恰是这种限制，正是由于这种限制，历史的本原的和最深刻的问题才始终被遮蔽着。如果人们思考一下我们提出的分析（虽然很初步，但毫无疑问，这些分析今后必然会把我们引向新的深层的维度），那么这些分析恰好就会明见地表明，我们的知识，［对］几何学［进行规定的知识］，当下活生生的文化形态，它们作为传统同时又作为传承的活动，绝不是在历史形态的链条中引发连续性的外在因果性知识——甚至也绝不会是由归纳而来的知识，在这里以归纳为前提是完全荒谬的——相反，对几何学的理解以及被给予的文化事实一般就已经是对其历史性的意识，尽管是以“蕴涵的”方式。但这并不是一种空洞的言词，因为对于所有在“文化”这一标题下被给予的事实来说，不论它所涉及的是与【202】生存需要相关的最低文化，还是最高文化（科学、国家、教会、经济组织，等等），下面的情况都具有完全普遍的真理性：在所有的把这一事实作为经验事实来理解的过程中，都已经存在这样一种“共同的意识”，即这一事实是由人的构成活动所产生的构成物。不管这种意义怎样地隐蔽，不管我们对这一意义的“共同意指”如何具有纯粹的“蕴涵性”，它仍然包含着说明、“解释”和澄清的明见的可能性。任何说明，任何从解释向明见化的过渡（即使它可能很快就会停下来）都不过是历史的揭示而已；就其自身而言，它本质上是一种历史（ein Historisches）行为，而且作为这样的行为，它在其自身之中以一种本质必然的方式具有其历史（Historie）的视域。当然，这同时也就是说：被理解为总体性的当下文化之整体“蕴涵着”处于不确定的普遍性之中但在结构上又处于确定性的普遍性之中的过去文化之整体。更准确地说，这个当下文化之整体蕴涵着彼此相互暗含的连续性过去，每一个过去本身都构造着一个过去了的文化的当下。这种整体的连续性是直至当下的传承过程的**统一性**——这一当下是我们的当下，而且由于它本身处于持续的活生生（Lebendigkeit）的流动之中，它也是一个传承者。① 正如我们曾说过的那样，这是一种不确定的普遍性，可它具有一种原则上的结构、一种能够从已经表明的东西出发进行更为广泛的解释的结构，在这种结构中，对实际的具体的现实所进行的任何研究和规定的可能性也都得到奠基和“蕴涵”。

【203】因此，将几何学置于明见性之中，就是揭示出它的历史传统，不管人们对此是否有明确的意识。为了不停留于空谈或无差别的一般性状态，这种认识所需要的只是，通过在自身中从当下出发所进行的探究，以

---

① 这一句与胡塞尔的原文稍有出入。胡塞尔的原话是：“Und diese gesamte Kontinuitaet ist eine Einheit der Traditionalisierung bis zur Gegenwart，die die unsere ist，und ist als sich selbst in stroemend-stehender Lebendigkeit Traditionalisieren.”［“这一总体的连续性是直至当下（这一当下是我们的当下）的传承的统一性，而且是作为以流动地持存着的生动性的方式自我传承的过程。”］；德里达的译文为：“Et cette continuité dans son ensemble est une unité de la traditionalisation jusqu'au present qui est le nǒtre et que，en tant qu' il se trouve lui-mě̌me dans la permanence d'écoulement d'une vie（Lebendigkeit），est un traditionaliser.” 中文据德里达的译文译出。——译者

一种既成的、有条理的方式恢复有差别的明见性。对于这种明见性，我们此前曾指出过它的形式（可以说，在有些段落中，我们曾不深入地讨论过它）。如果得到系统的实行，那么这些明见性所产生的就不是别的，而恰恰是具有其最丰富内涵的历史的普遍先天。

我们现在也可以说：历史从一开始就不过是源初的意义构成（Sinnbildung）和意义沉淀之间的相互交织和相互蕴涵的（des Miteinander und Ineinander）活生生的运动。

任何作为历史事实——不管是作为当下的经验事实还是作为由历史学家所证实的过去的事实——被确定的东西，都必然具有其**内在的意义结构**；可是，我们每天因此在动机关联方面以可理解的方式所发现的东西比以往任何时候都更具有其深刻的、延伸到越来越远的内涵，对于这些内涵，我们必须加以询问和揭示。任何一种关于事实的历史学始终都是让人无法理解的，因为这种历史学总是直接从事实出发以纯粹素朴的方式做出结论，它从未把普遍含义的基础当作主题，尽管这种结论的整体正是奠定于其上的；因为这种历史性从未探究过为这种含义基础所固有的强大的先天结构。只有揭示出普遍的【204】本质结构[①]——这种结构处于我们的历史当下之中并因此而处于一切过去或未来的历史当下本身之中——而且从总体性的观点看，只有揭示出我们生活于其中、我们全人类（从其总体性的普遍本质结构来看的全人类）生活于其中的具体的历史时间，只有这样一种揭示，才能使真正具有理解力和穿透性的历史学、使本真意义上的科学的历史学成为可能。这是具体的历史先天，这种先天包含了全部的存在者，而这些存在者都处于其历史性的正在生成和已经生成之中或处于其作为传统和传承活动的本质存在之中。刚才所说的东西涉及“历史当下一般”、历史时间一般这种总体的“形式”（Form）。可是，那些在其统一的、作为传统和活生生的自我传承的历史存在中有其位置的特殊文化形态在这种总体性中仅仅具有一种位于相对独立的传统中的存在、一种仅仅作为依赖性成分而存在的存在。相应地，我们现在还必须考虑到历史性的主体，即那些创造文化形态（Bildung）并作为总体性而发挥作用的个人：

① 在人类的社会历史本质结构中以外在的方式被构造起来的人的表面结构，但是还有对更深的历史性、对相关个人的内在历史性进行揭示的<结构>。

作为创造性个人的人。[①]

就几何学所涉及的东西而言，在我们展现出【205】基本概念已经成为无法穿透的遮蔽之后，在我们依据其最初的基本特征使这些基本概念本身成为可以理解的之后，人们现在认识到，唯有对几何学的历史起源进行有意识的问题化（在历史性一般的先天之物这一总体性问题的内部）才能提供出本真源初的、同时能为普遍历史学所理解的几何学方法；这一点不论对于所有的科学，还是对于哲学，都是一样的。因此，从原则上说，依据通常的事实历史学的样式，哲学和特定学科的历史便绝不可能让人们真正理解它们的主题。因为哲学以及特定学科的本真历史不是别的，而是把当下被给予的历史意义的构成物即它们的明见性——完全沿着历史记载的返回链条——一直回溯到对这些构成物进行奠基的原明见性的被遮蔽的维度。[②] 在这一方面，这一特有的问题本身只有通过诉诸作为一切可想象的理解问题之普遍源泉的历史先天才能得到理解。【206】在科学中，真正的历史说明的问题，与“认识论的”论证和阐明的问题是一致的。

我们还必须预计到第二种反对意见，这是非常重要的意见。从历史主义——其帝国主义以不同的形式延伸得很远——这一方面来看，我只能指望它对超越通常的事实历史学的深层研究计划（正如本文所表述的那样）具有有限的感受性；特别是因为，这种研究正如“先天”这一表述已经表明的那样，要求一种绝对无条件的、超越一切历史事实性的明见性，一种真正绝然的明见性。人们会提出反对意见：在我们已经获得了如此丰富的证据证明一切历史事物的相对性以及一切对历史地起源的世界统觉直至“原始”部落的统觉的相对性之后，还想揭示历史先天、绝对的超时间的有效性并声称已经把它们揭示出来了，这是多么的天真啊！每一个民族和部落都有自己的世界，对于这同一个既定的集团而言，不论是在神话－巫术的范畴中，还是在欧洲－理性的范畴中，这个世界中的一切都是很好地

---

① 毫无疑问，这种历史的世界在开始时是作为社会历史的世界而被预先给予的。但是，这种历史的世界只有通过每个个人的内在历史性才是历史的，作为个别的个人，他们处于把他们与其他被共同体化了的个人联接起来的内在历史性之中。让我们回忆一下，我们在对记忆以及寓居于其中的恒久的历史性所作的某些最初的和不充分的阐述中所说的话。

② 可是，对于科学来说，原明见性是什么，这是由某个提出新的历史问题的知识人或知识界所规定的——这些问题既是处于社会历史世界中的外在历史性问题，也是深层维度上的内在历史性问题。

协调一致的，所有的东西都能够得到完美的说明。每一个民族或部落都有自己的“逻辑”，因此，如果这种逻辑用命题来说明，那么它便有了“自己的”先天。

但是，让我们反思一下确立历史事实一般、因此也包括为反对意见提供基础的事实的方法论；就这一反对意见的对象而言，让我们反思一下这一方法论所预设的东西。在精神科学（作为“如其事实上所曾是”的科学）为自己所提出的任务中，难道不是已经存在着一种不言自明的预设吗？难道不是已经存在着一种从未【207】得到过思考、从未成为主题的有效性基础吗？难道不是已经存在着一种绝对无懈可击的明见性的基础吗——如果没有这种基础，历史性便成为一个无意义的事业？通常意义上所有的历史学的（historisches）提问和指明都已预设了作为问题之普遍视域的历史，这一视域虽然不明显，但仍是作为隐含的确信的视域，这一视域在其整个不确定的、模糊的背景中正是所有确定性的前提，就是说是所有想要对一定的事实进行确定和研究的计划的前提。

在历史中，本身最初的东西是我们的当下。我们总已意识到我们当下的世界，并意识到我们生活于其中，我们总是被未知现实的视域的敞开的无限性所包围。这种知识作为视域的确信并不是学会的知识，它从未在过去某一时刻化为现实，也没有单纯地变成作为再次被湮没的知识的背景；为了能够得到主题性的说明，这种对视域的确信必须被设为前提，为了想知道我们还不知道什么，这一点已经被设为前提了。所有的非知都与无知的世界有关，然而对于我们来说，这一无知的世界作为世界、作为所有当下问题的以及因此同样包含了所有特定历史的问题的视域预先便存在着。这些特定历史的问题所针对的是人，因为这些人按照共同体化了的相关性方式，在世界中活动、创造，并一再地在持久的意义上改造着这个世界的文化面貌。此外，难道我们不知道——我们已经谈到过这一点——历史的当下在其身后具有自己的历史的过去？难道我们不知道历史的当下产生于历史的过去？难道我们不知道历史的过去是【208】一个过去来源于另一个过去的诸过去的连续统一——每一个过去作为过去了的当下都是传统并且从自身出发又产生出传统？难道我们不知道当下与蕴涵在当下之中的总体的历史时间，从历史的观点看，是统一的、独一无二的人类的当下吗？——这种统一所依据的是人类在文化活动中的世代链接及其不断的共同体化过程等，而这种文化活动的行进正是从总已由文化所塑造的东西出发的，不论这种塑造是在共同劳作中还是在相互关注中。难道所有这些没有表明一种普遍的关于视域的“知识”、一种隐含的、但我们可以根据其本质结构加以系统阐明的知识吗？现在，在这里成为重大问题的东西，难道不就是所有的提问活动都融入其中，并因此而被所有的提问活动设为前提的视域吗？于是，对于历史主义所强调指出的事实，我们首先还没有必要进行某种批判的考察；只要指出下面这一点就够了：关于它们的事实性的断言，已经以历史的先天为前提——如果这种断言有意义的话。

但是，还是不由得产生一个怀疑。对于我们一直所诉诸的视域的解释，不应该仍然停留在表面的和模糊的谈论中，它本身必须达到一种科学性。它借以表达的句子必须是确定的，并总是可以一再地被置于明见性之中。通过什么方法，我们才能获得历史世界的普遍的、同时又是确定的，而且永远是真正源初的先天呢？每一次当我们思义时，我们都明见地发现自己具有一种能力，一种根据【209】自己的意愿进行反思的能力，一种对视域进行审察并根据解释而深入其中的能力。但是，我们能够，而且我们自己也知道我们能够，通过思想和想象完全自由地对我们人类的历史存在以及在这里被解释为这种存在的生活世界的东西作出变更。恰恰在这种自由的变更行为中，在对生活世界的想象性的贯穿行为中，以一种绝然的明见性的方式出现了一种普遍的本质成分，这一成分实际地存在于所有的变项中，就像我们以一种绝然确信的方式相信它一样。这样，我们便摆脱了与事实意义上的历史世界的一切关联，而将这一世界本身看作思想的诸种可能性之一。这种自由以及这种对绝然常项的目光朝向一再地——以能够随意对常项构成物进行重复的明见性的方式——将常项作为同一的东西，即作为在任何时候都能够被置于源初的明见性之中的东西、作为在单义的语言中被确定的东西、作为始终蕴涵于活生生的视域之流中的本质的东西，而再造出来。

根据这一方法，通过对我们此前所提及的形式一般性的超越，我们也能把一定的绝然之物当作主题。这种绝然之物，几何学的原创建者能够从前科学的世界出发对其加以利用，并且必定把它看作进行观念化的材料。

同几何学和与之相关的诸科学打交道的是时空性以及其中的可能的、尤其是【210】作为可测度的数量的形态、图形以及运动状态、形状变化过程等。现在很清楚，尽管我们对最初的几何学家的历史环境知之甚少，但作为不变的本质成分，下面的情况是肯定的：这是一个“事物”

(Dinge) 的世界（其中有作为这一世界之主体的人本身）；尽管不可能所有的事物都是单纯的物体，但所有的事物都必然具有一种物体性，因为必然存在于共同体之中的人就不可以被设想为单纯的物体，而且，不管在结构上与物体相符的文化对象是什么，它们无论如何都不可能仅仅局限于物体的存在。同样很清楚的是——至少在一个必须通过仔细的先天阐明而加以查证的本质核心中——这些纯粹的物体具有与“材料的”性质（颜色、温度、重量、硬度等）相关的时空形态。此外，还有很清楚的一点是，形态中的某些规格在实际生活的需要这一层面上显露出来，而且技术实践总是已经朝向对每一次都具有优先地位的形态进行修复并按照渐进的方向对同样的形态加以改进。

从事物形态中抽取出来的东西，首先是面——或多或少“光滑的”的面，或多或少完美的面；还有棱，或多或少粗糙的棱，或者以自己的方式或多或少“平滑的”棱；换言之，或多或少纯粹的线、角，或多或少完美的点；再说，例如，在线中，直线受到特别的偏爱，在面中，平面受到特别受偏爱：比如，为了实践的目的，【211】由平面、直线和点所限定的平板特别受偏爱，而出于众多实践的兴趣，弯曲的面在总体上或对于个别用途而言则是不受欢迎的。[①] 因此，对平面的修复和完善（抛光）在实践中总是发挥着作用。这一点对于公平合理地进行分配的意向来说也是如此。在这里，对量的粗略估计转变成通过对相等部分的计算而进行的对量的测定。(在此处，本质形式也会从事实性出发通过变更的方法而得以认识。) 所有的文化都包含测量，但在完善程度上高低不同。在［如其作为］本质可能性的历史现实中，在这里［如我们所知的］作为事实的历史现实中，某种或许低级或许高级的测量技术确保了文化的发展——于是我们也总是能够把某种建筑制图技术以及田地和道路距离丈量技术等设为前提——［这种技术］总已存在于那里了，总已得到充分的加工了，而且这时已经被预先给予那位尚不知道几何学但可以被设想（denkbar）为几何学的发明者的哲学家了。作为哲学家，当他超越实践的有限的周围世界（由房

---

① 这句话与原文有出入。胡塞尔的原话是，“... waehrend die im ganzen oder an einzelnen Stellen krummen Flaechen fuer vielfache praktische Interessen unerwuenscht sind”（“而完全地或部分地弯曲的面，对于多种多样的实践兴趣来说，则是不受欢迎的”）。德里达的译文为，“... alors que dans l’ensemble ou pour des usages particuliers, les surfaces courbes sont indésirables en raison de multiples preoccupations pratiques”。——译者

屋、城市、地区等构成的世界以及在时间中由日、月等周期性事件所构成的世界）而走向对世界的理论观察和理论认识时，他便以一种有限的方式把已知和未知的时间和空间当作开放的无限视域中的有限的东西而拥有了。但是，他还没有因此而拥有几何学的空间、数学的时间以及所有那些通过充当【212】材料的有限之物而应该成为新型的精神产物的东西；而且，他还没有借助于他的处于时空性之中的各种各样的有限形态而拥有几何学的形态和运动学的形态；很明显，<这些东西>［这些有限之物］，这些<作为><产生于>实践的构成物，这些抱有逐步完善的意图的构成物，仅仅是新型实践的支架，从这里出发所产生的是一些名称虽然相似但却是新型的构成物。

下面这一点预先就是一目了然的：这种新的类型将是来自观念化的精神活动即“纯粹”思维的产物。这种纯粹思维的材料位于我们已经描述过的这一人类的及其事实的周围世界中的普遍的预先被给予的东西之内，它从这些材料出发创造出这些“观念的对象性”。

现在的问题就将在于，通过诉诸历史中的本质之物，从而揭示出历史起源的意义——这种意义已经能够且必然能够赋予所有几何学的生成以其持久真理的意义。

现在，突出并确定下面的洞察具有特别的重要性：只有在一切可想象的变更中所存在的由不变的时空形态领域所构成的绝然普遍的内容以观念化的方式得到考虑时，观念的构成物才能诞生，这种观念的构成物对于人类所有未来的时代来说永远都是可以再次得到理解的，因此是可以传承的，并可以以其同一的交互主体性的意义被再造出来。这一条件远远超越了几何学，它对于所有那些应该以无条件的普遍性的方式而具有可传承性的精神构成物都有效。只要科学家的思想活动把某种“为时间所束缚的”东西，【213】也就是说，为他的当下的纯粹事实性所束缚的东西，或是某种作为纯粹事实的传统而对他有效的东西，引入到他的思想中，那么，他的构成物也就同样具有仅仅为时间所束缚的存在意义；这一意义只有对那些分有了同样的纯粹事实的理解条件的人来说，才是可以重新理解的。

这是一种普遍的坚信：几何学及其全部的真理，不仅对于所有作为历史事实而存在的人，而且对于所有我们在一般意义上能够想象得到的人，对于所有的时代，所有的民族，都是无条件地普遍有效的。这种坚信的原则性前提从未受到过探讨，因为它们从未在严格的意义上成为问题。但对

我们来说，下面这一点也变得很清楚了，即对于历史事实的每一次确定都对无条件的客观性提出了要求，而且它同样也以这种不变的或绝对的先天为前提。

只有<在对这种先天的揭示中>，超越一切历史事实性、一切历史的环境、民族、时代和人类的科学才是可能的；只有这样，科学才能作为**永恒真理**（aeterna veritas）而出现。那种有保障的、从暂时被抽空了的科学明见性出发向原明见性进行回溯地追问的能力所依靠的恰恰是这个基础。

这样，我们不就面临着理性的广袤而深邃的问题视域吗？即那种在每一个不管多么原始的人那里，也即在作为“理性动物”的人那里，发挥作用的同一个理性的问题视域吗？

【214】这里不是探讨这种深刻问题的地方。

从所有这一切出发，我们无论如何必须认识到，历史主义想从为时间所束缚的人属（Menschentum）的神秘阶段①或其他的统觉类型方面，阐明数学的历史的或认识论的本质，这样一种历史主义是彻头彻尾的颠倒。对于具有浪漫主义情怀的人来说，数学的历史方面或史前方面的东西可能具有特别的吸引力；可是，在数学方面沉迷于纯粹的历史事实性，这恰恰是误入浪漫主义的歧途，而且忽略了特有的问题、内在历史的问题以及认识论的问题。这样，不言而喻，人们的目光不可能不关注这样一个事实，即不论每一种类型的全部的事实性是什么，不论为了证明反对意见而提出的这种类型的事实性是什么，它们在人类的普遍之物的本质成分中都有其根基，一种贯穿于所有历史性的目的论的理性恰恰表现在这一根基之中。这样便显示出与历史的总体性有关、并与最终赋予历史以其统一性的总体意义有关的独特的提问方式。

如果通常的事实历史学一般，尤其是在现代实际上普遍地扩展到整个人类的历史学一般，归根到底还有某种意义的话，那么，这种意义只能奠基在我们在这里可以称之为内在历史的东西之中，而且作为这样的东西，奠基在普遍的历史先天之中。这一意义必然进一步导【215】向我们曾表明的最高问题，即理性的普遍目的论问题。

如果在这些详述——这些详述阐明了我们向非常一般的和多方面的问题视域的内部所作的纵深探讨——之后，我们把下面这一点看作某种有充

① 德里达用了“阶段”（Stade），胡塞尔的措辞是“性质”（Bewandtnisse）。——译者

分保障的基础，即人的周围世界本质上是同一的，现在和永远都是同一的，因此对于那种与原创建和持续传承这方面相关的东西来说，也是同一的，那么，我们便可以根据我们自己的周围世界，按照某些步骤并仅仅以预测的方式指明，对于被称为“几何学”的这种意义构成物（Sinnbildung）的观念化的原创建问题而言，我们应该更仔细地思索的东西是什么。

考注①

这个附加的片段性的文本对应于芬克打字稿副本中的 K Ⅲ 23 手稿。日期为 1936 年。1939 年，芬克以《论几何学的起源》为题将这篇文章发表于《国际哲学评论》杂志第一年度第二期上。段落的划分取自芬克的版本，对于一些不完整的句子，我们也参照了芬克所做的编订。在下面的考注中，芬克对打字稿原文所做的编订用符号 F 来援引，芬克在《国际哲学评论》中的发表文本用 F. R. 来援引。

第 174 页：“一种例证性的意义”，被胡塞尔在 F 中划掉；

第 174 页：从“为了简洁起见……”一直到“这一名称之下”，由胡塞尔加入 F 中；

第 175 页：“真正意义上的纯粹的几何学的”，在 F 中；

第 175 页：“在某一天诞生，并且从那以后”，由胡塞尔加入 F 中；

第 175 页：页脚注，由胡塞尔加入 F 中；

第 175 页：在“曾经必然”之后，胡塞尔参照了一个插入性的附加，但这一附加没有被保留；

第 175 页：从“回问由之开始的……”到“传统”，由胡塞尔加入 F 中；

第 176 页：“在这种一般性中受到持续的”，由胡塞尔加入 F 中；

第 176 页：“一般性”代替“一般有效性”，胡塞尔在 F 中做了改动；

第 176 – 177 页：从“就像我们在前面……”到“那样”，由胡塞尔加入 F 中；

第 177 页：从“从流传下来的……”到“很显然一定”，由胡塞尔加入 F 中；

① 我们在这里把发表在《危机》（第 551 – 553 页）中的校勘的主要部分复述一下。

第 177 页：从“对于几何学家来说”到“隐含地知道”，由胡塞尔加入 F 中；

第 179 页：“正如我们所确信的那样”，由胡塞尔加入 F 中；

第 179 页：页脚注，由胡塞尔加入 F 中；

第 180 页：“以某种方式”，由胡塞尔加入 F 中；

第 180 页：“正如我们在语法态度中很容易看出的那样”，由胡塞尔加入 F 中；

第 180－181 页：从“但是，几何学的词、句子和理论”直到“课题化的对象性”，由胡塞尔加入 F 中；

第 181 页：从“它在其语言表达中”到“具有有效性”，由胡塞尔加入 F 中；

第 181 页：“(实在对象)”，由胡塞尔加入 F 中；

第 182－183 页：从“在意识的维度中”到“每一个人也都能够”，由胡塞尔加入 F 中；

第 183 页：“可用语言表达的”，由胡塞尔加入 F 中；

第 183－184 页：“世界的客观存在”，胡塞尔在 F 中增扩为“对它们来说，这是客观的”；①

第 183 页：从“我们可以对此取得一致意见”到“共同的陈述等”，由胡塞尔加入 F 中；

第 184 页：“(被重新回忆起的东西)”，由胡塞尔加入 F 中；

第 184 页：“在源初的‘一致’中”，由胡塞尔加入 F 中；

第 185 页：“产生出”，据 F. R. 插入；

第 185 页：从“在由众多个人……”到“被意识到的”，由胡塞尔加入 F 中，在这之后，胡塞尔参照了一个没有被保留的插入性的附加；

第 186 页：页脚注，由胡塞尔加入 F 中；

第 187 页：页脚注，由胡塞尔加入 F 中；

第 189 页：页脚注，由胡塞尔加入 F 中；

第 190 页，第 26 行：从这里开始，在以下的页码中，有好几段被置于方括号中，但没有给出相应的新的段落；

第 191 页：“一致性的模糊”代替“未加区分的模糊性”，胡塞尔在 F

---

① 德里达的笔误。这一条考注应与下一条考注在内容上互换。——译者

中作了改动；

第 192 页：“这里，我们把我们的考察局限于……”，起初在 F 中被胡塞尔删掉；

第 193 页：在“为这种意义构成本身所支持”之后，打上了方括号；在页边，胡塞尔在 F 中用蓝色铅笔画了一条线，这意味着，从这里起，文字又变得令人满意了；

第 194 页：“通过稳定的命题”和“这样一种能力”，编者根据 F. R. 作了修改；

第 196 页：页脚注，由胡塞尔加入 F 中；

第 197 页：在“长期”之后，打上了一些方括号，再也没有删除；

页 197 页：页脚注，由胡塞尔加入 F 中；

第 201 页：“(虽然很初步，但毫无疑问，这些分析此前还以一种更加精确的方式把我们引向更深的系统)”，胡塞尔在 F 中做了修改；

第 202 页：“(即使它可能很快就会停下来)”，由胡塞尔加入 F 中；

第 204 页：页脚注，由胡塞尔加入 F 中；

第 204 页：页脚注，由胡塞尔加入 F 中；

第 205 页：页脚注，由胡塞尔加入 F 中；

第 208 页：“不论这种塑造是在共同劳作中还是在相互关注中”，由胡塞尔加入 F 中；

第 208 页：“现在，在这里成为重大问题的东西，难道不就是”，由胡塞尔加入 F 中；

第 209 页：“以能够随意对常项构成物进行重复的明见性的方式”，由胡塞尔加入 F 中；

第 210 页：最初是页：“在实际生活的需要中，那些形态和某些规格”，后据 F. R. 改动；

第 211 页：括弧中的句子，由胡塞尔加入 F 中；

第 211 页：“在文化的本质发展中，文化的进步，因此也包括艺术……”，胡塞尔在 F 中的改动；

第 211 页：括弧中的句子，由胡塞尔加入 F 中；

第 212 页：从“而且，他还没有借助于”一直到“却是新型的构成物”，由胡塞尔加入 F 中，编者做了少许改动，因为原文有些晦涩；

第 212 页：被强调的句子，由胡塞尔加入 F 中。

差异与延迟[①]

雅克·德里达[②]

理念的在场认可了在极限形态和数学的出现中纯粹观念性的跳跃。这会引起我们对这种起源的特定历史性产生怀疑。难道我们不是一方面面对非历史的理念，另一方面又面对理念插入到历史事件和事实之中？这样，我们便撞上了胡塞尔恰恰想绕过的暗礁并因此而错失现象学的历史学。实际上，我们应该努力加以思义的正是理念的深度历史性。

毫无疑问，理念以及隐藏于历史和作为“**理性动物**”的人之中的理性是永恒的。胡塞尔经常这样说。可是，这种永恒性**仅仅**是历史性而已，它是历史本身的**可能性**。它的超时间性——从经验时间性来看——只是一种全时性。理念像理性一样，在历史之外**一无所是**。理念在历史之中自我**展开**，就是说，它在同一个运动中被揭示并受到威胁。

既然理念在历史之外只是一切历史的**意义**，那么，单独的历史的－超越论的主体性就能够承担起对它的责任。这样，胡塞尔在《笛卡尔式的沉思》（第一沉思，第4节）中便谈到把科学的目的意义（Zwecksinn）揭示为“**意向相关项的现象**”。在通过超越论的主体性行为对理念所进行的揭示中，**进步性**（progressivité）不是影响理念的外在的偶然性，而是其本质的强制性规定。[③] 理念不是一种绝对之物，它并不是**首先**存在于其本质的充盈（plénitude）中，然后下降到历史之中或者为主体性所揭示——而主

---

① 本文选自德里达《胡塞尔〈几何学的起源〉引论》第十一章，原文无标题，这里的标题取自德译本。德译本为本章所配的标题是“理念的历史性：差异、延迟、起源与超越之物”。本文中，《几何学的起源》简称为《起源》。——译者

② 雅克·德里达（Jacques Derrida，1930—2004），法国思想家，解构主义代表人物。——译者

③ 理念不能在其明见性中得到直接的把握，这更是其深度历史性的征候。《作为人类的自身思义的哲学》（已经被引用过）这一标题在经过扩展以后如下所述：“哲学作为人类的自身思义；理性通过各种发展阶段而自身实现的运动要求这种自身思义本身的发展阶段作为其本己的功能。”

体性的行为对于理念来说并不是内在地必不可少的。[①] 如果这是事实的话，那么，我们可以说，一切超越论的历史性都不过是“**用于揭示本质关联的**”……“**经验历史**”[②]。可是，如果没有超越论的主体性及其超越论的历史性，那么这些本质连贯性便不可能存在，它们的存在便是虚无。作为无限可规定性之目的（Telos）的理念这一绝对之物是意向历史性**的**绝对之物；这个“**的**”既不表示单纯客观的所有格，也不表示单纯主观的所有格；它所指涉的既不是客观的绝对之物——这种绝对之物独立于意向并为意向所揭示，而意向则相对于绝对之物、期待它并与它保持一致——也不是主观的绝对之物——这种绝对之物创造意义并把它同化到自己的内在性之中。它所指涉的是具有**客观性**的意向的绝对之物，是与对象的纯粹关系，而主体和客体正是在这种关系中相互形成并彼此支配的。如果说这个**的**既不表示客观的所有格，也不表示主观的所有格，那是因为它涉及的是**所属性**本身**的**绝对之物，是作为生成性关系之纯粹可能性的绝对之物：它**既**能标示出主体**又**能标示出客体在谱系学上的第二性和依赖性，它因此通过对其不确定性的开启本身而标示出主客体在起源上的相互依赖性。如果确实是这样，那么，我们为什么必须像J. 卡瓦耶斯（J. Cavaillès）所认为的那样在“**绝对逻辑**”与“**超越论的逻辑**”[③] 之间，或者在“**进步的意识**”与“**意识的进步**”[④] 之间进行选择？更有甚者，J. 卡瓦耶斯用生成的**辩证性**反对胡塞尔的意识“**主动性**”，但对于这种辩证性，胡塞尔已经在不同的层面上做过明确和丰富的描述，尽管他从未提到过这个词。我们已经看到：意识的这种“**主动性**”在多大程度上同时位于被动性之前和之后；原真的时间化运动、一切构造的终极基础在多大程度上是完全辩证的；这一运动，正如一切本真的辩证性所**想望**的那样，仅仅是辩证法（即

---

① 胡塞尔对理念（l'Idée）与本质（l'eidos）做了严格的区分（参见《观念Ⅰ》导论，第9页。中译文参见［德］胡塞尔《纯粹现象学通论》，李幼蒸译，商务印书馆1996年版，第47页。——译者）。于是，理念不**是**本质。从这里出现了我们曾指出过的困难：对那种既非存在者又非本质的东西在**直观把握**和**明见性**上的困难。可是，我们也应该指出，理念**并不**具有本质，因为它仅仅是为一切本质的显现和规定而敞开的视域而已。作为**明见性**的不可见的条件，它在拯救**被见之物**（la vue）的同时丧失了与本质中所蕴涵的**看**（voir）的关系——而它在柏拉图式的神秘源点中正是来自本质（l'eidos）这一概念。理念只能被**听见**（s'entendre）。

② J. 卡瓦耶斯：《论逻辑学与科学理论》，法国大学出版社，1947年，第77页。

③ 同上书，第65页。

④ 同上书，第78页。

前摄与滞留之间的无限的、不可还原的相互蕴涵）与非辩证法（即活的当下的绝对而具体的同一性，也即一切意识的普遍形式）之间的辩证法。如果超越论历史的绝对之物诚如胡塞尔在《起源》中所说的那样是

> 源初的意义构成（Sinnbildung）和意义沉淀之间的相互交织和相互蕴涵的（des Miteinander und Ineinander）活生生的运动（前引），

那么，意义创造的主动性在其自身中便蕴涵着与被构成和被沉淀的含义相关的被动性。这种被动性只有在新的创造性的筹划中才能自我显现出来并如其所是地发挥作用等。J. 卡瓦耶斯的判断，即我们不可能或者

> 很难承认，对现象学来说，研究的原动力和客观性的基础正好存在与创造的主体性的关系[①]，

恰恰是胡塞尔在《起源》中以及每当沉淀的主题成为他的反思的焦点时所描述的东西。为了重新采纳 J. 卡瓦耶斯的术语，胡塞尔精准地指出：在其当下中被业已构成的客观含义（这种客观含义便是主体性的“**绝对逻辑**”）所“**规范了的**”主体性把自己的“**规范**”（normes）与一种“**更高的主体性**”即创造性运动中的主体性**本身**“**联系**”在一起；主体性正是通过这种创造性运动而自我超越并产生新的含义；这种新的含义也将是**更高的**思义因素；在这种思义中，虽然过去的含义首先沉淀在某种客观主义态度中并被保存下来，但它将在它对活的主体性等关系的依赖性中被唤醒。胡塞尔似乎从未想到，“**为绝对之物保存构造性因素与被构造性因素之间的相符性**”就是“**对绝对之物的独特性的滥用**”[②]。在他的眼里，这种相符性仅仅是含义**运动**的绝对统一性，就是说，**在**活的当下（这种当下辩证地**自身**筹划、**自身**维持）的**绝对同一性中**，仅仅是已构造的因素和构造性因素的非相符性与其无限的相互蕴涵性之间的统一性。

---

① J. 卡瓦耶斯：《论逻辑学与科学理论》，法国大学出版社，1947 年，第 65 页。J. 卡瓦耶斯在特地援引了《观念 I》和《形式的与超越论的逻辑》之后又补充道：“以后的现象学研究至少使我们有可能对如此粗暴地提出来的二难推理进行质疑。”（第 65 页）

② 同上。

当然，只要我们继续或明或暗地把理念看作**某物**，把理性看作**权能**，那么，所有这些都始终是悖谬和矛盾的。因此我们必须不断地：

1. 回到胡塞尔关于下列事项的具体描述：涵括在意识之中的非实项的意向相关项；意向相关项含义的观念性（这种观念性既不是主体也不是客体，因而**仅仅**是客体的客观性，是**对**意识来说自身“**如其所是**”的呈现）；本质的非想象的非实在性——这种本质**不外**是事实实在性**的**含义和可能性，它总是直接或间接地作为对其显现的本质模式的严格规定而与这种实在性相关联。如果我们在刹那间承认（这是一个不可还原的假设），在胡塞尔那里存在某种也许甚至在柏拉图那里也不存在的东西（不包括字面意义上的柏拉图神话及其教学法），即“**柏拉图主义**”的埃多斯（l'eidos）或理念，那么，一切现象学的事业，尤其是当它涉及历史时，便都成了**小说**。理念，如果它是可能的话，它与埃多斯相比更加缺少存在，因为埃多思是可以为有限直观所规定和抵达的对象，而理念却不是这样，它总是“在存在之外”（epekeina tēs ousias）。作为存在之无限可规定性的目的，它只是存在向其现象性之光的敞开，是光之光，是可见的太阳的太阳，是被遮蔽的太阳，它显示一切却不显示自身。毫无疑问，对我们来说，在柏拉图主义之下保持缄默的柏拉图所谈论的正是这一点；

2. 回到胡塞尔的理性概念。对于“**隐蔽的理性**”，即使某些表述有时会让我们想到它，但它并不是被遮蔽在历史主体性[①]阴影中的或被掩盖在生成的背景世界中的权能。它并不是在历史中发生作用的永恒性，这首先是因为，没有理性就没有历史，就是说，没有作为真理传统之含义的纯粹传递；其次是因为，反过来，没有历史就没有理性，就是说，如果没有超越论主体性的具体的创建行为及其客观化和沉淀化过程，那就没有理性。然而，当我们谈论隐蔽在人类中的理性时，我们很难摆脱官能或权能的心理学幽灵；当我们谈论隐蔽在历史中的理性时，我们很难抹去想象的本体

---

① 同样，在现象学意义上的超越论本我（l'ego）**除了**经验自我**之外**并没有**其他的**内容，而且它也没有任何自身的实在内容，它更不像错误的追问让人所想到的那样，是内容的抽象**形式**。最彻底地看，一切超越论的还原所通达的正是完全的**历史**主体性。胡塞尔在一封1930年11月16日的信中写道：“因为，根据我的信念，通过超越论的还原，我在其存在和生命的全部充盈中获得了终极意义上的具体而实在的主体性，在这种主体性中，普遍的构造性的生命而非单纯的理论性的构造性生命正是：在其历史性中的绝对主体性。”［信件由A. 迪墨（A. Diemer）发表，载于《哲学研究》，1954年，第36页］

性实体的图式。如果我们坚持这些思辨性的偏见，那么，或者历史只有一种经验的和外在的意义，或者理性只是一个神话；我们必须再次在理性与历史之间作出选择。然而，胡塞尔早在他的心理主义批判中、在“**回到实事本身**”作为“**真正的实证主义**”的来临这一主题中就要求将心灵能力的幽灵以及所有传统实体主义的残余全部驱逐出去。

如果理性不外是超越论的**本我**（l'ego）与超越论的**我们**（nous）的本质结构，那么它像超越论的本我与我们一样完全**是**历史的。① 反过来，历史性本身完全**是**理性的。可是，把理性与历史彼此连接起来的**存在**是“**含义**”，是目的论的应然存在——正是这种应然存在把存在作为运动构造出来。《起源》的最后几页所进入的正是这一问题域（problématique）。

> 这样，我们不就面临着理性的广袤而深邃的问题视域吗？即那种在每一个不管多么原始的人那里，也即在作为“理性动物”的人那里，发挥作用的同一个理性的问题视域吗？（《起源》，第213页）

每一种事实的人类类型都具有这种**理性动物**的本质，每一种类型，胡塞尔继续说道，

> 在人类的普遍之物的本质成分中都有其根基，一种贯穿于所有历史性的目的论的理性恰恰表现在这一根基之中。这样便显示出与历史的总体性有关、并与最终赋予历史以其统一性的总体意义有关的独特的提问方式。[出处同上]

第一个**哲学**行动（就像以它为前提的第一个几何学行动一样）不外是

① “理性**不是任何偶然事实上的权能，也不是关于可能的偶然事实的名称**，毋宁说，它是**关于超越论主体性一般的一种普遍的、本质的结构形式的名称**。”（《笛卡尔式的沉思》，第23节，第48页。中译文参见《笛卡尔式的沉思》，张廷国译，第77页。——译者）

对“**处于不断自身阐明的运动之中**”的历史理性的思义。[①] 正是哲学思义通过在历史中宣示纯粹的历史性含义即宣示**历史**含义本身的方式使目的论的理性得以从自身中诞生，但在哲学思义之前，目的论的理性已经寓居于处于经验类型之中的人类了。对业已在此之物的思义标志着一种断裂[②]，因此也标志着一种彻底的、创造性的起源。一切潜在意向的**自身**生成都是一种再生。哲学理性在抵达自身之后所能实施的仅仅是启动和指引的“**执政官的**”（archontique）[③] 功能。彻底的哲学家，只要他理解了逻各斯的**要求**（demande），只要他响应这一要求并为之负责，他就必须在承担起**委托**（mandat）责任的同时进行**指引**（commander）。正是在这种意义上，胡塞尔把哲学家规定为“**人类的执政者**”。

但是，这种自身阐明（Selbsterhellung）的**自身**（Selbst）是什么呢？人类的超越论的意识不就只是反思性表述的场所而已吗？换言之，不就只是逻各斯（它在穿过意识的过程中重新拥有自身）的**中介**而已吗？这便是［胡塞尔］后期的某些手稿可能让人想到的东西——根据这些手稿来看，“**绝对的逻各斯**”“**超越了超越论的主体性**”[④]。可是，这种“**超越**”，如果它所指的仅仅是目的论的超越，肯定不可能剥夺绝对**自身**的超越论的**历史**主体性；原因在于，由于逻各斯总是具有目的的形式，所以它的超越并不是一种实在的超越，而是对超越论主体性**本身**的充实而言的观念极。这

---

① “因此，哲学不是别的，而是理性主义，是彻头彻尾的理性主义，但它是按照意向与充实的运动之不同阶段自身加以区分了的理性主义；它是从哲学最初在人类中出现开始的，处于不断自身阐明（Selbsterhel-lung）的运动之中的理性（ratio），在此以前，人类与生俱来的理性（Vernunft）尚完全处于隐蔽状态中，处于黑夜的昏暗状态中。”（《哲学作为人类的思义》，已引，P. 利科译，第 123 - 124 页。中译文参见《危机》，王炳文译，第 321 页。——译者）

② “正如人，甚至是巴布亚人，代表着动物性的新阶段，即与动物相比的新阶段；同样，哲学的理性也是人性和它的理性的一个新阶段。”（《哲学作为人类的思义》，已引，P. 利科译，第 247 页。也可参见第 256 - 257 页。中译文参见《危机》，王炳文译，第 392 页。——译者）

③ 《哲学作为人类的思义》，已引，P. 利科译，第 245 页。

④ 参见手稿 E Ⅲ，4，第 60 页。“**观念极的**绝对理念，处于新的含义之中的绝对理念，超越了世界、人类以及超越论主体性的绝对理念：正是作为真善美（unum，verum，bonum）……的绝对逻各斯和绝对真理……”（A. 罗维特［A. Lowit］和 H. 考隆比耶［H. Colombié］译，由 A. 迪墨［A. Diemer］发表于《哲学研究》，1954 年，第 39 页）。

如果我们认为，理念在这里具有超越论的含义，而且正如我们马上将看到的那样，理念只是相对于超越论主体性的**被构成**因素才是“**超越的**”，那么，我们就会注意到，胡塞尔在深处恢复了超越论［这个词］最初的经院含义（作为亚里士多德逻辑学之超范畴的真、善、美等）——这一点超越了康德的含义，但也是对康德事业的发展。

正是其他段落所提出的东西，这些段落的文字毫无疑问与胡塞尔全部最一贯的意向更加一致。[①] 那些提到上帝名字的片段同样具有明显的模棱两可的特征。上帝并不仅仅例如像在《观念Ⅰ》[②] 中那样作为在检验本质真理时出现的一切不可能性意识的例证性的典范和界限而被提及——这种本质真理首先是那种连上帝本身也不可能加以质疑的东西；上帝也不再被规定为一切**事实上的**普遍目的论（不管是自然的还是精神的即历史的目的论）的超越性原则——这一原则因此在《观念Ⅰ》中也遭到**还原**[③]。神的意识揭示出业已构成的本质的不可触知性，它作为虚构的内容像安排实在宇宙的目的（Telos）一样，是一种事实性。正如在最后的作品中所出现的那样，对作为事实存在和事实意识的上帝的还原解放出一种超越论神性的含义。我们刚才所说的模棱两可性所涉及的恰恰是作为神性的超越论的绝对之物与作为历史主体性的超越论的绝对之物之间的关系。在超越论的意义上，上帝时而被看作那种“**我向他走去的**”存在者以及“**在我们之中言说的**”存在者，时而被看作“**仅仅是极点的**”东西。[④] 逻各斯时而**通过**超越论的历史而表达**自身**，时而仅仅是超越论历史性**本身的**绝对的本真性极点。在第一种情况下，超越论的现象学只是思辨形而上学以及绝对唯心主义的最严格的**语言**。在第二种情况下，这些借自形而上学的概念所具有的仅仅是**隐喻**和象征的含义，它们不会在本质上影响到作为超越论唯心主义的现象学的最初的纯粹性。在第一种情况下，无限性的实显的（actuelle）本质充盈仅仅**展开**在历史的推论中，充盈正是从这一历史推论出发才得以**产生**。在第二种情况下，对处于事实存在中的有限的主体性而言，无限性不外是向真理和现象性的无定限（indéfinie）的**敞开**。

再也没有比在这里看到二难推理更加违背胡塞尔的情况了。这样做当然就停留在一种思辨态度中，而思辨这一词，胡塞尔总是赋予它以贬义。

---

① 在同一个段落（迪墨版本，第 40 页）中，逻辑的超越性被规定为超越论的规范和“无限遥远的极以及绝对完美的超越论的全部共同体之理念”。

② 第 44 节，第 142 页以及第 79 节，第 265 页。

③ 第 58 节，第 191 – 192 页。

④ K Ⅲ，第 106 页（迪墨版本，第 47 页）。在这个意义上，这一极点作为“超越”总是对超越论意识**自身**的**超越**，是**它自己的**超越。它绝不会是实在的超越性：“从每一个自我出发的道路……都是**它自己的**道路（强调形式为我们所加），但是所有的道路都导向同一个极点（这一极点位于世界和人类之外）：上帝”（同上）。

现象学的态度首先是对总已被宣示出来的未来真理的关注。我们应该努力走向一切二难推理的必然的**唯一**根源，而不是狂热地探讨对它们的取舍。超越论历史性的含义，像处于开端中的逻各斯一样，是**通过**历史性而使**自己**得以听见（entendre）的吗？或者反过来，上帝仅仅是最终的、处于无限之中的完成，是视域之视域的名称和超越论历史性本身的隐德来希（l'Entéléchie）[①] 吗？从更深刻的统一性出发，这两者也许是对历史性问题的唯一可能的回答。上帝所言说和穿过的正是**已构成的**历史，上帝正是在它与已构成的历史以及超越论生命的所有已构成的因素之间的关系中才是**超越的**。可上帝**仅仅自为地**是**构造性的**历史性的极点以及**构造性的**历史超越论主体性的极点。虽然神之逻各斯的贯穿的历史性（dia-historicité）或元－历史性（méta-historicité）所穿过并超越的不过是“**业已完成了的**”历史“**事实**”而已，但逻各斯**仅仅**是其历史性的纯粹运动。逻各斯的这种状况与一切观念性的状况相比具有很深的相似性（这不是偶然的），尽管**语言**分析已经使我们能够对后一种状况做出明确的规定。观念性既是超时性的（supra-temporelle）**同时**又是全时性的（omni-temporelle），胡塞尔根据它是否与事实时间性有关联，时而这样时而那样称呼它。因此，我们可以说，作为观念性之观念性的纯粹含义**不是别的**而是存在的显现，它既是超时性的（胡塞尔有时也说非时间性的）**同时**又是全时性的，或者我们还可以说，“**超时性的意思就是全时性**”，因为后者本身仅仅是“**时间性的一种样式**”[②]。超时性与全时性难道不也是**时间本身**的特征？它们难道不是活的当下——这个当下是现象学时间性具体的绝对形式和一切超越论生命的原真的绝对之物——的特征？[③] 一方面是“**贯穿－**”（dia-）、“**超－**”（supra-）或“**非－**”（in-）时间性的被遮蔽的时间统一性，另一方面是**全**（omni-）时间性的被遮蔽的时间统一性，这两方面的统一性是由不同的还原所区分开来的所有诉求（instances）的统一基础：事实性与本质性、世间性与非世间性、实在性与观念性、经验性与超越论性。这种统一性，作为对所有**事件**（Geschehen）而言、对所有把一般意义上所发生的事件聚

① F I，24，第 68 页（同上书，第 47 页：“上帝是隐德来希……”）。

② 《经验与判断》，第 64 节 c，第 313 页（已引）。

③ 胡塞尔在谈到“我的活的当下”时说的是“原时间和超时间的‘时间性’”（C_2 Ⅲ，1932，第 8－9 页）。

集起来的历史而言的时间性的时间统一性，恰恰是历史性本身。

如果历史存在，那么历史性只能是话语的过渡（passage），是源初逻各斯的纯粹传统向目的极的趋近。可是，既然在这种过渡性的纯粹历史性之外一无所有，既然没有这样一种存在，这种存在具有这种历史性之外的含义并摆脱了其无限的视域，既然逻各斯（Logos）与目的（Telos）在它们之间的相互影响和相互作用（Wechselspiel）之外一无所**是**，那么这便意味着**绝对之物是过渡**。正是传承性在下面这样的运动中从一方循环到另一方并同时以一方阐明另一方：在这个运动中，意识在一个无定限的并总已开始了的还原内发现自己的道路；在这个运动中，所有的事件都是一种变样，所有向起源的回溯都是迈向视域的壮举。这个运动也是一种**绝对的危险**。原因在于，如果说意义之光仅仅处于过渡之中，那是因为它也有可能消失在途中。它像话语一样，在非本真的语言以及言说着的存在（un être parlant）之放弃中只能自我消失。在这一点上，作为言说方法[①]的现象学首先是**自身思义**（Selbstbesinnung）和**承担责任**（Verantwortung），是自由的决断——在这一决断中，我们“**恢复其含义**”并通过话语为处于险境之中的道路担负起责任。这一话语是历史的，因为它总已是一种**回答**。承担责任就意味着我们对我们所听见的话语负责，意味着在自身中采纳意义的交换，以便关注它们的进行。于是，方法，就其最彻底的涵义而言，并不是一种中性的序言或某种思想的**开场白式的**演练，而是在其整体历史性意识中的思想本身。

所有这些都以严格的方式发展了对意向性的发现。意向性也只是活的运动的绝对之物，如果没有这种绝对之物，它的目的和开端都不可能显现出来。意向性就是传承性。意向性在其最深处即在现象学时间化的纯粹运动中，作为绝对的活的当下在自身中走出自身的出口，正是历史性之根。如果是这样，我们便没有必要询问历史性的含义是**什么**。在这个词的所有意义上，历史性就是**含义**。

只要我们尊重它的**现象学的**价值，那么，这样一种断言便没有违背含

---

① 自《现象学的观念》以后（参见第23页），胡塞尔的所有道路都证明了：在其根本发现中，现象学的本质、超越论还原的本质正是方法（在这个词的最丰富、也许也是最神秘莫测的意义上）的本质。胡塞尔谈到超越论的还原，说它是“一切哲学方法的原方法”（手稿C2，Ⅱ，第7页；迪墨本，第36页）。关于作为方法的现象学，尤见《危机》附录XⅢ，这一文本由H.丢骚（H. Dussort）提供翻译，载于《哲学评论》，1959年，第447－462页。

义本身，就是说没有违背历史呈现之**呈现**及其**可能性**。因此，它虽然没有把超越论的唯心主义与思辨形而上学混合在一起，但它刻画出这样一个因素，在这个因素中现象学能够毫不含糊地适应于一种提出存在问题或历史问题的“**哲学**”。这一“**存在论的**”（在这个术语的非胡塞尔意义上。我们唯独能够用这个术语反对胡塞尔的现象学本体论，我们在今天经常这样做）问题不可能属于如此这般的现象学，但我们也不再相信，这个问题**在哲学话语中**能够**单纯地**先行于作为其预设或作为其潜在基础的超越论现象学。与此相反，这一问题在哲学一般的内部刻画出这样的因素（胡塞尔也是这样想的），在这一因素之中，现象学最终表现为对一切哲学**决断**所进行的预备教育（propédeutique）。由于这种预备教育总是表现为一种无限性，因此，这一**因素**不是一种事实性，而是一种观念含义、一种将始终处于现象学管辖之下的权利——对于这种权利，唯有现象学在明确地期待其道路之终点的过程中才能加以实施。

我们必须从合法性上结束这种预备教育或者说期待其事实上的终结，以便我们能够在了解我们所说内容的同时从“**如何**”问题向“**为什么**”问题过渡。正是在这一点上，所有的哲学话语都必须依靠现象学。我们应该从合法性上详尽地研究历史性的意义问题以及作为意义的历史性问题即历史事实性在其显现中**的可能性**，以便能够赋予下面的问题以意义：**是否存在以及为什么存在历史事实性**？这两个问题是不可还原地相互关联的。“**为什么**”这一问题只有从历史事实性的非存在的**可能性**（在形而上学或存在论的意义上而非在现象学的意义上）出发才有可能出现；而我们只有从纯粹含义的意识以及纯粹历史性的意识出发，就是说只有从现象学含义的**可能性**意识出发，才能揭示出**作为**非历史之非存在的**或然性**。我们已经充分地看到，这种意识（唯有现象学才能把它揭示出来）只能是目的论的意识。正是由于我们已经抵达的含义不是事件的存在，正是由于它只能消失或从不诞生但永远不可能具体化，“**为什么**”才具有其严肃的现象学信念并仅仅通过这一信念而恢复“**为何**”（en vue de quoi）的尖锐性。于是，存在论的问题似乎只能来自对目的论的肯定，就是说只能来自自由。目的论是受到意义与存在的以及现象学与存在论的威胁的统一性。然而，如果为了现象学的利益而不暂时打破这种统一性的话，这种目的论（它从未停止过对胡塞尔思想的奠基和激活）便不可能在哲学语言中得到**确定**。

这样，当我们从事件的例证性出发认识到事件的含义是什么之后，当

我们从一般的例证性出发认识到含义一般的含义是什么之后，我们便能够给我们自己提出一个不再源于现象学本身的问题。这个问题不是“**什么是事实**?”（对于这一问题，现象学本体论的回答是原则性的），而是：“**还原以及事实在事实性中的出发点为什么一般来说是可能的**?”或者是：“**以事实的例证性为前提的事实的事实性是什么**?”还可以是：“**含义与事实的源初统一性是什么（对于这种统一性，这两者中的任一方都不可能作出分析**)?”换言之，当我认识到作为历史性的含义是什么之后，我便能够清晰地自问：为什么存在的是历史而不是无?[1] 只要历史位于现象学的可能性之后并接受现象学的合法的优先性，那么，对纯粹事实性本身的重视就不再是向经验主义和非哲学的回返。恰恰相反，正是历史实现了哲学，但它必须因此而保持对一个问题的不确定的敞开：这就是作为历史之存在的起源问题。对这样一种问题的任何回答都只能在现象学的过程中才能重新浮现出来。正是在这一问题永远敞开的缺口中，存在本身**默默地**表现在对“无限”的现象学否定性之中。[2] 当现象学作为话语的权利而发端时，存在无疑必须在对方法的预先采纳（它也是一种重新采纳）中总已被给予思

---

① 对于所有单称的事实性来说，对于所有那些作为一切现象之视域的无限历史性的特有形式来说，对于所有那些作为一切可能经验之视域的世界一般的特定形式来说，尤其是对于这里的这种历史世界来说，我们都可以重复这样的问题。

② 在我们已经引用过的段落中，为了把他的举措的所有含义都集中起来，胡塞尔作出了这样的断定：对于现象学来说，作为原始的（sauvage）单称性之存在上的纯粹事实性（它总是处于一切本质归类所能及的范围之外）就是“永恒意义上的无限”（《哲学作为严格的科学》，Q. 劳尔译，第93页。中译文参见《哲学作为严格的科学》，倪梁康译，商务印书馆1999年版，第40页。译文据德里达的表述略有改动。——译者）。当我们默默地追问赤裸裸的事实性的出现时，当我们不再在其现象学的“功能”中对事实进行考察时，我们便从现象学过渡到存在论——在非胡塞尔的意义上。这样，事实便不再能够通过现象学的活动而得到详尽的研究并被还原为意义，尽管对事实的追求是无限的。事实**总是多于**或**少于**胡塞尔对它的规定，无论如何，事实总是与胡塞尔的规定不一样，比如说，当他在一个标志着他的最为雄心勃勃的计划的表述中这样写道时：“……**事实**及它的**非理性**本身都是**在具体先天的系统中的一个结构概念**”（《笛卡尔式的沉思》，第39节，第68页。加粗格式为胡塞尔所加。中译文参见《笛卡尔式的沉思》，张廷国译，中国城市出版社2002年版，第111页。——译者）。可是，唯有现象学才能通过走向本质规定的尽头、通过对自身的穷尽从事实中剥下纯粹的材料性；唯有它才能避免纯粹事实性与对它的这样那样的规定之间的混同。当然，在达到这一点之后，为了不再重新陷入到非理性主义或经验主义的荒谬哲学中，我们不应该**随之**让事实发挥作用，不应该外在于或独立于全部现象学来规定它的含义。同样，一旦我们意识到现象学在所有哲学话语中的合法的优先性，也许我们还会感到遗憾：胡塞尔**也**没有提出这一存在论的问题（关于这一问题本身，没有什么可**说**的东西）。可是，我们怎样才能惋惜现象学不是存在论呢?

想了，向存在的抵达**与**存在的来临无疑必须总已**结为一体**。如果存在不是**必然地**完全成为历史，那么，话语**对**存在之显现的**延迟**便仅仅是作为现象学之思想的单纯的不幸了。之所以不可能是这样，那是因为历史性已为存在所规定；之所以说延迟是作为话语之思想本身的命运，唯有现象学才能**言说**它并使它在哲学中显现出来，那是因为唯有现象学才能使无限的历史性显现出来，就是说，使作为自身显示的存在的纯粹可能性和本质本身之无限的话语和辩证性显现出来。唯有现象学才能通过下面这一点为存在的历史打开含义的绝对主体性，即在经过最彻底的还原之后使超越论的绝对主体性显现为纯粹的主动－被动时间性以及活的当下的纯粹的自身时间化，就是说，正如我们**已经**看到的那样，显现为交互主体性。时间与其自身在其绝对起源的无限杂多性与无限涵义中的辩证的和言说的交互主体性赋予所有其他的交互主体性一般以权利并使显现与消失的有争议的统一性变得不可还原。延迟在这里是哲学上的绝对之物，因为方法反思的开端只能是对**另一种**在一般意义上更早的、可能的和绝对的起源涵义的意识。这种相异的绝对起源在结构上出现在**我的活的当下**之中而且只能在某种类似于**我的活的当下**之物的本原性中才能显现出来并得到认识，这些都意味着现象学本真的延迟和界限。在这种毫无生气的技术外表下，还原只不过是对这种延迟的纯粹思维而已，这种纯粹思维本身在哲学中把自身看作延迟。如果延迟意识可以被还原，那么，能不能存在一种**作为**历史之存在的本真思维以及思维的本真历史性？可是，如果这种延迟意识不是**本原的**（originaire）和纯粹的，那么，哲学能不能存在？然而，本原的延迟意识只能具有纯粹形式的期待，同时，纯粹的延迟意识只能是一种纯粹而合法的并因而是先天的假定——如果没有这种假定，话语和历史在这里也是不可能的。

驻足于活的当下的单纯现在中是不可能的；事实**与**权利、存在**与**意义虽然具有绝对意义上的绝对而统一的起源，但在其自身同一性中总是另一个；对于坚持本原的绝对之物的纯朴的未分状态，我们是无能为力的。这都是因为绝对之物只有在不断的**延迟**（se différant）中才是**在场的**，这都是因为这种无能为力和不可能性表现在源初的和纯粹的**差异**（Différence）意识之中。这样一种具有奇异风格的统一性的**意识**一定能够被揭示出来。如果没有它及其断裂本身，那么任何东西也不会显现出来。

像赋予一切经验创造性和事实充盈以意义的此岸或彼岸一样，绝对起源的源初差异（它能够且必须带着先天的安全感把它的纯粹的具体形式无限地保留下来并宣示出来）也许正是那种总是在“**超越论的**”这一概念下并通过它的谜一样的历史运动所说出的东西。超越论就是差异。超越论就是思想的纯粹的、无休止的焦虑——思想通过超越事实无限性走向其意义和价值的无限性的方式不遗余力地对差异进行“**还原**”，就是说，思想通过维持差异的方式对差异进行“还原”。超越论就是思想的纯粹确信——由于思想只能通过迈向无限地被保留起来的起源的方式而对业已宣示出来的目的进行期待，因此它永远知道它总是要到来的。

这种奇特的“**回问**”（Rueckfrage）系列正是《几何学的起源》所勾勒的运动，也正是在这里，这部作品，像胡塞尔所说的那样，具有“**一种例证性的意义**”。

胡塞尔与历史的意义[1]

保罗·利科[2]

如果说在胡塞尔晚期思想中，历史现象具有了重要意义，那么随之就会有一系列问题提出，其中最重要的问题会超出胡塞尔，普遍地以**历史哲学的可能性**为主题。

第一个问题仅仅涉及对胡塞尔心理学处境的理解：什么样的动机决定了胡塞尔问题领域的转向？这位思想家——在他看来，从自然观点出发的政治事件是外在的；人们倾向于通过描述他的学识、趣味、职业以及他对科学严格性的偏爱把他说成是非政治的——出人意料地发展出一种对人类普遍危机的意识。他不再仅仅谈论先验自我，也谈到欧洲人、他们的命运以及可能的衰亡和必然的再生。他把自己的哲学放入历史之中并坚定地相信：他的哲学要为欧洲人负起责任并且只有他的哲学才能给他们指明革故鼎新的道路。他对思考历史以及历史中的思考并不满意，所以才为现象学揭示出令人惊异的使命：为新时代奠基——像苏格拉底和笛卡尔一样。

我们援引的著作——大部分尚未公开——来源于1935年至1939年。我们可以推测：胡塞尔在1930年已开始把他对自己哲学的理解与对历史（准确地说是指欧洲历史）的理解联系起来。1935年5月7日，胡塞尔在维也纳文化联盟上做了题为“欧洲人类危机中的哲学”的演讲；在这个演讲之后，他于1935年11月又应“布拉格人类知性研究协会”之邀作了两个讲演；他的全部未公之于众的手稿以一种大型论文的方式被冠名为《欧洲科学的危机与先验现象学》（其中前两个部分已于1936年在贝尔格莱德

① 本文译自德文，德译者是K. 施蒂希威（Klaus Stichweh），注释中的方括号为德译者所加。倪梁康先生校。——译者

② 保罗·利科，（Paul Ricoear，1913—2005），法国哲学家，解释学家。——译者

杂志《哲学》上发表[①])。除这本著作之外，以“危机”为题的手稿集还包括下列文本：维也纳演讲的初稿、这次演讲的推测性文本（一个修订稿）、同一文本的另一个更为完整的稿件、“危机”的全文以及各种尚未公开的文本，其中包括胡塞尔对同一主题的持续思考。

在这种思想上的全部努力中我们可以感觉到当时德国的政治状况：在这种意义上我们可以说，历史的悲剧性进程推动了胡塞尔历史地进行思考。老年胡塞尔，作为非雅利安人、作为科学思想家，本质上仍然是苏格拉底式的天才和质疑者，在纳粹分子看来是不可靠的。他退休了并被勒令保持沉默。他不得不去揭示：精神有一个历史。从总体上看，下面这一点对这个历史很重要，即精神可能患病，历史是为处于危险的以及处于可能丧失的境地中的精神而存在的。正是由于这些病人，即纳粹分子，把一切理性主义检举为衰败的思想并提出政治和精神健康的生物学标准，因此这种揭示就变得不可避免。无论如何，在纳粹主义时期，促使胡塞尔踏入历史的真正动因是**危机意识**：为了崇尚理性主义，应该谈论——谁生病了以及在哪里可以发现人的意义与荒谬。

需要补充的是，就在胡塞尔身边，他多年的合作者 M. 海德格尔已开始撰写一部著作。同样，这部著作从另一个角度展开对古典哲学的批判并至少含蓄地包括了历史的另项涵义、当代历史事件的另类解释以及对承担性的别种划分的主旨。因此历史强迫这位最没有历史感的教授为历史提供解释。

然而除此之外现在还需要探讨：现象学如何能够采取历史的视角？在这里哲学问题域的转换被迫超出对心理学动机的阐释而把先验现象学的实事关系带入讨论。一种彻底回归到为存在奠基的**自我**的我思哲学如何能够发展出一种历史的哲学？

这一问题可以通过对胡塞尔文本的探讨得到部分回答。在这样的程度上——即使人们有力地强调**观念**在意识和历史之间的中介功能——胡塞尔的思想仍显示出统一性。这个**观念**可以在康德的意义上作为使命得到理

① 仅未公开发表的第三部分就比《危机》第一部分和第二部分长一倍［《危机》的全文、维也纳演讲以及补充性的遗稿以《危机》的时间和主题为范围于 1954 年作为《胡塞尔全集》第 4 卷出版（《胡塞尔全集》自 1950 年起在海牙出版）］。（本文中《欧洲科学的危机与先验现象学》简称《危机》。——译者）

解。这里暗含着永恒的进步以及由此形成的历史含义。

然而如果人类的时代在永恒观念的要求下不断发展——在康德那里已是如此，在关于"世界公民意图（in Weltburgerlicher Absicht）中的一般历史的观念"中以及在其他的历史哲学论文中——那么为了人类历史的哲学必须克服自我哲学并且从中提出一系列基本问题。这些问题涉及苏格拉底的、笛卡尔的、康德的哲学以及所有在最广泛意义上的自我哲学。我们所提出的问题将限定在特定的年代。

一、先验现象学对历史观察方法的抵制

在胡塞尔进展顺利的创作中没有任何迹象显示现象学在历史哲学意义上的修正。毋宁说这个把历史哲学作为永远的可能性纳入自身的基础已经被发现。

1.《观念》《形式的和先验的逻辑学》以及《笛卡尔式的沉思》的先验现象学并没有否定而是以一种特殊的方式[①]整合了那种曾指引过《逻辑研究》的**逻辑**愿望。可现在这种关注已把某种意义上的历史排除在外，也就是说《逻辑研究》教导我们：逻辑结构的**意义**——不仅在狭义的形式逻辑上（甚至当它被扩展至**普全数理模式**［mathesis universalis］时[②]），而且在广义的实在本体论上（这种本体论分析单个领域的最高的类），像自然、意识等——是独立于个体意识的历史或人类的历史，正是在这些历史的框架中进行着对这个意义的揭示和发展。这个意义表现为直观中介中的意义，这种直观把握到意义的各个个别因素。概念的历史，就其作为意义的表达而言，对意义的真理没有影响。真理不可能像生物得到功能性的能力那样被获得，它是"空乏意向"（Leer intention）与当下直观之间的非历史性的关联（感官的感知、内感知、外感知、"范畴直观"[③] 等，或者

① 关于逻辑学与先验现象学的关系，参见我为［胡塞尔］《纯粹现象学与现象学哲学的观念》第1卷法译本所写的导论［《纯粹现象学与现象学哲学的观念》，翻译、导论和注释，巴黎，1950年］。

② 参见《纯粹现象学和现象学哲学的观念》第1卷，第8页和第10页［这篇著作，以下称为《观念》第1卷，第一次于1913年作为《哲学和现象学年鉴》的第1卷出版，后分别于1922年和1928年出版了未加改动的新版本。下面如不特别指明，援引的文本将根据原版本的页码，它们在1950年的新版（《胡塞尔全集》第3卷）中已作为边码被标明］。

③ 参见《逻辑研究》，第四研究，第2篇。

是它的想象的或回忆的修正）。当下直观“充实”了空乏意向。

胡塞尔思想首先已清楚地表达出对心理主义的反抗，这种反抗一直是他晚期全部先验哲学的前提。与此相应，同样在开始时一种历史的哲学已被抛弃。这种哲学把历史理解为生成和发展。在生成中理性从低级走向高级，并且完全一般地讲，从较少走向较多。在这方面来自于经验推导——经验推导从主观对意义的接近出发——的客观意义的无时间性是无法达到的。

本质哲学——它在“观念”的反思层面上继续了《逻辑研究》的“逻辑主义”——证实了对发生学解释的不信任：“本质还原”（eidetische Reduktion）（它把个别事件置入括号，仅仅保留其意义——以及保留通过概念表达出的涵义）正是一种历史还原。世间现实（Das mundane Wirkliche）与本质的关系就像偶然与必然的关系一样：每一项本质都是一个现实化可能性的领域。通过现象学的看，个体能够在任何时候、任何地方成为其本质[①]。我们一定能看出，胡塞尔是多么谨慎地对待**起源**（Urspring）这个概念：就在《观念》第1卷的第一页他写下了这样一段话：“这里没有叙述历史。在谈及起源性时，既无须和不应考虑心理学－因果的发生，也无须和不应考虑发展史的发生学［……］”[②]

“起源”概念只是后来在思想的真正意义上的先验阶段才重新出现。在这里他不再称之为原因的历史发生学，而是称之为奠基性。[③]

《逻辑研究》中的“逻辑主义”和《观念》中的“本质还原”表明这样一种对“历史”的某种入侵的最终胜利。从现在起我们可以有把握地说，以后将要讨论的精神历史绝对不是从无涵义中出现的意义的形式，不是一种斯宾塞意义上的进化论。暗含在历史中的**观念的发展**是某种与**概念的形成**完全不同的东西。

2. 本来现象学的先验问题没有明显的历史意图。毋宁说，这个意图通过以前的“先验还原”似乎已被排除在外。

为了在现象学总问题中确定先验还原的地位价值，赘言几句是必要的：通过这种还原，意识放弃了它的原初的素朴性（Naivität）——胡塞

① 《观念》第1卷，第8页。

② 同上书，第7页，注1。

③ 参见“起源”的两种涵义，《观念》第1卷，第56节，第108页及第122节，第253页。

尔称之为“自然态度”，它自发地把世界如其所是地看成单纯的**被给予**；通过对素朴性的审查，意识揭示出自身是**给予性的**、意义赋予的意识。[①]这种还原扬弃了世界的当下性；它没有把任何东西排除在外；它甚至没有扬弃直观在所有认识中的优先性；根据这种还原，意识没有停止**看**，可是意识不再听任看的摆布，没有消失在看中；而是看把自身揭示为成就（Leistung）或进行（Vollzug）[②]，有一处胡塞尔甚至谈到一个“几乎可以说是创造性的开端”[③]。只要人们在自己的意识中实现下面这一点：在看中达到顶点的意向性正是创造性的看，那么，人们便理解了胡塞尔，人们便是在先验的意义上的现象学家。[④]

我们不可能在这里研究对这一现象学中心课题进行解释的困难性。我们只是提请注意：只有自然的态度屈服于还原并仅仅能够得到还原，只有一切意义和存在得到具体的构造，自然的态度才能被理解。因此它没有**首先**说明何为自然态度，**然后**再指出它的还原，**最后**解释何为构造：我们必须把现象学问题域（Problematik）的这三个方面理解为统一的关系。

然而这里使我们感兴趣的是，胡塞尔在《观念》时期不仅把自然科学而且也把精神科学算作自然态度的学科：历史、文化科学、各种社会学学科都是关于世间的科学[⑤]；用胡塞尔的话来说，作为社会现实的精神是一个“超越物”，即一个对象。在与对象的关联中纯粹的意识超越自身；精神是“外在的”——自然（精神渗透其中）、身体（意识在其中客观化自身）和心灵（被理解为个体心理现实）也是如此。精神的世界性（Weltlichkeit）意味着：精神在意识主体的课题（Gegenstaenden）下出现；精神一定可以作为某种基本行为的相关物“在”意识之中并为了意识而被建构——通过这种行为便在世界、历史和社会中“确立”了精神。在这种意义上需要理解：精神科学首先必须屈服于这种还原[⑥]，我们没有迷失于历史和社会现实以及绝对物之中，我们悬置起对精神和物体存在（Dasein）

---

① 《观念》第1卷，第55节。

② 关于“进行”，参见《观念》第1卷，第122节；关于“成就”，参见第122节之后。

③ 《观念》第1卷，第253页［《胡塞尔全集》第3卷，第300页，第31行］。

④ “原本给予性的直观”，《观念》第1卷，第36页［《胡塞尔全集》第3卷，第43页，第32行］。

⑤ 《观念》第1卷，第8页。

⑥ 同上书，第108页。

的信仰；从现在起我们知道：历史社会的精神仅仅是为了并通过绝对的意识而存在——这个意识建构了精神。[①] 在我们看来，这里存在着后来一切困难的源泉：人们应该怎样理解，一方面历史的人在绝对意识中被建构，另一方面在历史中自身发展的意义在自身中把握到人——作为这个关于绝对意识的现象学家而处于不断运动中的人？这里似乎预示了包含与被包含之间的以及**先验自我**与创造历史统一性的意义之间的辩证法的困难性。

现在还不能对这个困难进行探讨，只是需要说明：胡塞尔在尚未发表[②]的《观念》第 2 卷中已开始着手进行人的构造（即心理 - 生理的心灵，心理社会学的个人以及作为历史现实的精神）。这个重要的文本（我们可以在卢汶胡塞尔档案馆中读到）的第二部分包含了对意识运作的长篇分析——通过这种分析，身体首先作为活生生的有机体，然后作为对另一个人的表达和中介而发展起来；通过分析人与人之间的社会链条最终得到构造。

因此在《观念》第 1 卷和第 2 卷的层面上，历史不具有优先性。完全相反：历史的人是世间性的一个因素、一个阶梯，是被构造出来的世界的一个“层次”：在这个意义上它像一切“超验物”一样被包括进绝对意识之中。

3. 尽管历史在双重方面被排除在外：作为发生学的解释原则和作为被历史学家和社会学家研究过的现实，但是在先验意识之中（自然和历史“在”这一意识中得到构造）历史以一种微妙的方式重新出现。这个意识始终仍然是**时间性**的，它是绵延的生命。在这种多样性中对逐渐出现的各种萌芽来说每一种意义都作为整体而构造出来——对整体而言这些逐渐出现的萌芽彼此连接在一起。大海的蔚蓝、表情的表达、工具的技术涵义、艺术作品的审美涵义以及制度的法学涵义等，所有这一切都在一个时期内逐渐形成——借助于局部直观的自我补充的因素的中介，比如说，时间是最原初意识（对物的意识）显而易见的维度：物意识赋予世间存在的第一个层面。对尚未熟悉的物的可感知性在于这样的可能性，即在一个无穷无

---

① 《观念》第 1 卷，第 143 页［参见第 115 页］。

② 现已作为《胡塞尔全集》第 4 卷发表（1952 年）。

尽的时间中新的映射证实或否证形成中的意义并为新的意义奠基[①]。因此这种绝对意识是时间性的，与三重境域——回忆、期待和瞬间的当下——保持一致。

当还原的世间时间瓦解时，现象学的时间便揭示出促成一切体验的统一性的形式。然而在这方面在这种程度上这个时间又成了一个谜，好像先验自我的绝对性只是在某个方面（即与先验物相关的方面）是绝对的，因此需要一个原构造——这个原构造带有大量的困难[②]（我们没有必要在这里讨论原则上的困难）。这些困难产生于对**现象学时间意识**的初始构造；胡塞尔第一次于1905年在《内时间意识现象学讲座》[③] 中就已拟定了这一课题范围；然而这些困难将会使我们离开我们原本的问题：这种原综合、这种在意识体验之间进行联结的原形式虽然确实是**时间**，可还不是**历史**；历史始终是外在的，时间是意识自身；当人们说，时间被构造出来，他们不再在这样的意义——像外在物那样被构造出来——上说；对超越对象的意识的所有超越活动（超越对象在其映射中描述超越物的统一性）都有一个前提：每个当下的意识都以内在的形式超越自身，也就是说，在时间上与另一个意识相关，——在这个意义上，时间是被原构造出来的；因此对一个新的当下来说意识成了无中介的过去，而且未来仍然无中介地处于前面。构造性的**先验**时间（而且还是被原构造出来的）不是超越的历史：历史不过是意识的相关物，这种意识探讨遗迹和文献，试图在文献中理解陌生的个人并把握社会的意义（社会在世界性的时间——星辰、钟表和日历——中发展）。从这种立场看，现象学的时间是一个在其中自然、人、文化和历史作为对象得到构造的绝对物。

尽管如此，下面这一点并非没有意义：最原初的意识在自身这方面又是时间性的；如果历史学家的时间受到还原和构造，那么很可能会重新勾画出一个历史。这个历史更接近于给予性的意识：在这个意义上先验现象学为了历史哲学而采取步骤处理现象学的时间。

4. 仍然有一个问题需要处理——通过这个问题，现象学的问题域与

---

① 关于这些可参见《观念》第1卷，第74－75页，第202－203页及《笛卡尔式的沉思》之第二沉思。

② 《观念》第1卷，第163页，尤见《笛卡尔式的沉思》之第四沉思。

③ M. 海德格尔选编，载于《哲学与现象学研究年鉴》，第9卷，1928年（也有单行本），第368－496页。新版本见《胡塞尔全集》第10卷，1996年，第3－98页。

一种可能的历史哲学的问题域的区分显示出来。对现象学的时间而言似乎也有一个先验自我：这个我不仅是一个世界之物——作为心理学的对象被给予并因此得到还原和构造；此外还有一个生活在每一个构造性的意识中的我：关于这个我，人们只能说，它“通过”这样的意识遭遇到世界之物（物、人、艺术作品等）①。这个我，是这种感觉性的、知觉性的、想象的及意愿的等东西。这个我思的我不能被课题化，不能成为研究对象；它只能在它的“关系方式”中得到把握②；比如，就像它把它的注意力集中在某物上一样，它以这样的方式——对感知进行悬置、规定或被动地维持，或者最终主动地推进——使行为环环紧扣。因此自我的现象学指向的只能是它的关系方式，不能是它的本质。从我思的观察方式出发就会产生这个命题：一个在数量上有别的自我（numerisch unterschiedliches Ego）成为每一个体验流的基础并且具有同一本质内容的“两个体验流”（对两个纯粹的我而言的意识领域）是不可思议的。③ 因此这里存在一个关于不可区别性的公理，从这个公理出发，自我的大部分——它不是心理学意识主体的世间性的、构造性的**多数性**（Vielheit）——都可以推导出来。

这些意识主体的多数性是否包含了历史理论的可能性？这个问题最终是要做出肯定回答的，因为主体的多数性是对人的历史造成统一性的意义的发展领域。但首先必须看出，先验现象学在通往历史概念的道路上堆积了多少障碍：正如自我的时间与人的历史并不一致，它只是描述了单个自我的时间，“我”的多数性也不是历史。有两个困难一直存在：

首先“我”的多数性似乎是一个绝对，人们应该怎样以若干意识主体创造历史？我们将会看出，在**危机**时期“观念的”的哲学为这些困难寻找答案。

然而人们在万不得已时也能理解，意识主体的多数性和历史的单一性是普遍使命的必不可少的因素。这时，第二个困难似乎更难克服：意识主体的多数性应该被安置“在”哪一个意识中？多数性——对历史使命而言也许渗透了促成统一性的意义——不能从上方观察，好像我、你、我们以及总体性中其他人可以互换；因此从这个总体性中一个绝对物被创造出

---

① 《观念》第1卷，第109页。

② 同上书，第160页［《胡塞尔全集》第3卷，第195页，第27行］。

③ 同上书，第167页［《胡塞尔全集》第3卷，第203页，第12－15行］。

来——它将剥夺自我的权力。历史哲学的这个障碍在阅读《笛卡尔式的沉思》之第五沉思时会异常清晰地显示出来。在我们探讨的结尾，当我们对历史的本质有了更好的理解时，我们将重新回到这一点上来。

二、关于历史目的论和理性目的论的观点

我们已经说过，通过**对危机的意识**，历史对最不具有历史性、最不关心政治的哲学家而言也成了问题，文化危机成了一个在历史的比例尺上被放大了的怀疑。当然如果每一个体的意识都把文化危机变成哲学课题的对象，那么文化危机只具有方法论上的怀疑功能。然而如果在这种方式上文化危机被转换成一个我向自己提出来的问题，那么危机意识依然停留在历史**之内**；它是一个处于历史之中并向历史追问的问题：人的未来是什么？也就是说，我们人之所以为人具有什么样的意义和目标？

因此历史哲学的第一个问题从危机变成观念，从怀疑变成意义。危机意识迫使我们看出我们的使命：对我们全体来说本质上的使命是使历史进行下去。

与此相反，历史表现为对它的目的论的哲学反思：历史产生于理性结构的特殊方式——这种结构恰好使历史成为必然的主题。不可能把历史直接地反思为事件的流动，倒是有可能进行间接的反思——这种反思把历史理解为意义的实现。由此可见，反思是理性的功能，也就是说理性以自己的方式化为现实。

就在维也纳演讲开始时，胡塞尔便已经确定了主导性的方向；历史哲学和目的论同等重要："我将［……］大胆尝试通过发展关于欧洲人类的历史哲学的观念（或目的论的意义）为众说纷纭的关于欧洲危机的主题赢得一个新的旨趣。我在此指出一种本质的功能，在这种意义上哲学及其作为科学的分支学科有权行使这种功能。通过这种方法，对欧洲的危机也会获得一种新的彻悟（Erleuchtung）"①（此外我们在下面还会回到两个在这里被同时共指的信念：正是在欧洲，人具有一个"目的论的意义"、一个"观念"；这个"观念"便是哲学、作为理解的关系及科学的无限远景的哲学）。

《危机》的第一部分一开始便从"目的论的意义"出发引出历史与哲

① 《胡塞尔全集》第6卷，1954年，第314页，第1－8页。

学之间相当清晰的关联："这部著述的首篇文字［……］所做的尝试在于，通过一种对我们处在危机中的科学境况和哲学境况之起源的目的论－历史学思考，论证对哲学的先验现象学转型的不可避免的必然性。因此这篇文字成了先验现象学中的一个独立的导论。"[①]

与此相应，历史不是哲学的次要的附属物，相反它是通往哲学问题域的享有特权的入口。一方面历史只能根据在自身中化为现实的观念得到理解，但另一方面历史的运动又以原初的方式为哲学家揭示出超验的主题，只要能够假定：历史正是从这些主题中获得自身独有的人的特征。可是在我们更进一步地探讨方法论问题——这些问题产生于历史目的论的概念以及对这一目的论（作为"先验现象学中的独立的导论"）的使用——之前，对方法的应用作一个扼要的概观并非多余；在这方面维也纳演讲[②]的修订稿比《危机》的第二部分更有教益。单独来说，《危机》不能让人认识到更大的关联；它首先是从伽利略到康德的哲学史。在先验意义上对欧洲精神以及历史哲学和反思哲学的关系的广泛观察是相当罕见的，即使它们具有无可估量的精确性（特别是第 6 页、第 7 页和第 15 页；我们将回到这一点上）。

只有欧洲才有"内在的目的论"和"意义"。欧洲的统一性具有精神形态，而印度和中国仅仅体现了经验社会学的类型；欧洲的统一性不是地理学上的地点，而是一根精神纽带，这根纽带存在于"精神生活、活动和创造的统一性"[③] 之中。在这里，"精神"概念的价值增值已经显而易见：精神的概念不再被拉回到自然的层面，而是寓于构造性的意识领域之中。确切地说，在这一范围内，它作为人们之间的普遍的东西并不存在于纯粹的社会学类型之中，而是描述了一个"目的论的意义"。

这一论断——只有欧洲才有**观念**——并不怎么令人惊奇，如果人们能在双重方式上补充这一论断的话。首先需要说明的是，人类作为整体，绝对地说来，具有意义；欧洲仅仅通过如下的方式便在地理上和文化上与其他的人类（Menschheit）分开：它揭示了人性的意义，欧洲的特殊性恰恰是它的普遍性。另一方面是它的适用于一切事物的独一无二的观念，即哲

① 《胡塞尔全集》第 6 卷，第 14 页，注 3。

② 同上书，第 314－348 页；参见本文考证注释第 547 页。

③ 同上书，第 319 页，第 3 行。

学。哲学是欧洲天生的隐德来希[1]，是它的文化的“原现象”[2]。这一“原现象”表明，欧洲的存在与其说是一个荣誉称号——获得者由它遴选，不如说是面对所有人类的责任。此外人类不应该误解“哲学”这个名称在这里所意谓的东西：作为欧洲人的意义的哲学不是一个体系、一个学派或某一特定年代的作品，而是康德意义上的观念，即使命。历史的目的论体现在哲学的观念中。出于这个原因，历史的哲学归根结底只是哲学的历史——就它而言不能与哲学的意识形成相分离。

可是，作为观念、使命的哲学是什么？它与文化的整体有什么关系呢？

人们把哲学规定为观念，因而它的两种本质可以这样描述：总体性和无限性。此外胡塞尔还称之为**目的**（Telos），“意志的目标”[3]：它是全体存在者的科学的目的。由于哲学的观念以关于全体存在者的科学的完美实现为目标，因此它只能是“一个永无尽头的规范性形态”、一个“不断开拓的无穷性”[4]。哲学的每一次历史实现之后，在它的前面永远存在着尚未抵达的观念的地平线。

由于观念的无穷性，历史便成为一个没有终点的进程。在哲学之前之外，人类虽然具有历史性，可他们暂时只具有没有地平线的、局限的、封闭的使命——这种使命受短期利益的支配并被传统所规定。公元6世纪在希腊出现了“无限使命的人属（Menschentum）”；一些彼此独立的个人构造了哲学的观念，一些学派随即打碎了“有限性人类”[5]的受到限制的安宁。这一突变贯穿于从生命意愿（Lebenwollen）到惊叹、从意见到科学之中。在传统中产生了怀疑，真理问题被提出，普遍之物被追求，纯粹的精神共同体[6]在科学的使命中形成；这种哲学探讨的共同体通过文化和教育而越出自身的框架之外并逐渐改变了文化的意义。

因此胡塞尔看出了西方的历史受哲学活动的支配——这一活动被理解为普遍的自由的反思以及一切理论的、实践的和理想的总体性的典范。简

① 《胡塞尔全集》第6卷，第320页，第26行。
② 同上书，第321页，第36行。
③ 同上书，第321页，第5-6行。
④ 同上书，第322页，第4行和30行。
⑤ 同上书，第324页，第30-31行。
⑥ 同上书，第322页，第30-38行。

而言之：它包括作为一切规范的无限整体。哲学具有执政官（Archontische）的功能①："包含一切个别科学的普遍的哲学虽然构成欧洲文化的部分现象，但是在我的全部描述的意义上，可以说这一部分起着头脑的作用，真正的、健康的欧洲精神依赖于它的正常运行。"②

如果这是欧洲人属的意义，如果它通过哲学的观念获得自身的规定，那么欧洲的危机只能是一种方法论上的困境。这种困境妨碍了认识——虽然不是在它的局部活动中，而是在它的中心意图中：没有物理学的危机、数学的危机等，只有科学构思本身的危机以及构成科学的"科学性"的主导性观念的危机，这种危机在于**客观主义**，即在于把知识的无限使命归结为它的辉煌的应用——数学-物理学知识。

关于这场危机的涵义我们将在下面再次提到，如果我们走上相反的道路，在哲学中思考对哲学史的回归并把现象学看作对患病的人类的净化。

通过浏览胡塞尔对西方历史的解释，我们便能够观察与此相关的方法论上的问题。

哲学反思与历史解释之间的关系鲜明地标划出关键性的问题：历史目的论如何呈现？通过对历史的直接观察吗？可是专业的历史学家愿意把西方的全部历史看作哲学的实现吗？如果哲学家们只能给历史学家提供一个纲领，那么为什么要走历史这条弯路，而不走直接的反思之路？

在维也纳演讲中对这个困难——它十分明显地规定了《危机》的哲学思路——只出现了几处暗示。这篇著作中有好几个段落明确了专门研究这一方法的中心点。③

一方面很清楚的是，人们只能根据哲学的直觉把历史解释为意义的实现、向一个永恒顶点的发展；这样人们只能从社会类型学转向人的观念，以避免人类动物学的危险。"可是这个（预感）给予我们有目的的指引：为了在欧洲历史中发现最为重要的关系——在我们对这些关系的追求中被预感的东西成为经过证实的确定性。"④

《危机》第15节（标题为"对我们的历史观察方式的反思"）相当清

① 《胡塞尔全集》第6卷，第336页，第33-34行。
② 同上书，第338页，第7-12行。
③ 同上书，尤见第7节和第9节结尾、第15节和几篇关于历史哲学的遗稿。
④ 同上书，第321页，第11-14行。

晰地突出了这一方法与在历史学家意义上的另一方法之间的对立：对目的论的研究不能与意图分开，“为我们获得关于我们自身的明晰性”[①]。只要我们一同参与历史的实现，历史便是我们自身理解的一个因素：“我们试图吸取和理解那个在一切历史目标的设置中、在历史转型的对抗和合作中起作用的**统一性**，并且在不断的批评中（这一批评看到的始终只是作为个人的历史的全部关系）最终直观到一个历史的使命，我们将这个使命认作是我们自己个人唯一独有的使命。一个直观本不是来自外部，不是来自事实，仿佛我们形成于其中的时间性生成就是因果性的纯粹表面上的先后相继，相反，直观是**来自内部**。我们不仅具有精神遗产，而且我们本身也无非就是历史－精神的生成者，这样我们才具有真正为我们所独有的使命。”[②] 由于历史是**我们的**历史，因此历史的意义是我们的意义：“在向目标的原创之回溯中澄清历史，这种方式是连接未来一代的链条，［……］——这一点，我认为，正是哲学家的真正的自身思义（Selbstbesinnung），即对他的**本来意欲**之所在的自身思义，对那些来源于并作为精神祖先之意欲而处在他的意欲之中东西的自身思义。”[③]

然而可能有反对意见：这些文本虽然指出，精神的历史不具有自立性，而是属于自身理解，但是它们并没有指出，对其自身的理解只能通过穿越精神历史的迂回道路来进行。

在这里表露出胡塞尔思想中的新的东西：哲学观念的基本路线只能在于历史；历史既不是虚假的，也不是徒劳的弯路。正是由于理性作为历史的永恒的使命（假设了不断进步的实现），历史才是揭示超历史意义的享有特权的场所。我揭示了起源和原设立——它也是在未来境域中的一个构思、一次最终设立。[④] 通过这种方式我便能知道我是谁。对历史本身的理解的历史性特征变得显而易见，如果人们在与偏见作斗争的关系中看出这一点的话：笛卡尔曾教导说，明见性就是对偏见的战胜；可是偏见始终具有历史涵义；与其说它天真幼稚，不如说它古风犹存，它具有“积淀的”特点，它的“自明性”是“它的个人的以及非历史的劳动的基础”[⑤]，而

---

① 《胡塞尔全集》第6卷，第71页，第33－34行。

② 同上书，第71页，第35行；第72页，第11行。

③ 同上书，第72页，第31行；第73页，第3行。

④ 同上书，第15节［尤见第72页，第27行及第73页，第32－33行］。

⑤ 同上书，第73页，第3－5行。

我能够从被掩埋的、沉淀的历史中摆脱出来——仅仅通过我与“被隐藏”在积淀活动之下的意义重新建立联系，使之重新变成鲜活生动的当下。我用同样的方式把握历史目的论的统一性和内向性的深度。只要通过下面的方式我便获得进入我的通道：我重新意识到“祖先”[①] 的目标——只有当我把这个目标理解为我的生活的当下有效的意义时，我才能够领会它。胡塞尔把这种既是反思的又是历史的方法称为“自身思义”（Selbstbesinnung），有时也称为“历史的返身思义”（Rückbesinnung）[②] 或“历史与批评的返身思义”[③]。

简而言之，只有历史才赋予进行哲学探讨的主体的使命以一种广泛的无限性和总体性；每位哲学家都提交一份自我解释、一把打开他的哲学的钥匙；“可是，即使我们通过详尽的历史研究而对这种‘自我解释’（而且哪怕是对哲学家的整个链条的‘自我解释’）有相当的了解，我们仍然无法从中获悉，‘它’在意向内向性的隐蔽统一之中（单单是这种内向性便形成了历史的统一性）究竟要在所有这些哲学家中‘意欲何在’”。只有在最终创造中这一点才显示出来，只有从这一设定出发，一切哲学和哲学家的统一朝向性（Ausgerichtetheit）才呈现出来，并且从这一设定出发，才可以获得一种澄明，在此澄明中，人们便会理解过去的思想家，而他们本人从未能够这样理解自己。[④] 因此，援引孤立的文本并使之成为支离破碎的解释的基础，是毫无意义的：哲学家的意义只向“批判的总观”（Gesamtschau）[⑤] 呈现。这种总观点仅仅在与哲学观念的“统一朝向性”[⑥] 中揭示哲学家的这种被朝向性。

因此胡塞尔在他的生命的最后十年对历史的思考导致了对哲学意义的深入改变，诸如“自身思义”和“人属”之类的新的表达的出现已经很明显地暗示了一种发展，这种发展内在地产生于反思哲学自身。

如果一个人真的想用一个独特的概念概括所有的成就——这一成就是胡塞尔通过对历史思考的反作用另外获得的，那么他就可以说：为了重新

---

① 《胡塞尔全集》第6卷，第73页，第7－8行。

② 同上书，第73页，第24行。参见第72页，第39－40行以及第73页，第7行。

③ 同上书，第7节，第16页，第10－11行。

④ 同上书，第74页，第13－23行。

⑤ 同上书，第74页，第28行。

⑥ 同上书，第74页，第20行。

采纳康德关于理性和知性的对立的思想，现象学已发展成一种动态的理性的哲学（正是在历史哲学的领域中与康德进行比较有可能扯得相当远）。[……] 如所周知，这种当下地处于每一个先验观念之中的要求，即对绝对完善性的要求、对在无限者中累计所有有限者的要求，曾经造成了理性心理学、理性宇宙学和理性神学的形而上学的假象（Schein）；可是甚至在假象的揭示中，这一要求仍然以规范性原则的形式一直发挥作用。然而康德自己已经意识到：如果重新采纳柏拉图的理念概念，他就始终会忠于这位希腊哲人的精神。对这位哲人来说，理念既是理解的原则（作为数学和宇宙学的理念）也是应然（Sollen）和行动的原则（作为道德理念、公正、美德等），二者没有彼此分开。理性一直要求总体的秩序并因此把自身描述为既是思辨思维的伦理学又是伦理学的智慧性。

通过用"理性"概念对五个因素的概括，胡塞尔重新采纳了柏拉图和康德的路线并加以发展。这些因素在我们到目前为止的研究中已经以另一种顺序做了描述：

1. 理性不仅仅是认识的批判：它在具有所有的创造意义的活动（思辨活动、伦理活动、审美活动等）中发现统一性的使命。它包括文化的全部领域，是文化统一性的纲领。在《观念》中理性的思辨涵义强得多，并且与**现实性**问题有关。理性指导着看的有效性——看，出自原初的直观并与这种直观一道为明证性奠基（对此可参见《观念》第1卷第4节全文，这一节的标题为"理性与现实性"）。在这个意义上理性已经需要一种完满、一种在看中对每一意向的履行。

在《危机》中理性根据它的总体性特征获得了"存在"的涵义：它包含"对人的全部存在的意义或无意义的追问"①；它涉及"人类在对人的和外在于人的环境中的态度中的自由抉择以及在其可能性中自由地合理地塑造自身和环境"② 等问题。第三节强调观念和理想的"绝对的""永恒的""超时间的""无条件的"有效性③，——这个有效性赋予理性问题以真正的尖锐性；可是这些理想恰恰构成人的存在的尊严，它超然于每一种纯思辨的定义之上。"人类的本质是理性，因为并且只要这一本质使人

---

① 《胡塞尔全集》第6卷，第2节，第4页，第9－11行。
② 同上书，第4页，第14－17行。
③ 同上书，第7页，第9－10行。

的意义与世界的意义相关联”。(第5节)

2. 理性被**动态地**理解成“成为－理性的”(vernuenftig-werden)[①]；哲学是“达致自身的绝对理性”[②]。在这一时期一份很重要的未发表的手稿的页边处[③]可发现作为标题的这样的一句话：“哲学作为在理性发展阶段上的人类的自身思义和自我实现，需要把自身思义的发展阶段看作它的功能。”[④] 在同一篇文章中也谈到了“在自我澄明的不断运动中的理性”[⑤]。

从这里出发历史才有可能，但仅仅作为理性的实现。历史不是一种进化，这意谓着有意义的东西从没有意义的东西中引申出来；历史还是一个纯粹的冒险，它会导致一种无意义性的连续；然而历史更多的是某种延续下去的、处于运动中的东西，同时进行的是永恒、无限的意义的统一性的自身实现。

3. 理性也具有伦理学的涵义，这一涵义表现在对责任一词的经常性的使用中：它针对“作为负责任的人的最终的自我理解——对他自己的人的存在而言”[⑥]，这一涵义在“想－成为－合理的”之中是合乎理性的[⑦]。

4. 伦理学方面的使命需要一个具有**戏剧性特质的时代**(Zeit dramatischen Characters)，我们的危机意识使我们恍然大悟：无限的观念可能沉沦、被遗忘甚至蒙受损害。全部哲学史，如我们将要见到的那样，是对使命的无限性的理解与它的自然主义的简化之间的**斗争**，或者，如其在《危

---

① 《胡塞尔全集》第6卷，第429页，第26行。

② 同上书，第275页，第7行。

③ 这份手稿由W. 比梅尔(Walter Biemel)把它作为“第73节”放在《胡塞尔未完成的〈危机〉文稿》的最后。参见《胡塞尔全集》第6卷，第269页，注1。第73节选自一份400页的卷宗，这份卷宗已保存在胡塞尔档案馆，标号为K Ⅲ 6。本节的第二部分(从《胡塞尔全集》第6卷，第272页，第21行起)由胡塞尔(参见手稿K Ⅲ 6，Bl. 154a，打字机改写本第249页，第2行)标明为“对K Ⅰ的进一步解释”。胡塞尔所谓的“K Ⅰ”是一份总共4页插到K Ⅲ 19(胡塞尔档案馆编号)中的副本(在那里的编号为Bl. 17a—18. b)。手稿K Ⅲ 19已全部作为《危机》的“补遗X”(《胡塞尔全集》第6卷，第420－431页)出版。“K Ⅰ”副本见于第429页，第10行至第430页，第15行。根据胡塞尔的本意，所谓第73节的第二部分应该是对K Ⅰ的注解。这一事实可以说明为什么利科不加区分地引用这两个文本，就像援引同一个“未发表的手稿”一样。

④ 手稿K Ⅲ 6，Bl. 150a，改写本第244页，部分见《危机》第73节标题(《胡塞尔全集》第6卷，第269页)。

⑤ 《危机》，第273页，第16－17行。

⑥ 《胡塞尔全集》第6卷，第275页，第24－25行。

⑦ 同上书，第275页，第33行；参见第429页，第24－26行。

机》中所称，是先验主义与客观主义之间的斗争。哲学观念与世界认识——个别或普遍——的现实可能性之间的不相称导致这样的结果：人类可能会错失自己的使命。使命的每一次实现都冒着失去它的目标的危险，从这里冲突产生了。因此每一次的成功都有双重含义，伽利略便是这样一个胜利－失败的明显的案例：他通过把自然**揭示**为实现了的数学而**掩盖**了哲学的观念[①]。这种危险的双义性（它一直包含在历史的目的论中）并非与康德没有相似之处，对康德来说，幻觉的力量随理性本身的固有本质而产生。但愿胡塞尔——不考虑这一点：对他而言幻觉是实证主义而不是形而上学——已经对戏剧性历史事件的冲突给予解释，这种冲突在人类的使命内部存在于不可实现的目标和化为现实的事业（Werk）两者之间。胡塞尔由此接近这样的思考（正如这些思考曾经离开雅斯贝尔斯哲学）：对在我们寻找绝对存在与我们存在的有限性之间的不相称性进行思考。在我们有限性的条件上，这里客观知识普遍性的假象也落空了。

5. 使命的无限性、自我实现的理性的运动、意愿的责任性以及历史的危险：所有这些理性范畴在人的自然概念中达到顶点。个人不再是“我，这个真正的人”[②] ——对现象学的还原来说，他作为世界的真实性（这种真实性通过感知、同感、历史报告和社会学的归纳被构造出来）是无效的；现在所指出的与其说是**人的无限观念的相关物**不如说就是人；维也纳演讲谈到了“无限使命的人类”。上面引用过的手稿对此做了说明：“哲学作为对人的人化的功能，［……］作为最终形式上的人的此在，而对由人类进入人类理性最初的发展形式来说，最终形式同时也就是开端形式”[③]；它是这样的“理性，在它之中，理性是人性”[④]，“是人的特殊性”[⑤]，理性标示着：“人作为人在他的内心深处所欲求的是什么，什么东西才能够使他得到满足和‘极乐’（selig）”[⑥]。

整个《危机》第6节都致力于把欧洲人的使命等同于实现理性的战

---

① 《胡塞尔全集》第6卷，第9节；参见第53页，第6－7行。

② 《观念》第1卷，第58页（《胡塞尔全集》第3卷，第70页，第32行）；尤见，第33、49和53节。

③ 《危机》，第429页，第30－35行。

④ 《胡塞尔全集》第6卷，第275页，第31行。

⑤ 同上书，第272页，第21行。

⑥ 同上书，第275页，第35－37行。

斗。这项使命区分了“欧洲人［……］的天生的终极目标（Telos）”[①] 与中国或印度的“纯粹经验人类学类型”[②]。正是理性在广泛的意义上使这种特殊的人性凸现于人类目前：“总而言之，人性是在血缘性和社会性地联系起来的人类中的本质上的人类存在，而且人是理性的生物（**理性动物**）。只要所有的人都是理性人，人类便只能如此：潜在地指向理性或公开地指向已苏醒过来的理性，理性自身已变得显而易见并且从现在起人类的生成已在本质必然性中成为**有意识的、主导性的**隐德来希。哲学和科学因此成为**普遍的、对人类而言作为‘天生’的理性的觉醒的历史运动**。”[③] 这样，理性的概念通过人的概念在存在上和历史上得到更进一步的规定，而人通过理性赢得其深远的意义。人符合他的观念的图景，而观念是他的存在的范型。因此危机——它对科学提出质疑，对它的目的、它的观念，或如胡塞尔所说，对它的科学性，提出质疑——便是存在的危机：“纯粹的实际科学造出纯粹事实人（Tatsachenmenschen）。”[④] “如此说来，哲学的危机意味着作为普遍性哲学的分支的一切现代科学的危机，意味着欧洲人自己在他的文化生活的全部意义性中以及在他的全部‘生存’中起先潜伏可后来日渐暴露的动机。”[⑤]

胡塞尔在这里提到用一种历史中的理性的哲学把批判哲学与生存论上的企图联系起来的可能性：“一切来自‘生存论’基础的思考当然都是批判性的”[⑥]。

在对理性的新范畴结束概览之前，我们注意到“绝然性”（Apodiktizität）这一概念的意义的变化；这种在突出意义上的思辨概念从现在起由关于人的新的观念创造出来。《观念》第1卷把判断的必然性称之为“绝然的”（apodiktisch）——判断使关于一般性本质的论断个别化[⑦]；与此相

---

① 《胡塞尔全集》第6卷，第13页，第18－20行。

② 同上书，第14页，第12－13行。

③ 同上书，第13页，第30行；第14页，第2行。

④ 同上书，第4页，第1－2行。

⑤ 同上书，第5节（第10页，第29－34行）。第7节在同样的意义上谈到当代文化的“生存论的矛盾”（第15页，第17行）。当代文化已经遗失了观念，但却仍然只有通过观念才能生存，并用我们的忠诚或我们的背叛的“生存论上的仍然（Dennoch）”来与观念相对。

⑥ 同上书，第9节末尾（第60页，第23－24行）。

⑦ 《观念》第1卷，第6节［第15节（《胡塞尔全集》第3卷，第19页，第24－36行）］。

反，存在一种单纯的、个体的、“断然的”（assertorisch）看。[①] 在这组《危机》手稿中，绝然性与置入理性概念中的自我实现是同义词；与此相应，绝然性便是人的作为已成现实的理性的真理：如果绝然性是历史的无限极点和人的意义，那么可以这样理解；标题为“作为人类自身思义的哲学”的不打算发表的手稿宣称“人对自身的最终理解就是将自己理解为对其本己存在负责的人，他把自己理解为具有绝然性生活之天职的存在——这种绝然性不仅是指对抽象的和一般意义上的绝然科学的从事，而且是指在一个绝然的自由中向着绝然的理性、向着在其理性的所有生命活动中（在此理性中它就是人性）实现着自己全部具体意义的绝然性；如前所述，一个将自身理解为理性的绝然性［……］”[②]。因此绝然性本身也还表达了一种强制，但却是总体使命的强制。

因此我们可以准确地说，胡塞尔的历史观察只是反思哲学在集体生成的平面上的投射，对反思哲学而言，它在内在性的平面上已经发现它的最终的结构；意识通过把历史的运动理解为精神的历史而赢得进入自身意义的通道；正如反思为历史的理解提供了“意向性的主线”一样，历史可以被描述为“时间性的主线”。根据这一点，意识被认识为无限的、为人的人化而斗争的理性。

三、从欧洲人类危机到先验现象学

我们现在能够理解胡塞尔对哲学和当代科学**危机**的看法，这样我们就可以进入《危机》第二部分的本质内容。对上述未发表的手稿的探讨给我们提供了一种对限定在现代的解释进行描述的可能性。

文艺复兴是欧洲人类的新的起点；与此相对，古希腊时期的新的东西仍停留在黑暗之中，与现代人类的第二次诞生相比甚至被低估了。[③]

---

① 《观念》第1卷，第137节［第285页（《胡塞尔全集》第3卷，第337页，第12－13行）］。

② 《危机》，第275页，第24－32行。《危机》已是如此（有好几处，尤其是第5节和第7节）。历史哲学借用了形式逻辑的绝然性的概念，并且以同样的方式借用了亚里士多德的“隐德来希”概念以及康德哲学的“理念”概念。

③ 这一点甚至相当罕见，即——与维也纳演讲的文本（尤见《胡塞尔全集》第6卷，第325－336页。以下注释，除特别说明外，都指本书本卷）相反——在《危机》的第一部分［尤见，第8节，第19页］，希腊思想，特别是欧氏几何学的功绩（作为无限的合理性认识的使命被构思出来）遭到否定。

在对现代精神的全部解释中有如下三个最重要的因素：

1. “客观主义”对现代人类的危机负有责任：整个近代的认识态度都被概括为伽利略构架。

2. 那种表述了与客观主义相反的哲学**观念**的哲学运动是广义上的先验主义，它一直回溯到笛卡尔的怀疑与我思之上。

3. 可是由于笛卡尔没有敢于在他的划时代的道路上走到底，所以对先验现象学来说，使笛卡尔的发现彻底化并把反对客观主义的战斗进行到最后胜利的使命始终存在：在这个意义上先验现象学觉得对现代人类负有责任并相信能够治愈他们。

这一解释——根据它，这种更新的哲学是一场在先验主义和客观主义之间的独特的战斗——在严格意义上没有为各个问题留下任何空间；我们看到哲学家们都抱有这种独一无二的历史线索（Linie）的观点，——只是他们不断受到客体和我思之间的两难的困扰。只有通过统一性的哲学问题域，历史目的论的原则以及最终历史哲学的可能性才可以得到维护。下面将对这三点做进一步的阐述。

1. 胡塞尔关于“客观主义”的观点的独创性在于在科学的观念和方法之间所做的基本区分，这种区分对各门科学而言是很特别的：胡塞尔没有考虑把探讨转移到科学方法论或“物理学理论”的层面。有些学者，如爱因斯坦、德·布罗格利（de Broglie）等，或者科学理论家如杜海姆（Duhem）、迈耶尔逊（Meyerson）和巴什拉（Bachelard）等，他们所感兴趣的“基础危机”不在此讨论之列：这种危机完全位于客观性内部；它只涉及科学家并且只要通过科学的进步便可得到克服。与此相反，由胡塞尔课题化的危机与科学的“生活意义性”相关（第二节题为：“作为丧失生活意义性的科学的‘危机’”）[①]。它位于观念的、人的构思的层面上。它是理性的危机，同样是生存的危机。

现代精神的两项本质上的成就——这些成就由于部分地实现了对整体理解的追求（Bestreben）而同时改变了哲学观念——第一是使欧氏几何一般化为形式的普遍数学，第二是对自然界的数学处理。第一项创新虽然仍处于古典科学的路线上，可是这项创新——一方面通过构造一个公理系统（它的确是封闭的演绎领域）的方式，另一方面通过把对对象的抽象推到

① 《胡塞尔全集》第6卷，第3页。

极致的方式——借助于代数的、然后是分析几何学的以及最后是纯粹形式的普遍分析的帮助，在莱布尼兹对一般性计算法的古老构思的意义上（这一计算法的对象是纯粹一般性的某物）导致“流形论”或“逻辑斯谛”[①]。这样，绝对精确性的领域便可抵达，确切地说，首先是在纯粹几何学的“极限图形”中抵达——与这种图形相关联，每一种被感知或被想象的图形只是一种近似的精确；这个王国是一个封闭的、合理地构造起来的系统，这一系统能够被普遍性科学所掌握。

第二项创新是与伽利略的名字联系在一起的；《危机》的第二部分对他做了严密而详尽的研究（第七节谈到伽利略处不下37页）。他创造了一门科学，这门科学以“数学的流形论”处理自然，完全像用理想的图形研究几何一样。然而这一天才观点的主旨必须被置于全新的基础上，因为这一步骤奠基于已积淀下来的概念性的自明的基础上[②]——我们第一次必须把所谓概念的明证性提升到意识的层面；也就是说迄今为止明证性是客观主义的源泉，——而客观主义是我们处于困境的原因。

首先，伽利略曾一度是由传统认可的几何学思想的继承人；可是由于有生命的意识脱离开这一传统，因此它的“起源”始终隐而不现，也就是说这种理想化成就——它使极限图形与它的感知基础、它的生活环境或者确切地说它的生活世界相分离——是一切意识成就的起源。[③] 伽利略生活在绝然的明证性的“素朴性”中。[④]

伽利略通过活生生的源泉所切割的第二个明证性在于：感知性是纯粹“主观的”幻觉，“真正的现实性”是数学方式；因此这个要求——以数学为中介观察自然——便是“自明的”[⑤]；这种结论上的伟大发现在前提上是“素朴的”和“独断的”[⑥]。这一观念——通过这样的方式：每一

---

① 《危机》，第8、第9节［尤见，第44页，第33行和第45页，第9－10行］。关于“流形论”概念，参见《逻辑研究》第1卷，第69－72节及《观念》第1卷，第72节，尤见《形式的和先验的逻辑》，第28－36节。另参见J. 伽瓦耶（J. Cavaillès）《论逻辑学与科学理论》，巴黎，1947年，第44页及以后，第258页。

② 《胡塞尔全集》第6卷，第24页，第6行；第72页，第33行；第73页，第3、19－20行。尤见，增补Ⅲ，第371页，第44行；第375页，第33－36行。

③ 关于“意识成就”和“生活世界”这两个中心概念，我们还会谈到。

④ 《危机》，第27页，第4－5行和第26页，第24－25行。

⑤ 《胡塞尔全集》第6卷，第21页，第3－20行和第35页，第18行。

⑥ 同上书，第9b节（尤见，第7，页，第4行及以下）及第9h节。

“主观性的质都被看作对客观性的量的表达和征兆”——天才地克服了对测量的性质和计算法的反对。可是由于这一工作假设没有进行自我批判，所以它就不可能如其所是地得到辨识：一种积极的、“有所成就的”（leistend）精神的独创性。因此这种“对世界的非直接的数学化”[①] 只能通过结果才能得到证明。数学化应用的扩展便是这种结果，而不是每次都打破先行假定和无穷证明之间的循环；归纳的全部秘密便包含在这个循环中。只是他忽略了一个反思，这个反思才是更为根本的，全部物理学都回涉到以前的当下、回涉到生活世界的预先被给予性。[②] 这一反思正如我们将要看到的那样，使现象学有可能履行对客观主义的批判功能。

在伽利略之后的时代，积淀过程的进一步加剧应该属于伪明证性，这种伪明证性在伽利略的主旨中揭示出当下的反思：代数在这里使全部数学和数学物理学屈服于技术化——在技术化中与棋牌类似的对符号的应用清除了一切思维活动中理解的因素。因此科学变得“表面化了”[③]，并且丧失了揭开它的“成就”（Leistungen）[④] 的线索。

出于所有这些在伽利略本人的时代不能得到阐释的原因，这位数学物理学的创始人是一个双重意义上的天才：他**揭示了**世界的数学本质，但同时确又**遮蔽了**它，因为世界是意识的成就。[⑤]

在这一点上，可以非常清楚地看到胡塞尔在对历史的活生生的解释中所形成的独树一帜的风格；很明显，对伽利略动机的洞察只能来源于事后的回顾，因为当代危机使原初的危机明朗化，便同时使人明白了当代方向性的丧失。与其从心理学上理解伽利略，不如从历史上理解贯穿于他的观念的运动；所以一切仅仅取决于整体的意义——这一意义来源于他的著作并最终仅仅在由他而产生的历史中得到规定。人们可以把这种动机分析描述为理性的心理学分析，就像萨特讨论生存论的心理分析一样，因为对胡塞尔来说，只有历史才真正揭穿这个纲领。

2. 自然主义的独断论必须受到批判。这一点由于双重的困境而导致疑问：为什么此后有两种逻辑学——普遍的数学和实验逻辑学？或者如果

---

① 《胡塞尔全集》第 6 卷，第 40 页，第 21－22 行。

② 同上书，第 342 页，第 37 行；第 343 页，第 2 行及第 105 页以下。

③ 同上书，第 48 页，第 20 行。

④ 同上书，第 46－48 页。

⑤ 《危机》第 9 节［尤见第 53 页，第 6－7 行］。

人们愿意，甚至可以询问为什么有两种数学和两种规律性——一方面是理想的数学和先天的规律性，另一方面是非直接地应用于自然的数学和后天的规律性？

然而最不堪忍受的困境表现在心理学领域：如果自然广泛地可数学化，那么一方面心理事物必定与身体事物相分离，因为物理学只有通过对意识的放弃才能得到把握；可是另一方面心理事物是根据身体事物的蓝本得到说明的，因为自然科学的方法原则上是能够一般化的，这些问题间接地证明某种东西已经丧失主体性。

笛卡尔的功绩在于，第一个进行了关于意识优先于它的一切对象的彻底反思；据此，他成为哲学中先验动机的论证者，唯有这一动机才能摧毁自然主义的独断论的素朴性。

头两个《沉思》的意义比人们起先可能预料的更大，也比笛卡尔本人意识到的更大。

笛卡尔对数学的、物理的以及感性的明见性的自主有效性进行了批判。他的怀疑位于每一种可设想的批判的开端。他把怀疑看作首要的，它“穿过不再能够超越准怀疑主义时代的地狱并推进到绝对理性哲学的天堂的入口而且系统地构造哲学自身”①。笛卡尔通过使存在彻底失败的方式赢得了无可争议的基础，用一句话表述便是：“**我思所思**（Ego cogito cogitata）”。这个简明的表达式的意义在于，世界作为固定的自在之物已经丧失作用，只有作为“被思的”才会重新有效；**我思之所思**（Cogitatum des Cogito）是世界上唯一无可怀疑的存在。笛卡尔将那个连怀疑也不能动摇的“我思”（他称之为“观念”）领域扩展到了“所思”领域之上，通过这种方式，他已含蓄地采用意向性作为基本原则②，并且开始把一切客观明见性联结到我思的原初明见性上。

但是笛卡尔也是歪曲自己思想的第一人，他始终囿于伽利略的明见性；而且对他来说，物理学的真理是一种数学真理，对怀疑和我思的全面实施只是用来强化客观主义；因此“我思”中的“我”被理解为“所思的东西”（rescogitans）、真正的心灵，或者说被理解为心理学的事实——当人们把（从数学上得到理解的）自然一笔勾销时，剩下的便是这种真

① 《危机》，第17节［第78页，第28－32行］。

② 同上书，第20节［《胡塞尔全集》第6卷，第84－85页］。

实；另一方面必须指出，心灵具有“外在性”，上帝是上帝观念的原因，而物质性的“物”是世界观念的原因。笛卡尔没有看到：这个被这一时代所“**去世界化**”（entweltlich）[①] 的我，像身体一样，也是一个“现象”：“对他来说始终被遮蔽的是，一切诸如我与你、内在与外在之类的区分首先在绝对自我中得到‘构造’。”[②]

这个错误的办法——它与试图证实科学的客观性相关——说明了笛卡尔主义的特有的命运：从中不仅产生了马勒伯朗士、斯宾诺莎、莱布尼兹和沃尔夫的理性主义（这种理性主义全都朝向对自在存在的绝对认识），而且产生了怀疑的经验主义（这种经验主义从对我思的心理逻辑斯谛的解释中引出它的所有命题）。前一思潮已经清除了怀疑的动机并且取消了回到自我的还原，后一思潮在很大程度上低估了作为奠基性的主体性的本质并摧毁了一切真理。

3. 不同寻常的是，与康德的研究相比，胡塞尔更为详尽地探讨了伽利略和笛卡尔。在最本真的意义上难道康德不符合他自己对先验哲学的表述吗？为什么对康德的称赞有这么多的保留——确切地说在维也纳以及在布拉格演讲中？《危机》对这种温和的赞赏说明了原因：康德的解释依赖于休谟的解释；然而休谟的潜在意义大于康德的意义，因为休谟，如果被正确地理解，比康德更接近笛卡尔的怀疑。当然休谟预示了——人们根据他自己的意图这样解释——哲学和科学的“客观认识的解体”[③]。但是“隐藏在休谟无意义怀疑中的动摇客观主义的真正的哲学动机”[④] 是这样的：它最终应该使笛卡尔时代的彻底化成为可能；由于为客观主义辩护，笛卡尔并未切中时代，而在休谟的怀疑主义中对世界的所有认识——科学的以及前科学的——都成为一个巨大的**谜**。[⑤] 也许唯有一门荒谬的认识论才能发现认识之谜。也许唯有现在“世界之谜”可以从哲学上**被课题化**，并最终在最后的结论得以明晰的是：“意识生活是**有所成就的**生活，无论它是正当的还是拙劣的；存在的意义是有所成就着的生活，它已经是感性

---

① 《胡塞尔全集》第 6 卷，第 84 页，第 1 行。

② 《危机》，第 19 节［第 84 页，第 10－12 行］。

③ 同上书，第 23 节［第 90 页，第 12－13 行］。

④ 《胡塞尔全集》第 6 卷，第 24 节标题，第 91 页。

⑤ 同上书，第 91 页，第 27－28 行。

直观的生活，而且还会是科学的生活。”[①] 简而言之：通过休谟，不仅数学理性主义的客观主义，而且感性经验的客观主义，因而一切客观主义，在其上千年的坚不可摧性中从根本上受到动摇。[②]

为休谟“潜在的动机”正名，表明胡塞尔对康德的全面的、批判性的保留：康德哲学不是对“隐藏”在休谟怀疑主义背后的问题的回答，而纯粹是解答他的显而易见的意义；因此在更深的意义上康德不是休谟的真正继承人；他仍然囿于从笛卡尔到沃尔夫的后笛卡尔主义的问题域中——这一理性主义不再受对两个第一《沉思》的巨大发现的影响。因此康德没有回溯地提到**自我**，而是诉诸形式和概念（然而它们描述的是在主观性内部的客观性因素），虽然他的先验哲学的称号肯定当之无愧——只要他把每一种可能的客观性化为这些形式；他第一次以新的方式构思了一门哲学，“在这门哲学中朝向意识主体性的笛卡尔主义的转向以一种先验主观主义的形式发挥作用”[③]。与其说康德致力于说明主体性成就（主体性赋予世界以意义和存在），毋宁说他关注借助于主体性的奠基来确保客观性；他试图发展出一套超越现象哲学的自在存在哲学，这是一个很重要的暗示。[④]

因此，在这种形式中笛卡尔主义问题域必须被重新采纳——如同这一问题域通过“真正的休谟”得到深化并因此成为“真正的、引起**休谟本人**思考的”问题。[⑤] 这一问题比康德的理论更应具有“先验”的属性。[⑥]

这里我们不想停留在先验哲学的以及对“彻底先验的主观主义”[⑦] 的研究特点上。对“意识成就”和“生活世界”这两个互属性概念（它们位于胡塞尔晚期哲学的中心）的深入思考，究其本身而言可能是一个广泛的、需要批判地思考的问题。与此相应，《危机》的第二部分没有直接处理这个主题，而是从历史哲学的角度：作为一个逐渐形成的问题、作为一个问题域——这一问题域通过探讨伽利略的伪明证性、笛卡尔的我思、休谟的问题以及康德的批判哲学这种迂回的方式不断地深化自身并试图澄清

① 《胡塞尔全集》第6卷，第92页，第29－32行。

② 同上书，第93页，第10－20行。

③ 同上书，第98页，第35－37行。

④ 《危机》的第三部分紧接着第二部分再次对康德进行批判。

⑤ 《胡塞尔全集》第6卷，第99页，第2行和第4行。

⑥ 同上书，第26节［第100－101页］。

⑦ 同上书，第101页，第27－28行。

它的意义。[①]

欧洲人类的“目的”与先验主义的康德恰好一致，所以我们仅限于以几句简短的话概述这个“先验的动机”[②]。

1. 先验主义是一门具有**探问**（Frage）形式的哲学；它是一种**返问**（Rückfrage）——这种返问追溯到作为一切存在设定和价值设定之最终源泉的自我上：“这一源泉拥有**自我自身**（Ich-selbst）这种称号——‘自我自身’具有我的全部现实的和可能的认知生活。总而言之，最终具有我的具体的生活。全部先验的问题域都离不开**这个**我的自我（这个‘Ego’）与我的**心灵**（它起先被设定为自明的）之间的关系，后来又围绕自我和我的意识生活与**世界**（我意识到这个世界并且在我自己的认识产物中辨识它的真正存在）之间的关系展开”[③]。这一哲学通过拥有**探问**的形式与哲学的**观念**保持一致。

2. 意识的“成就”在于存在给予和意义给予（Seins-und Sinngebung）之中；人们必须对客观主义进行彻底的动摇，以便一直抵达到信念的根基处。世界之谜为我们揭示了意识的成就。

3. 原初的自我是生活，它的第一个成就是前科学的感知；与生活世界的原初被给予性相比，对自然的每一次数学化都是一件“观念外衣”[④]、一种第二性的叠加。只有下降到奠基在自我中的生活世界才能使每一项更高等级的成就具有有限性，从而从根本上使所有的客观主义具有有限性。

《危机》的第二部分结束于这种展望。维也纳演讲的修订稿给我们提供了一个机会，把这一段哲学史编排进被第二部分重新采纳的总观点，全部哲学史的关键点是对患病的现代精神的净化，返回到自我是现代人类重获其真正的自明性的唯一可能性。然而笛卡尔——他把道德和宗教排除在怀疑之外——并没有这样来把握他的历史使命。

人类的危机没有包含不可扬弃的荒谬和不可捉摸的劫数；相反，欧洲历史的目的论指明了它的动机。

这个目的论将导向何方？有两种可能性始终是敞开的：或者是在“精

---

① 在此之后，《危机》未发表的第三部分的主题是生活世界。

② 《胡塞尔全集》第6卷，第25节标题，第93页。

③ 同上书，第101页，第4－12行。

④ 同上书，第51页，第25行；第52页，第14行。

神的仇恨中以及在野蛮中”不断增强的“异化”，或者是通过对继续引领的历史之**意义**的新的理解并再次提升它的价值以获得“欧洲的再生”[①]。这里表现了哲学家的责任——对此胡塞尔在所有这种论述中一再地呼吁：“因此我们［……］在哲学思考中是人类的执政官。”[②]

四、批判性的评论

胡塞尔以专题的形式对历史的意义和哲学的历史使命的思考至少起到推动研究的作用——这项研究没有停留在对历史哲学的可能性本身产生怀疑上。

有三组问题我们必须思考。

第一组问题涉及观念在历史中的作用，尤其是哲学在西方历史中的主导性的功能。读者会立即发现胡塞尔和马克思之间的对立，然而人们不应该过于强调这种对立——至少只要人们不把马克思主义还原到它的实证主义的漫画上。辩证法的观点（它坚持认为观念对社会基础结构具有反作用）不得不思考人的工具起源：工具和全部技术都是科学的成就，自然科学的纲领依赖于一切总观——胡塞尔在与伽利略[③]的数学化的自然科学的动机的关系中勾画出这一观点。因此存在一种在一定程度上描述了历史的一个重要方面的观念的自我实现。这种历史的观察，与把它隶属于哲学家的责任——哲学家以这样的理解履行作为哲学家的使命——相比，更有说服力。

相反，只要这种历史的观察是**观念的历史**，那么它就显然需要一种双重的自我批判：一方面，它必须持续地处在与**历史学家之历史**的对抗之中，另一方面，它必须反思地修正它的**观念**概念。

很明显，历史哲学与纯粹的历史学家之间的对话的必然性产生于这一论断：观念不仅是使命和职责，还是西方的历史现实。可是然后有必要把推荐的观察方式与对历史的另一种解释的可能性相对照，比如说，历史作为劳动的历史，作为法的、国家的、宗教的历史等。那么难道一个名副其实的历史哲学不是首先有一种使命，要把各种不同的可以想象的观察方式

---

① 《胡塞尔全集》第6卷，第347页，第34－36行。

② 同上书，第15页，第28－19行；类似的，参见第72页，第24－25行。

③ 同上书，第9c节（结尾）和第9d节，第35页，第31行；第40页。

并列起来、批判性地加以验证并有可能把它们彼此联结起来吗？因此人们无须创建一个无所不包的体系——这一体系为哲学解释对其他一切解释的优先性辩护——就能够支持这个论点：哲学具有“执政官的”功能，它是西方的“头脑”。不是去遵循一条唯一的旋律线索（Melodielinie）——哲学的历史、法的历史、科学和社会的历史等——而是可以试着撰写一门把所有的旋律线索拼合起来的对位法艺术，或者，为了利用这种辩证构想的其他形象，人们可以尝试借助于“垂直的”（vertikal）方式来修正单个的对历史的“水平的”（horizontal）观察方式。然而胡塞尔的这一过分简单且在历史学家的意义上十分先验的居于优先地位的解释首先导致这样的结论：先验的观察和历史的后天的观察在无限性中恰好相合，但是从目前文化的历史状况来看，这似乎是一个无法实现的目标。

然而这种与历史学家的历史的对立，即与归纳和变化的综合相对立，并未切中胡塞尔解释的核心，因为这一信念，即哲学的观念是欧洲人类的使命，就其本身而言，不是一种归纳推理或论断，而是一种哲学假设。如果历史是合乎理性的——这样说更好：只要历史是合乎理性的——，它就一定会实现自我反思所产生的这同一种意义。历史意义与内在性意义之间的同一性在胡塞尔那里为历史哲学提供奠基。与历史学家的历史相比，历史哲学的先验特征通过这种同一性得到解释。可是并没有因此而提出一种本真意义上的哲学批判。这一批判的主题大约是：在什么条件下这同一种观念既包含历史又包含内在性？在这里可以证实：历史的**意义**比每一种哲学观念（至少在它们的思辨形式上）都更加神秘莫测。可以肯定，胡塞尔把这种观念理解为无限的总体性；可是他经常倾向于把这种观念解释为科学，甚至解释为认识理论的纲领；因此他避而不谈观念的、伦理的、审美的以及其他文化上的特征；对作为使命的正义、爱和神圣的追求仍然被包括在科学的观念中吗——即使人们把它的意义范围扩大到一切客观知识之上？不止如此：难道观念（它应该能同时为历史和主体性奠基）不也一定是行为吗——这个行为不仅有力地创造历史，而且能够内在地构造精神性的人类？可是为了达到这一点，一门我思的哲学、一门先验的主观主义就够了吗？

因此，对历史哲学的批判就应当具有这样的任务，即把无限的历史的先天意义对应于：（1）产生于严格意义上的历史归纳法的后天的意义；（2）自我的最彻底的主体性。这个批判在其第二种形式中会导致一个对于所有被胡塞尔称为“先验的”哲学所共有的剩余困难（Restsch wierig-keit)。对这个问题我们将在第三个问题域的框架内加以研究。

2. 我们已经追问过自己，实现哲学的观念是否可能是历史的意义和使命。这个问题以一个更进一步的问题为前提：现实的历史能够从观念、从一般意义上的使命中形成吗？观念的出现会创造实在的事件吗？

历史概念的佯谬在于：一方面，如果历史不是独一无二的并被统一的意义所规定，那么它就变得不可理解；可是另一方面，如果它不是一种无法预料的冒险，那么它恰恰会丧失它的历史性。在一种情况下，历史哲学不复存在，在另一种情况下，历史就不复存在。

现在，胡塞尔虽然清晰地表达了历史的统一性，但与此相反，历史的历史性的课题在他那里成为困难之所在。

这一缺点表现在不同的场合：为了唯一的问题域——胡塞尔称之为“真正的”“潜在的”问题（笛卡尔的、休谟的等）——《危机》第二部分对哲学史的概览便牺牲了每位哲学家独特的问题域；这种视界取向不无危险：哲学家的一切方面，凡不能适应这种统一的观察方式，都被忽略不计；胡塞尔认为哲学家的自身解释可以不必在意。然而问题可能是：哲学家的独特的、无可比拟的特点会与历史的理性（哲学家是历史的因素）不同，它并不是历史的一个重要的方面。难道理解一位哲学家不是也被称作获得进入问题的入口吗？——只有当**他**已经对正在考虑的或已被思考的问题发表了看法，他，这位哲学家本人才**是**这一问题？难道不需要尝试在“爱的斗争”（雅斯贝尔斯语）的方式上把哲学家和问题看作一回事吗——一种认同，类似于一种与我们的朋友进行交往的努力？

也许由此可以说，历史既是连续的——具有共同使命的存在者的行为合乎理性，又是不连续的——单个的存在者围绕自己的任务建构起他的思想系统和生活系统。

只有当人们以另一种方式阅读胡塞尔本人时，这一对历史的佯谬结构的推测才得到证实：把所有哲学都还原到这一完全根据这位最后的哲学家（他对这一哲学很清醒）来修正的哲学上——这种做法会始终处于危险之中。这种危险——它把全部的历史运动导向哲学自身的问题域——对所有历史哲学家来说都是共有的；他们宁愿强调使命：使命“苏醒过来”——作为闯入哲学反思的存在者的独特性而“到来”；黑格尔的历史哲学以及莱恩·布隆施威希（Leon Brunschvicg）的“意识的进步”的历史哲学引

起同样的疑虑。

如所周知，困难依旧很大，因为归根结底在历史的佯谬中隐藏着真理的佯谬。如果哲学家也对他自己的努力赋予任何一种价值，那么对真理的认可不就在于他本人不是真理的尺度吗？难道他没有权利期待别人也认可这一真理？难道他不可以希望历史实现这一真理？每一位思想家都因此而诉诸真理的权威并通过历史寻找证明——只要历史是“合乎理性的”。

可是反过来，我应该怎样才能否认所有哲学家的意向和直觉——这至少是一个谦虚的先行解释——都反对任何对唯一使命的假设？如果下列情况是真的，即表述历史的意义这一要求预设：我只是越过全体有思维的存在者并把我看作历史的终结和扬弃——那么我应该怎样才能够不放弃表述历史的意义？如果人们把历史哲学的困难性理解为真理的问题，这样，事态还会更为困难：在那些把历史视作观念、把观念视作通过我而成为可思的人那里，历史的合理性导致独断论；对那些把历史当作无可挽回的多样性和非理性的人来说，历史的历史性揭示了怀疑主义。

世界历史哲学或许还有第二个任务：在概念上清晰地表述出这一佯谬。这并不是说，人们能用佯谬创造哲学，但如果人们相信能够克服佯谬，那么至少首先必须接受它。

但是，胡塞尔对历史的思考也并不总是为了观念的发生而牺牲现实的发生；在胡塞尔那里也有为我们打开通向佯谬的因素：被理解为理性的“自身苏醒”的历史也是一个在其中存在衰落可能性的历史——仍然存在着欧洲人类的危机。历史的理性特征并没有排除戏剧性因素。几乎没有必要指出这一点：希腊哲学的诞生、在传统束缚中创造力的衰退、客观主义造成的哲学观念的遮蔽、笛卡尔的反叛、休谟的追问以及胡塞尔现象学的出现——所有这些事端（Ereignisse）最终都是不可逆料的、独一无二的**历史发生**（Geschehnisse），没有这些，意义的自身端出（Sich-Ereignen）便是不可能的。甚至胡塞尔的语言也表达了这种张力：“这种绝然的基础”①，即观念的强制性，以思维的人的责任为前提，而思维的人使观念得到展开、让它停滞或衰落。胡塞尔对未来的展望最终被打上佯谬的烙印，他一方面拥护一种大胆的建基于历史合理性之上的乐观主义，因为

① 《胡塞尔全集》第6卷，第16页，第39行；第79页，第7行及第117页，第8－11行。

“观念比一切经验力量更加强大”①；另一方面，他诉诸思想者的责任，因为欧洲可能“在对它独有的理性的生活意义的异化中”走向没落；但是它也能够“通过一种［……］理性的英雄主义从哲学的精神中‘获得再生’”②。

观念的乐观主义以及两可性的悲剧指明着历史的结构，在这一结构中，大量的有责任的个人和事实上正在进行的思考成为使命以及意义发生的统一性的反面。

3. 胡塞尔创立历史哲学的尝试所提出的一切问题最终都完全走向困难。如果历史从包含在它之中的使命中获得意义，那么这一使命的基础在哪里呢？

在《危机》中，哲学似乎并列着两种相反的倾向。一方面胡塞尔有时似乎靠近黑格尔，当他在意识中谈论精神时——这里的精神与这位伟大的唯心主义哲学家的精神非常相似：“只有精神才是永恒的”③。另一方面，欧洲历史的意义总体上由“先验主观主义”④ 承担；胡塞尔把这一哲学主旨称为“回返到自我”⑤、“我的自我”⑥、我的“意识生活”⑦、我的“意识成就”⑧（它最初是“生活世界”⑨）。

难道胡塞尔不是已经把水与火、黑格尔和笛卡尔、**客观的**精神和**我思**（而且还是由休谟怀疑主义推向极端的我思）联结在一起了吗？

在《危机》中，正是当“意识成就”和“生活世界”的理论被导向顶点时，这一问题变得越发扑朔迷离了。因此这同一部著作推动了历史精神哲学的研究并且把我思的自我哲学推向极端。这是如何可能的呢？

为了把这个问题还原到一个公分母上，人们可以追问：苏格拉底的和笛卡尔的先验哲学（或者像人们始终对“返回到自我”的哲学的命名一

---

① 《胡塞尔全集》第6卷，第355页，第7－8行。

② 同上书，第347页，第34行；第348页，第2行。

③ 同上书，第348页，第10－11行。

④ 同上书，第69页，第38－39行；第100页，第21－22行；第101页，第27－28行。

⑤ 同上书，第82页，第38行。

⑥ 《笛卡尔式的沉思》，第106页，第26－29行。

⑦ 《胡塞尔全集》第6卷，第80页，第33行；第83页，第28行；第85页，第34行；第86页，第1行。

⑧ 同上书，第87－88页。

⑨ 《危机》，第28节标题，第105页，此外参见第106页，第39行。

样）能否为自我哲学奠基？一方面，难道先验哲学不是在胡塞尔所提出的广泛意义上既为一切存在也在我思的自我中为另类的以及历史的存在提供基础吗？另一方面，难道理性主义的历史哲学不是在共同的伟大目标中为个体的使命以及为历史**观念**中的自我本身提供基础吗？

胡塞尔晚期哲学的重要意义在于，他没有掩饰显而易见的二律背反，而是努力加以克服。在这方面，将《笛卡尔式的沉思》的第五沉思与《危机》进行比较是颇有启发的。

《笛卡尔式的沉思》的第五沉思试图弥补不具有关于他人存在理论的笛卡尔主义的重大缺陷。胡塞尔在这里构思了这样一门理论：这个他人存在是一个生物——它"在"我的自我中构造自身，但是这种自身构造就像构造我不能直接通达的**其他的**自我一样；这个他人存在是一个自我——它**像**我一样存在并且我能够**与**它一起走进一种相互关系之中。这是在胡塞尔文字中最为困难的、但在力度和清晰性方面也是最不寻常的一段文字。也许是这样：全部历史之谜（历史包括围绕着它的自我——这个理解、意愿并创造历史意义的自我）已经包含在"同感"（Einfuehlung）（或对他人的经验）的理论中。

这一沉思进行了一个最后的"悬搁"，并因此而"撤销"了一切从与他人的交往得来的经验和可靠性：对感知和文化的共同世界的信仰。我的"原真的本己领域"（primordiale Eigenheitssphaere）由此得到揭示，因此这或许便是《危机》称之为"生活世界"的东西。"在"这一生活和经验的最后领域，"在"这一独特存在的"内部"，对他者的经验作为一种本己领域的"陌生者"得到建构。

朝向"陌生者"的本己领域的断裂在此是一个应该加以解决的问题；同感之谜在于：作为他人的他者包含在我自己的生活中，一方面，每一存在对生活而言都是"现象"，在生活之中都是自我的内容——这一点始终是正确的；然而"处于"我的本己领域的东西根本不是我自己的样式——即我的个人意识的内容；毋宁说是他者（而不是我）作为他人表现在我之中。

我们在此略过胡塞尔称之为"共现"的"类比的"统觉的详尽分析，

因为只有他者的身体"显现"，他者的经验并不显现。[1] 这一问题域单单就其自身而言就需要一种独特的探索。我们在此只研究这一沉思的本质思路，只要我们能从中获得关于我与历史之间的显而易见的循环的启示。

现象学构造的全部理论——不管是关于事物、生物、人还是无论关于其他什么东西——都迫使我们面对根据超验性而出现的内在性的佯谬。这一佯谬最清楚地表现在对他者的统觉之中，因为在这里意向性的对象是像我一样的主体；他者在与其身体的紧密关联中通过"在我的单子中"[2] 的共现的方式作为一个另类单子与其世界一同得到构造。

如果能够正确地理解这一构造和这个"在……之中"——后者并不标示某个现实的含有，而是意向性的方式——，那么，"我如何在我之中构造一个其他自我，更彻底地说，我如何在我的单子中构造一个其他单子，并且如何能够将这个在我之中被构造者恰恰经验为他人——就不再是一个谜；随之，甚至与此不可分离的是，我如何能把在我之中被改造的自然等同于被他人所构造的自然（或者以必要的精确性语言：等同于在我之中以被他人构造的方式被构造出来的自然）——也就不再是一个谜"[3]；另外，"他人在我之中作为他人得到构造，这是唯一可以设想的方式，就像他作为存在者对我来说具有意义和功效一样"[4]。但是他人只是"单子，对其自身而言恰恰如此，就像我对我自己而言是单子一样"[5]；从这里我可以说：他人"一般来说毫无困难地把我体验为对他而言的他人，就像我把他体验为我的他人一样"[6]。

这是对这一困难进行克服的最深入的尝试——历史概念在我思的自我哲学中发现了这一困难。自《笛卡尔式的沉思》以来，胡塞尔已经意识到他的同感理论对一种文化理论和社会生活而言的涵义；从第 56 节到第 59 节，对"危机"的最根本的分析已经预示出来。

---

① 《笛卡尔式的沉思》，第 50 节，尤见第 140 页，第 23－39 行。也可参见第 144 页，第 21－22 行。"存在着的陌生者的特征就建基于这种原本不可通达性的可证实的可通达性之中。"（第 52 节）

② 《胡塞尔全集》第 6 卷，第 52 节［第 144 页，第 37 行］。

③ 同上书，第 55 节［第 154 页，第 35 行至第 155 页，第 3 行］。

④ 同上书，第 156 页，第 33－35 行。

⑤ 《笛卡尔式的沉思》［第 157 页，第 2－3 行］。

⑥ 《胡塞尔全集》第 6 卷，第 56 节［第 158 页，第 6－8 行］。

胡塞尔是否成功地做到了既把历史看作真实的又把自我本身看作奠基性的？他相信在笛卡尔和休谟失足之处仍有富有成果的建树，因为是他第一个发展出一种意向性的唯心主义，——这种唯心主义虽然“在”我中构造一切另类的存在，甚至是另类的个人，然而它把这种构造理解为直观的被朝向的存在、理解为对主体性的显现和逾越。这一意向性概念最终有可能既通过历史为人提供奠基，也通过我的意识为历史提供奠基；它的最后的要求是在先验主观主义的基础面前为历史的真正的超验性辩护。

问题只是在于，这一构造是否是一个有效的成就，并因此真正成为对各种不同的超越问题的真正解决，或者，对一个始终是完全的谜和不可扬弃的佯谬的困难而言，这一构造是否仅仅只是一个名称。

胡塞尔至少标画出了这一现实问题的轮廓：人们如何能够避免经由休谟修正的笛卡尔的唯我论，并且认真对待文化的历史性特征以及它的无可争议的塑造人类的力量的历史性特征？此外，人们如何既能使自己免于落入把绝对历史提升为陌生神性的陷阱中，又能始终忠实于对笛卡尔最初两个《沉思》的革命性发现？①

① 这一以佯谬形式表达出来的问题也能够直接地被看出，无须通过穿越胡塞尔的迂回道路，参见 P. 利科《共同研究的诸向度》，载于《精神》，1948 年 12 月，第 837 – 846 页。

客观性与交互文化的经验

威廉·麦肯纳①

本篇报告是正在进行中的“情境客观性”理论研究项目的一个部分，它旨在将这一理论应用于人类的各种交互作用之中。我的兴趣在于发展出一种使人类某些方面的经验摆脱主观性的客观性概念，而这些经验在我所认为的现代西方哲学关于客观性的主流概念中却被理解为与客观性毫不相干，甚至是一种障碍，这一主流概念便是T. 内格尔（Thomas Nagel）称之为“无所从出的观点”（the view from nowhere）的科学客观性概念。

科学客观性被理解为不是来自任何地方的观察，它包括在进行研究、形成信念等时应避免你自身的某些方面影响到结果，这些方面指来自你的文化认同、社会阶层和性别等角度的特征以及所有能够影响人们理解现实并因此给“观点”划出界限的方式。人们只有搁置他们自己的观点才能获得科学的客观性，莱格尔解释说，理想地讲，科学客观性能够超越“人类的视角”以获得“无所从出的观点”，即不来自任何视角的观点。为了追求这种类型的客观性，他写道，“自身的某种因素、非个人的或客观的自身——这些能够避免生物学观点的偶然性——可以居于主导地位”②。这样一种“自身”“不从自身之内的任何一种观点出发理解世界”，它“根本没有任何特定的观点，它只是把世界理解为无中心的世界”③。

与此相反，为了达到客观性，我所研究的客观性概念要求不同视角的介入。本篇报告拟把不同的文化看作给它们的民族提供的不同视角并视交互文化经验为一条通向不同文化视角都能对客观性有所作为的道路。我希望与诸位一起推动这一理论的可行性研究和应用并探讨它对不同民族和平

---

① 威廉·麦肯纳（William McKenna），美国俄亥俄州迈阿密大学哲学系教授。本篇报告为麦肯纳在国际现象学会议上的发言稿，该会议于2000年11月21日至24日在香港召开，会议主题为“时间、空间与文化”。——译者

② T. 内格尔：《无所从出的观点》，纽约，牛津大学出版社，1986年，第9页。

③ 同上书，第61页。

共处的潜在作用，在我为此寻找决定性论据的进程中，也希望大家认真考虑这项工作。

一、偏见

我把客观性视为偏见或偏好的对立面并在认识论的意义上加以研究，在形成现实之物或真实之物的信念（感性的或概念的）时我也把客观性视为它们的对立面。当你的观点阻止一些因素影响你的信念形成时（这些因素改变结果并使你具有更加准确的信念），你就处于偏见之中。

含有偏见的信念在认识论中似乎是一种错误形式，的确如此，但情况并不这样简单。当你相信一个完全错误的事件时，我们称之为“简单认识论错误”，比如说，你相信 S 是 P，但其实 S 是 Q，根本不是 P。如果我们认为相信某物即认之为真，那么一个出错的人就不会认为它出了错，也不会意识到其中的误会。就这种无意识而言，偏见像一个简单的失误，一个人当他相信 S 是 P 并且以一种偏见的方式获得这个信念时，他不会认为他犯了错误或正处于偏见之中，他没有询问自己的视角（在此你可以设想一个例子：某人从自我利益的角度出发作出判断，但他对这一点毫无意识）。我们姑且称之为“素朴性”，我们把它看作一种对视角的非批判的生存——这一视角所产生的信念与胡塞尔称为“自然态度”的素朴性相当接近。我马上就会来探讨含有这种偏见的文化视角以及“文化的自然态度”。

偏见是指信念形成中的问题并且与信念确证的不完全性有关。尽管一般而言，人们可能持有真实的信念而对这种相信未加确证，但我认为偏见并非如此。对我来说，我们似乎并不把一个人设想为处于偏见之中，除非我们也认为在信念的形成和结果即信念本身两个方面都存在问题。正如那个简单认识论的案例，与偏颇的信念相关的问题可能完全错了，然而偏颇的信念在某种意义上也可能是真实的，它可以部分地为真。问题可能在于偏见使你把事实上的片面知识当作知识的全部（在此我们想到盲人摸象的寓言。几个盲人由于接触大象身体部位的不同，每个人都声称大象完全是他们的经验所提供给他们的样子。抓住尾巴的人认为大象像一条蛇，其他人以他们摸到的大象部位为基础说出了类似的比喻）。当然这里有错误，但与简单认识论错误相比它处于不同的水平上，在简单认识论中，我相信 S 是 P，但 S 实际上是 Q。在偏见中我相信 S 是 P，这有可能是对的，但它也有可能是 Q，而我对此毫无意识，我认为 S 完全是 P。这种偏颇的感性或知性是不精确的，但并不完全错误，也许正是由于这种偏见才使“partial”和“partiality”［“partial/partiality”的词根为“part”，意为“部分”，后引申为“偏好的/偏好”。——译者］可以表达“bias”（偏见）。从现在起我将用这两个术语代替“biased”和“bias”来表达那种把知识的一部分当作知识整体的“偏见”，同时保留“biased”和“bias”［为了区别这两组术语“partial/partiality”和“biased/bias”，中译文相应地译为“偏好的/偏好”和“偏见的/偏见”。——译者］这两个术语来表示一般意义上的包括“偏好”在内的偏见。我认为有一些文化视角的偏见属于偏好，这样的文化偏见才是我的兴趣之所在。

二、文化视角的偏好性

作为一个理想，客观性应摆脱偏见，但在真实生活中我们最好应说为客观性而奋斗。努力形成客观的信念就是超越偏见、更加准确地把握事物，对偏好而言，就是努力超越特定的思维方式和行为方式的片面性以便使你自己更加全面地把握你所处理的事物。客观性很有价值，因为它允许我们考虑与我们所处理的客体相关的因素、不让这些因素被我们所忽视，通过这种方式我们就能“公平地”对待客体。“客观性”来自“客体”并与公平有关，它是一种认识论上的或程序上的功能——这一功能通过允许某物被准确地再现而获得实证的价值。

让我们来看看这一点如何与文化相关联。当然文化意谓着很多事情，今天，“文化”这一术语被用于各种各样的技术和非技术的场合，它似乎涉及任何一种人们生活于其中的相当宽泛的社会语境，有“企业文化”“贫穷文化”之说，也有“美国文化”“中国文化”之说。我在此不想界定文化，但我打算在民族文化的意义上，比如在“美国文化”和“中国文化”的意义上，讨论各种“文化”。这种意义上的文化也有许多方面，我所关注的是：在某种文化中成长起来的个人运用着某套信念并使之内在化，通过这套信念他以一种特定的方式理解世界、体验世界。我把这种方式称为“文化视角”。

在此我想首先证明文化视角以偏好的形式包含着偏见，然后我将提出“情境客观性”作为克服偏好的途径。为文化视角的偏好性提供证明看来并非英勇之举，因为这种偏好似乎显而易见。我首先想表明它并非显而易见，它需要证明。也许很明显，各种不同的文化都有此前提到的一种偏好

性特征：素朴性特征。不同的文化有不同的“世界”观，在这些文化中的人们践行着许多素朴地构成视角的信念：在建立信念的过程中他们非批判地把呈现给他们的判断视为真实，把他们的感知视为提供给他们的现实，这样便有了不同文化的“自然态度”。

文化视角具有偏好性特征，尽管这一点很清楚，但它的另一个特征却并不明了：它把知识的一个部分当作知识的总体，这一点假定了某种总体真理或总体现实的存在而且通过对其他文化视角的观察可以更好地把握它们，这种方式便是朝向客观性的努力，但许多文化，可能是大多数，都不愿承认这一点。

一种持异议的立场认为，不同的文化视角相当于对同一世界的不同的“主观”解释，对这一世界而言，这些视角都是错误的，哪一个也不能代表这个世界。T. 莱格尔在他的著作《无所从出的观点》中所持的就是这一立场，这也是现代西方许多哲学家所持的立场。

另一个立场认为，原初的现实是不同文化的不同生活世界，能够被称为“一个世界”的东西是人类以某种抽象为基础的构造性成就——人们在与不同的生活世界的关系中进行着这种抽象。被给予的生活世界与这“一个世界”的关系根本不是一种体现性的关系，因而也不是任何一种关于这个世界的知识，这“一个世界”并不是各种以文化为基础的解释的基质，恰恰相反：它是人类意识以不同的生活世界为基质进行运演的某种构造性潜能的实现，这是胡塞尔在《危机》中的立场。

如果不同的文化视角能够提供某个总体现实的部分知识，那么文化视角就有可能是偏好的，但我还没有发现任何类似的哲学立场，我也不是指这样的立场——即认为不同的文化形成了对这“一个世界”的不同解释（“解释”指不同于且不属于这“一个世界”的生活世界或其他事物）。对我来说，任何这样的观点都不会产生出这样一个立场：至少是不同生活世界的某些部分构成了与这些部分的总量（或相互联系）并无差异的“一个世界”。在我看来，提出这一立场——不同文化形成对这“一个世界”的不同解释——只能以一种当代的形式激活起自笛卡尔以来近代哲学对再现（representation）的全部讨论，但我们可以利用构造现象学（constitutive phenomenology）的资源发展出一种包含生活世界与总体世界之间、部分与整体之间关系的理论。在胡塞尔的“构造”的意义上，这些视角有可能共同“构造”出这个总体，但并不是作为与视角总体不同的东西。这一点我一直铭记在心。

由于文化上的差异，不同文化中的人有不同的理解世界、体验世界的方式，从构造现象学的角度我们可以说，这些方式中有一些是意向活动的（noetic）意向过程——这些过程作为意向活动的构造性成就和意向相关项（noematic correlate）把生活世界的某些方面看作已被体验的东西。此外，这些以文化为条件的意向方式正在进行着客观化，意向在这样的意义上——当它提供给我们某种我们认之为“客观”现实的一部分的东西时——也在进行着客观化。通过这一点我意指某种其持续存在（尽管并非必然是它的原初存在）并不依靠任何人对它的觉察，比如说，我可以想象，不同的文化可以有不同的体验世界时间和空间的方式，作为正在客观化的构造性意向过程，这些体验以不同的方式把时间和空间体现为生活世界的基本特征，人们在每一种文化中所体验的东西被认为是真正的世界时间和空间，就这一点而言，这些体验方式同时具有文化的自然态度和其素朴性。

三、交互文化世界与交互文化经验

我认为，在这些客观化了的文化意向性的成果中有一些可以通过交互文化经验让其他文化中的人们也能经验到。为了准确地解释这里的意思，我们不妨作个类比，我把这个类比用作交流的辅助工具，当然，不恰当的类比会使被比较的两样事物完全不同。交互文化的意向性的构造性成果类似于胡塞尔在《笛卡尔沉思》第五沉思中描述的交互主体世界通过交互主体经验所达到的成就。文化的生活世界就像第五沉思中的自属性（ownness）领域一样，在这一世界中，如同在人们自己的世界中，只有通过原初类型的明见性，我们的文化世界才能为我们即这一文化的成员们所体验——我们能够实施其意向相关物就是我们的生活世界的意向过程。当然来自另一文化的人们可以加入我们中来、逐渐适应我们的文化并因此而分享我们的经验，这一点是有可能的，但这是一个不恰当的类比，这不是我刚才提到的交互文化经验。我的意思是，一种文化意向性中的某些客观化成果可以为其他文化中的人从他们自己的文化视角内部出发所体验，他们无须体验通过原初的明见性才能理解的意向性，这一点类似于对他者经验的体验以及随之产生的对第五沉思中世界的交互主体性意义上的经验的体验。

我们姑且把文化意向性——它获得了能够为其他文化中的人从他们自己的文化视角内部出发所体验的客观化成果——称为“创世意向性”（world-making intentionalities），这个由这些成果所组成的“世界”以如下的方式类似于第五沉思中交互主体性意义上的世界：仅仅通过居间的意向性才能体验这一世界。让我们回忆一下第五研究，胡塞尔把交互主体意义上的世界描述为在我对他者的体验的世界中的“构造性效果”（constitutive effect）。他的意思是，对他人经验的构造性成果（比如，我在此处与他人从别处看到的同一客体）改变了我体验客体（和世界）的方式，在我的世界中这一改变始终持续着（我的世界现在成了一个扩展了的自属性，它包含“对他人也是可见的客体”和整个的交互主体性层面）。居间的意向性是通向他人经验构造的道路，他人也体验到我所经验的“相同的”客体。

对交互主体性世界的构造而言，我对他人经验的体验可以说是“来自外部”，这一点不仅重要，甚至极为关键，否则，如果我觉得能够从他人的地方体验他人（而我同时留在原地），那么他人只不过是“处于那儿的我自己”，这样就不会达到交互主体性的世界。交互文化经验的情况也不例外，一种文化的创世的意向性不能仅凭自身而达致，因为我们这里所理解的“世界”不是某一特定文化的生活世界，而是既超越这一特定生活世界又不与之隔绝的世界。这是一个交互文化的世界，当一种文化经验的“构造性效果”被其他文化中的人们所体验时，这一世界就开始被构造出来，就是说，我仍素朴地沉浸在我自己的文化经验的客观化意向性中，但与此同时，我在我的世界中体验到一种改变和扰动，这是出于另一文化的意向性，我的意向性资源不可能有这样的产物（我记得这类似于萨特在《存在与虚无》的“注视”一节中对羞耻［shame］的体验案例，作为自身属性的“羞耻”感如果缺少对他人注视的体验是不可能发生的）。

四、客观性与交互文化经验

当一个文化中的成员接触到另一个文化时，他的文化的自然态度的力量使他把其他文化不仅体验为不同或陌生，而且体验为错误（在此你可以想一想有些人所具有的生活世界的价值维度和经验类型，它们会使这些人在身处异国他乡时拒绝他们所体验到的东西）。我想起真正在遭遇意义上的“接触”，它来自到不同文化之中去生活的尝试，这时甚至一个发现当地生活“很迷人”的游客也是在以自己的文化为标准文化的背景下理解这种生活的。异域文化之所以“有趣”，是因为它具备了对世界信念的解释性外观，这种外观与我们自己的不一样，它源于这一文化古往今来的人们的精巧构思。在这里我们自己的体验方式的偏好占了上风，我们的生活世界是“客观的世界”，他们的世界是对这一世界的“主观”解释。

如何超越这种偏好性？不能通过学会体验他人的意向性并获得他人世界的原初明见性的方式，这条道路只能导致另外两个方向：或者是我现在会认为我的新的生活世界是正确的、客观的世界，而我此前生活在偏好之中；或者是我会发展出这样一种态度，即存在着多重世界，我的（以前的）世界仅仅是其中之一，并无特别的认识论上的优势。在后一方向中丧失的是文化自然态度的素朴性，同时还放弃了这样的思想，即可能存在一个客观的世界而不存在不属于任何生活世界的自然科学的世界。我相信，只要持续地赋予我们自己的文化经验以认识论的价值，同时不放弃对他人文化的体验的认识论价值，我们就能走向超越，这是一条通向“情境客观性”之路。

如本篇报告开始时所说，情境客观性是一个客观性概念，它与传统概念不同，为了达到目的它需要各种不同视角的参与，但只有当一个交互文化的世界以上述方式从不同文化的某些意向性中得到构造时，这一点才会发生，只有当我们从自己的生活世界的内部出发关注其他文化中处于萌芽状态的意向性的构造效果并进而弘扬这些效果、推进对产生它们的经验的理解时，我们才会在情境客观性的意义上变得更加客观。当然这需要那些构造性的“线索”、那些关注的焦点和推进的环节等的在场，如果一个人在他的经验中从来没有遭遇过另一文化，那么这些效果就不会存在，不过我认为，在某种程度上这个人仍处于遭遇过这一文化的人们的体验之中。

我所说的那些线索的案例都是人们在异域文化中可能具有的极具否定性的经验——异域文化常常导致人们对所遭遇的事物抱有拒绝的情感和判断，但是当人们在自己的世界里体验另一世界时，这些经验中有些事物可以说就是构造性效果。你从“外部”体验他人从“内部”经历的东西，否定性的情感是一种迹象，它表明你的生活世界的结构由于接触到其他的生活世界而出现扰动。无论共同的经验是什么，在两个生活世界中对它的体验都是不同的，而且体验方式也不一样，这可能包括客体、环境、行为等。这些客体有两个“面”，在你遭遇他人之前你对另一“面”毫无觉

察，通过与他人的对话所学到的关于另一“面”的知识绝对不可能给予你第一性的具有原初明见性的经验，但它有利于澄清和拓展你自己对寓居于否定性和扰动性之中的异在之物的经验，这种拓展有助于建构两个生活世界共享的组织和界面——这便是交互文化的世界。这样做意味着超越你自己的经验偏好性、拓展你的意识且更加全面地理解这个世界或变得更为客观，只是你在这样做的同时仍停留在自身的视域之内，仍未削弱自己的客观化意向性的能力。

后　　记

呈现在读者诸君面前的这部译文集，是本人学习哲学以来部分译稿的汇编。这些译稿绝大部分取自已发表的译文，个别摘自已出版的译著，具体出处已在每篇文章的开头注明。之所以从译著中选取片段，是出于两个方面的考虑：一方面，这些文字符合本书的主题框架和编排逻辑；另一方面，有些译著已经出版多年，市场上已很难见到了。

本书的主题是“转向中的现象学运动”，目的是想通过几个板块展现现象学运动中的几次重要转向：胡塞尔现象学自身的转向、从胡塞尔到海德格尔的转向、从德国到法国和美国的转向。当然，由于过去的翻译带有一定的偶然性和随机性，现象学运动的这些转向在此无法得到充分的展示。不过，尽管如此，透过这些译文我们还是可以窥见现象学运动中不断发生着的转变的大致轨迹和重要路标。

本书属于“思想摆渡”系列，该系列从设想、规划到实施都有赖于张伟教授的推动，本书所含的各篇文字都有当年的老师、同学和责编的斧正之功，虽没有一一列出，但都铭记在心。

尽管是旧文新编，错误仍然在所难免，编译者在这里恳请方家批评指正。

方向红

2021 年 1 月于锡昌堂